U0391047

话说中国海洋
HUASHUOZHONGGUOHAIYANG

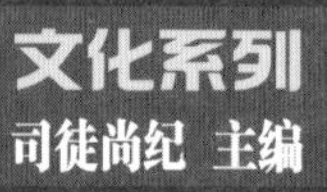
文化系列
司徒尚纪 主编

中国海洋风俗文化

许桂香 编著

廣東省出版集團
广东经济出版社
·广州·

图书在版编目（CIP）数据

中国海洋风俗文化／许桂香编著．—广州：广东经济出版社，2013.7

（话说中国海洋．文化系列，司徒尚纪主编）

ISBN 978－7－5454－2309－9

Ⅰ．①中…　Ⅱ．①许…　Ⅲ．①海洋—文化—研究—中国　Ⅳ．①P7－05

中国版本图书馆 CIP 数据核字（2013）第 108084 号

出版发行	广东经济出版社（广州市环市东路水荫路 11 号 11～12 楼）
经销	全国新华书店
印刷	佛山市浩文彩色印刷有限公司（南海狮山科技工业园 A 区）
开本	730 毫米×1020 毫米　1/16
印张	15.25　1 插页
字数	282 000 字
版次	2013 年 7 月第 1 版
印次	2013 年 7 月第 1 次
印数	1～5 000 册
书号	ISBN 978－7－5454－2309－9
定价	38.00 元

如发现印装质量问题，影响阅读，请与承印厂联系调换。

发行部地址：广州市环市东路水荫路 11 号 11 楼

电话：（020）38306055　38306107　邮政编码：510075

邮购地址：广州市环市东路水荫路 11 号 11 楼

电话：（020）37601950　营销网址：**http://www.gebook.com**

广东经济出版社新浪官方微博：**http://e.weibo.com/gebook**

广东经济出版社常年法律顾问：何剑桥律师

·版权所有　翻印必究·

《话说中国海洋》丛书编委会

主　　任：林　雄（中共广东省委常委、宣传部部长）

副 主 任：顾作义（中共广东省委宣传部副部长）

朱仲南（广东省新闻出版局局长）

王桂科（广东省出版集团董事长）

于志刚（中国海洋大学党委书记）

潘迎捷（上海海洋大学校长）

何　真（广东海洋大学校长）

徐根初（中国人民解放军军事科学院原副院长、中将）

张召忠（国防大学教授、博导，海军少将）

张　偲（中国科学院南海海洋研究所所长）

编　委

王殿昌（国家海洋局规划司司长）

吕彩霞（国家海洋局海岛管理司司长）

朱坚真（广东海洋大学副校长）

张海文（国家海洋局海洋发展战略所副所长）

郑伟仪（广东海洋与渔业局局长）

李立新（国家海洋局南海分局局长）

吴　壮（农业部南海渔政局局长）

杜传贵（南方出版传媒股份有限公司总经理）

倪　谦（中共广东省委宣传部出版处处长）

刘启宇（中共广东省委宣传部发改办主任）

何祖敏（南方出版传媒股份有限公司副总经理）

李华军（中国海洋大学副校长）

封金章（上海海洋大学副校长）
陈　勇（大连海洋大学副校长）
何建国（中山大学海洋学院院长）
金庆焕（广州海洋地质调查局高级工程师、中国工程院院士）
李　杰（海军军事学术研究所研究员）
沈文周（国家海洋局海洋战略研究所研究员）
黄伟宗（中山大学中文系教授）
司徒尚纪（中山大学地理科学与规划学院教授）
向晓梅（广东省社会科学院产业研究所所长、研究员）
庄国土（厦门大学南洋学院院长、教授）
李金明（厦门大学南洋学院教授）
柳和勇（浙江海洋学院海洋文化研究所所长、教授）
齐雨藻（暨南大学水生物研究所所长、教授）
黄小平（中国科学院南海海洋研究所研究员）
陈清潮（中国科学院南海海洋研究所研究员）
何起祥（国土部青岛海洋地质研究所原所长）
莫　杰（国土部青岛海洋地质研究所研究员）
秦　颖（南方出版传媒股份有限公司出版部总监）
姚丹林（广东经济出版社社长）

总序

Zong Xu

林 雄

自古以来，华夏文明的辞典中，就不乏“海国”一词。华夏民族，并不从一开始就是闭关锁国的，而是有着大海一般宽阔的胸怀。正是大海，一直激发着我们这个有着五千年历史的文明古国的想象力和创造力。一部中国海洋文化的历史是波澜壮阔的历史，让后人壮怀激烈，意气风发。

金轮乍涌三更日，宝气遥腾百粤山。

影聚帆樯通累译，祥开海国放欢颜。

古人寥寥几行诗，便把广东遍被海洋文明之华泽，充分地展现了出来。两千多年的海上丝绸之路，就是从广东起锚，不仅令广东无负“天之南库”之盛名，更留下千古传诵的“合浦珠还”等众多的神话传说。而指南针的发明，造船业的兴盛，尤其是航海牵星术，更令中国之为海国，赢得了全世界的声望。唐代广州的“通海夷道”、南汉的“笼海得法”、宋代的市舶司制度，充分显示了我们作为海洋大国的强势地位。明代郑和七下西洋，更创造了古代对外贸易、和平外交的出色典范。尽管自元代开始，有了禁海的反复，但明清“十三行”，在推动开海贸易上功不可没，并带来了大航海时代先进的人文与科学思潮，也为中国近代革命作出长期的铺垫，成为两千多年海上丝绸之路上的华彩乐段。新中国的广交会，可以说是“十三行”的延续，为打破列强的海上封锁，更为今日走向全面的对外开放，功高至伟。改革开放之初，以粤商为主体的国际华商，成为中国来自海外投资最早的，也是最大的份额。这也证实了中国民主革命的先驱孙中山先生所说的，国力强弱在海不在陆。海权优胜，则国力优胜。他的海洋实力计划，更在《建国方略》中一一加以了阐述。进入21世纪，中国制定了《全国海洋经济发展规划纲要》，提出了要把我国建设成为海洋强国的宏伟目标。海洋强则国家强，海业兴则民族兴。曾经有着辉煌的海洋文明的中国历史和现实充分印证了这一点。

正是在这个意义上，国家的强盛，历史之进步，无不与海洋相关。今日改革开放之所以取得如此巨大的成功，包含了当日海洋文化传统得以发扬光大的成果。在经济腾飞的今天，文化在综合竞争力中的地位已日益突出。而作为华夏文化的重要组成部分之一——海洋文化，更早早显示出其强劲的势头。当我们致力于提高文化的创新力、辐射力、影响力与形象力之际，更应当从海洋文化中吸取取之不竭、用之不尽的活力源泉。

为此，我们出版《话说中国海洋》丛书，给海洋文化建设添加一汪活水，为推动广东乃至全国的海洋经济建设，使我国在更高层次，更宽领域参与国际合作与竞争，发挥一份力量。丛书亦可进一步增强国民的海洋意识，让国民认识海洋，了解海洋，普及海洋知识，激发开发海洋、维护海权的热情。这在当前，是一件很有现实意义的事情。

历经千年不息的海上丝路，来往的何止是数不胜数的宝舶，奔腾而来的更是始终推动世界文明进步的海洋文化。灿烂的东方海洋文化走到今天，当有更辉煌的乐章，从展开部推向高潮部，愈加丰富多彩，愈加激动人心。《话说中国海洋》丛书的出版，当为这一高潮部增色，令高亢、激越的乐曲久久回荡在无边的大海之上，永不止歇！

是为序。

（作者系中共广东省委常委、宣传部部长）

目录 mu lu

第七章　海洋娱乐风俗　/164

第八章　海洋节庆风俗　/187

第一章
中国海洋风俗概说

1. 海洋前世今生

地球的表面是凹凸不平的，有的地方高有的地方低，露出水面的高的地方叫做陆地，被海水覆盖着的低的地方，叫做海洋。

海洋是如何形成的？

现在的研究证明，大约在50亿年前，从太阳星云中分离出一些大大小小的星云团块，一边绕太阳旋转，一边自转。在运动过程中互相碰撞，有些团块彼此结合变大，逐渐成为原始的地球。星云团块碰撞过程中，在引力作用下急剧收缩，加之内部放射性元素蜕变，使原始地球不断受到加热增温，当内部温度达到足够高时，地内的物质包括铁、镍等开始熔解。在重力作用下，重的下沉并趋向地心集中形成地核，轻的上浮形成地壳和地幔。在高温下，内部的水分汽化与气体一起冲出来并飞升入空中。但由于地心的引力，它们也只是在地球的周围，成为气水合一的圈层。位于地表的一层地壳在冷却凝结过程中不断地受到地球内部剧烈运动的冲击和挤压，因而变得褶皱不平产生各种地形，有时还会被挤破，形成地震与火山爆发，喷出岩浆与热气。开始时，这种情况发生频繁，后来渐渐变少，慢慢稳定下来。这种轻重物质分化产生大动荡、大改组的过程，大概是在45亿年前完成的。

地壳经过冷却定型之后，地球就像个风干了的苹果，表面皱纹密布，凹凸不平。高山、平原、河床、海盆，各种地形一应俱全了。在很长的一个时期内，天空中水气与大气共存于一体，浓云密布，天昏地暗，随着地壳逐渐冷却，大气的温度也慢慢地降低，水气以尘埃与火山灰为凝结核，变成水滴，越积越多。由于冷却不均，空气对流剧烈，形成雷电狂风，暴雨浊流，雨越下越大，一直下了很久很久。滔滔的洪水，通过千沟万壑，汇集成巨大的水体，这就是原始的海洋。

原始海洋的海水不是咸的，而带酸性，又缺氧。水分不断蒸发，反复地成云致雨，重又落回地面，把陆地和海底岩石中的盐分溶解，不断地汇集于海水中。经过亿万年的积累融合，才变成了大体均匀的咸水。同时，由于大气中当时没有氧气，也没有臭氧层，紫外线可以直达地面，依靠海水的保护，生物首先在海洋里诞生。大约在38亿年前，即在海洋里产生了有机物，先有低等的单细胞生物。在6亿年前的古生代，有了海藻类，在阳光下进行光合作用，产生了氧气，慢慢积累的结果，形成了臭氧层。此时，原始海洋生物才开始登上陆地。

随着水量和盐分的逐渐增加，以及地质历史上的沧桑巨变，原始海洋逐渐演变成今天的海洋。[1]

地球实际上是一个大水球，海洋占地球表面积的大约71%，人类的居住环境被浩瀚的海洋包围着，地球上的一片片陆地只不过是一个个大大小小的“岛屿”而已。因此，从总体上来说，人类的形成和发展、人类的生活离不开海洋。

海岸线上的风光

海洋的边缘为海岸，陆地与海洋的分界线为海岸线，海岸线位置不是固定不变的，它随潮汐等海平面变化而变动，实际上是一个带，而非一条线。我国是世界上海岸线最长的国家之一，有1.8万多公里的大陆海岸线和1.4万多公里的岛屿岸线[2]，但就沿海人的生活范围和活动区域来说，远远不止这些数据。绵长的海岸为沿海人进行海上活动、发展海上交通提供了极为有利的条件。

海洋的门户为港湾，海水的一小部分伸进陆地就造成了海湾，这些海湾经过修建，筑成港口，就可以作为海陆交通的门户和海防的要塞。在我国绵长而曲折的海岸线上，优良的港湾是很多的，其中最重要的在上海、天津、旅顺、大连、青岛、广州、福州和厦门八个地区。

在我国辽阔的海面上，散布着3400多个大大小小的岛屿，除去台湾岛和海南岛两个面积超过3万平方公里的“大岛”以外，其他岛屿的面积都不超过

2000平方公里。这些小岛，十分之九以上距离大陆很近，最远的也不过数十公里，它们与大陆的关系特别密切，如广东南澳岛、海陵岛、东海岛，广西涠洲岛、斜阳岛，福建湄洲岛、金门岛，浙江舟山岛，上海崇明岛，山东灵山岛、刘公岛、芝罘岛，辽宁菊花岛等。只有极少数的小岛距离大陆较远，可达数百公里远，有的甚至超出1000公里以上，它们与大陆的联系较少[3]，但同样是祖国领土主权不可分割的一部分。

我国是一个海陆并存的国家，拥有广阔的海疆。海洋与沿海居民生活息息相关，自古以来，我国沿海“人多以舟楫为食”，“逐海洋之利”。早在旧石器时代，我国人民就开始与海洋打交道，过着拾贝抓鱼的渔猎生活。在新石器时代，临海一些居民就发明了独木舟出海。春秋战国时代，利用海洋致富已被有识之士所意识，韩非子就有“历心于山海而国家富”的名言。到了秦皇汉武时代，航海技术已经可以远涉重洋了，开辟了闻名中外的海上丝绸之路，彪炳于人类海洋文明史册。

2. 海洋风俗由来

中国自古就有重视风俗的传统。汉代班固的《汉书·地理志》中载：“凡民涵五常之性，而其刚柔缓急，声音不同，系水土之风气，故谓之风；好恶取舍，动静亡常，随君上之情欲，故谓之俗。”即自然条件作用形成的为风，社会环境引起的谓之俗，风俗是两者结合的产物。风俗是特定社会文化区域内历代人们共同遵守的行为模式或规范。“为政必先究风俗”、“为政之要，辩风正俗最为其上也”、“观风俗，知得失”是历代君主恪守的祖训。最高统治者不仅要亲自过问风俗民情，还要委派官吏考察民风民俗，在制定国策时以它为重要参照，并由史官载入史册，为后世的治国理政留下治理风俗的经验。故风俗研究具有重要意义，历来为人们所重视，过去对大陆风俗如此，今天对海洋风俗也应不例外。

江苏盐城中国海盐博物馆

沿海地区的先民在长期与海洋打交道的过程中，总结、传承了大量涉海生活的规约习俗。这些具有地域特色的规矩，都在潜移默化中为沿海人自觉地认可和遵守，这种海洋民俗伴随着沿海居民子孙后代繁衍生息，反映了沿海人的民俗、民风，反映着沿海人对海洋的认识历程，折射着沿海人的心态特色。沿海人的海洋风俗是为适应当地的海洋自然与人文环境而存在的。后世人们把这些风俗收集、整理，在海洋博物馆中陈列展示，成为认识、研究、利用海洋资源与环境的重要场所，如澳门海洋博物馆、江苏盐城中国海盐博物馆。广东正在筹建中的广东海洋历史博物馆即是或将是海洋风俗的一个集大成者。

3. 海洋文化概念

文化是一个内涵很广泛的概念，其界定也是见仁见智。中外关于什么是“文化”的定义，就不下上百种甚至更多。美国人类学家克鲁伯和克罗孔合著的《文化：关于概念和定义的检讨》一书中罗列了1871—1951年80年间关于文化的定义至少有164种。后来提出的文化定义也为数不少。不管对文化概念有多少种理解，文化最为流行的概念，是指人类创造的物质财富和精神财富的总和，也包括人类适应环境采取的方式。

这个文化概念用于海洋，是指人类利用海洋资源所创造的物质财富和精神财富的总和，以及人类为适应海洋环境所采取的方式。如放养鱼虾、引海水晒盐等都是来源于海洋的物质财富。为了适应海风含盐、风力大等特点，人们采用耐腐蚀材料，建造低矮房屋等也属海洋文化概念之内。这些物质层面的海洋文化，是可视或可悟的，或可视又可悟的，具有直观、实在等特点，因而为人瞩目、理解，是海洋文化最重要的一部分。而同样重要的另一部分，是非物质层面的海洋文化。如海洋精神文化，人类在认识、开发利用海洋中形成的各种观念，包括对海洋的宗教信仰、海神崇拜、故事传说、风俗活动、岁时节庆、审美情趣、性格特点、价值体系、艺术作品、科学哲理、伦理道德等，都属海洋精神文化之类。最为普遍而富有感召力的妈祖（天妃、天后）崇拜，老少皆知的八仙过海、精卫填海等，神话色彩甚浓，流传甚广，成为人们某种精神家园，自然是海洋精神文化的范畴。在这里，可以援引中国海洋大学曲金良教授在其《海洋文化概论》中对海洋文化的定义作一个小结：海洋文化，作为人类文化的一个重要组成和体系，就是人类认识、把握、开发、利用海洋，调整人和海洋的关系，在利用海洋的社会实践中形成的精神成果和物质成果的总和。具体表现为人类对海洋的认识、观念、思想、意识、心态以及由此而产生的生活方式。

文化是一个历史范畴，既是时间的投影，也是历史的积淀，所以文化因时而异，即文化的时代性。大陆文化如此，海洋文化也不例外。一种文化随着时代变迁可能会消失得无影无踪，但有的也会被保留下来，或融合渗透在新诞生的文化之中，形成文化层次结构，如同地层古生物一样，层层积压，呈现文化纵向剖面，是认识、研究文化发展历史的一种有效方法，也是研究的一种结果。著名史地学家复旦大学谭其骧教授指出："任何时代都不存在一种全国共同的文化。"即文化有时代差异，包括海洋文化在内。不同时代有不同的海洋文化主题。如我国在唐宋时期海上贸易很兴旺，明初郑和七下西洋更是彪炳世界海洋文化史册的大事。只是明清实行闭关锁国政策，海上贸易萎缩，海洋文化发展大受打击，与西方国家比较，相形见绌。当代开发海洋已发展为一项规模巨大、科技含量最高的产业，海洋文化也由此提升到一个最高的发展水平。古代中国海洋文化以海产捕捞、海涂围垦和海上航行、海上贸易为主，到了近现代，海上贸易成为海洋文化最主要的一项内容。而其中海洋风俗文化，也随时代发展，大多数被保留并传承下来，成为人们从事各种海事活动的精神寄托。例如，闻名中外的广东阳江南宋"南海1号"沉船出水，就举行了隆重的祭海仪式，即是当地海洋风俗文化的反映。

同文化的时代差异一样，文化还有地域差异，这是由于文化形成的地理环境不同而产生的。谭其骧教授也同样指出："中国文化有地区性，不能不问地区笼统地谈中国文化。"基于此，近年辽宁教育出版社出版了一套中国地域文化丛书，把全国划分为24种地域文化。如属南海周边省区的就有岭南文化、八桂文化、琼州文化等，即为文化地域差异的反映，也说明文化概念共同性存在于这些地域文化的个性之中。诚然，海洋文化的地域性有自己的特点，如何划分海洋文化区，需进一步探讨。但它的地域差异同大陆文化一样，也是客观存在，不容忽视，如渤海海洋文化、黄海海洋文化、东海海洋文化、南海海洋文化等，都各有自己的特质和风格。但海水是流动的，全世界的海洋是一个整体，非常方便相互交通往来，这决定海洋文化相对大陆文化具有较多的共同之处。一般来说，凡是临近海洋的地区，海洋文化都应为当地文化的主流。但由于种种原因，这也有例外。如山东古代渔盐业很发达，是齐鲁文化的一个主要内涵，但到明前期，由于"海禁"政策，规定片板不许下海，切断了与海洋的联系，到明中叶，山东人甚至不吃鱼，海洋经济式微，海洋文化大为萎缩，山东这时不属海洋文化区域。而在同样"海禁"背景下，广州仍维持对外一口通商地位，岭南"山高皇帝远"，沿海百姓仍冒险出海，从事海事活动，海洋经济和文化从未断层，岭南也从来就属海洋文化区域。即使是深处岭南内陆的客家山区，也在明清时期，由于人口激增，土地资源不足，迫使大量人口迁移，一部分人迁至沿海，如台山赤溪、中山五桂山区、琼雷沿海、北部湾北岸以及一些海岛（涠洲岛等），在保持内陆文化的同时，也接受海洋文化，从事海洋捕捞、围垦滩涂；另一部分人远走异国他乡，成为华侨，除了在侨居国办实业外，还从事海上贸易，实为岭南海洋文化在海外的延伸。留在原地的客家人，不少人从事内陆与海上贸易，是“广州帮”、“潮州帮”商人集团以外的另一个客家商人集团，在岭南商业史上占有重要地位。这样，客家地区同样可纳入海洋文化地域范围，客家人的许多风俗活动带有深刻的海洋文化烙印。

由上述可见，海洋文化概念离不开特定的历史时空，具有鲜明的时代性和地域性；即使在同样时空背景下，也由于各地区、各族群对海洋认识、开发利用程度不同，海洋文化发展水平参差不齐。如在岭南，潮汕地区的福佬人、珠江三角洲地区的广府人对海洋依赖、资源使用程度远远超过粤东北客家人，其海洋文化水平自然要高些，稳定程度要大些，产生的效应也要深广些。因此，需要充分认识海洋文化概念这些特点，在这个基础上，领略各地海洋风俗文化景观特色和区域差异，并用以保护、开发利用好海洋风俗文化资源。

4. 海洋风俗文化

海洋风俗文化，就是和海洋有关的风俗文化，即缘于适应海洋环境、开发利用海洋资源而生成的风俗文化。广义的海洋风俗文化，应包括海洋物质生活、制度生活和精神生活三个层面里有关海洋风俗的内容，但这三个层面很容易与海洋文化的其他内容相混淆，故在这里，仍按狭义风俗文化内容来表达海洋风俗文化，即通常所理解的“海洋社会”的衣食住行风俗，以及涉及海洋的传说与歌谣等。

沿海人以海洋为生，他们的海洋风俗生活文化，是海洋风俗文化的重要构成部分。沿海人作为海洋风俗文化的创造者、承载者和传播者，他们从自己的先辈们那里接受、继承下来的约定俗成的东西，构成其海洋风俗生活的主要内容；同时，随着他们对涉海生活的发展和创新，一些旧的风俗被抛弃，一些新的风俗被涵化、吸收进来，形成新的风俗。与此同时，他们一方面把自己继承的海洋风俗留传给后代，另一方面又借助于海上交通往来，吸收、融合其他海域风俗文化，使之变成自己风俗的组成部分；与此相应，也把自己的风俗文化传播出去，为对方所接受、吸收，成为对方海洋风俗文化的组成部分。这种海洋风俗文化的相互运动，相对于大陆风俗文化，更具有共同性大、变化快等特点。但海洋生活又不能完全脱离大陆，所以海洋风俗文化又与大陆风俗文化有不可分割的联系，海陆风俗文化的相互影响和互动，也是海洋风俗文化发展的一个动因。

我国海域幅员辽阔，海岸线曲折绵长，港湾众多，不但有陆上居民以海为生，还有世世代代居住在船上的居民，即俗称的疍民，疍民以海为田，他们与陆上居民一起，共同创造了多彩多姿的海洋风俗文化。但由于我国海洋南北环境不同，海洋风俗文化也呈明显的南北地域差异，北国冬天千里冰封，渔船难以下海，为休渔时期，而南方仍艳阳高照，温暖如春，渔民甚至赤着上身下海捕鱼，一派繁忙景象，由此产生风俗活动大相径庭。特别是广东、福建、香港、澳门等地疍民，很多依靠城市为生，他们的饮食、娱乐风俗活动是城市生活的一部分，吸引大批市民参与其中，分享他们海洋风俗的乐歌。这是北方海洋风俗所欠缺的，所以谈论海洋风俗文化，就不能离开具体的海域和海洋社会族群。[4]正因为如此，我国海洋风俗文化之花，争妍斗艳，万紫千红，与大陆风俗文化一样，将祖国山川大地、万里海疆，装点得美轮美奂，令人心驰神往，竞相往游，实不虚行也。

参考文献：

[1]http://baike.baidu.com/view/2860.htm#4 百度百科——海洋

[2]李明春，徐志良著. 海洋龙脉. 中国海洋文化纵览，北京：海洋出版社，2007：2

[3]孙寿荫编著. 祖国的海洋. 新知识出版社，1955：75-81

[4]司徒尚纪. 中国南海海洋文化. 广州：中山大学出版社，2009：237-269

图片来源：

[1]海岸线上的风光 http://baike.baidu.com/albums/3367/3367.html#328185$8697397f9c5a074629388a60)

[2]江苏盐城中国海盐博物馆 http://www.0515yc.tv/folder338/folder341/

第二章
海洋神灵崇拜

沿海人很早就开始与海打交道，文献记载古代沿海地区“陆事寡而水事众”，沿海人为方便水上活动“短绻不绔，以便涉游；短袂攘卷，以便刺舟”。因海洋地理环境需要，舟楫成为沿海人的主要生产工具之一。沿海居民爱水也怕水，无边无涯的大海给了沿海居民以舟楫渔盐之利，但又捉摸不定，常常造成风暴潮涝之患。在进行海上作业的最初阶段，生产力水平低下，海上风云激荡，险象环生，正如德国哲学家黑格尔在《历史哲学》里所说的：“海洋表面上看来是十分无邪、驯服、和蔼、可亲；然而，正是这种驯服的性质，将海变成了最危险、最激烈的元素。”渔民常常葬身大海，大多数情况下连尸骨也捞不回来。生活在沿海地区的人们，当他们还不了解海洋存在和运动的规律，还无法对抗海洋变化，抵御不了海洋自然灾害时，对海洋的宏大、深邃和神秘便自然而然地产生敬畏和恐惧，而海洋的富饶和出产，又使人感到无限眷恋和吸引力，人们无法决定自己的命运，生与死受制于自然力，在这种情况下他们只能祈求神明保佑，寻求一种心灵上的安慰，于是有关海洋的神灵崇拜现象，充斥沿海地区社会生活和人们精神世界的各个角落。因此，凡与海、水有关的神灵，沿海居民都事之甚谨，顶礼膜拜。在沿海居民的民间神灵队伍中，那些与海和水有关的神祇往往是香火最盛、流传最久的神灵。[1]

1. 四海神

四海神的名称

四海神崇拜的形成，与人们认为海神法力神通广大有关。在古代中国人的观念中，中国居于世界的中央，四周是茫茫海水，谓之“四海”，每片海洋上又都有一位海神管领。但在不同时期不同神话体系中这四海之神的形象、名称

东海海神禺虢，南海海神不廷胡余，西海海神弇兹，北海海神禺疆

都有所不同。

《山海经》记录我国海洋神话最早、内容最丰富

根据我国记录海洋神话最早、内容最丰富的《山海经》所载，四海海神的名称为：东海海神禺䝞（郭璞注：䝞又作号），南海海神不廷胡余，西海海神弇兹，北海海神禺疆。

《山海经》卷十四《大荒东经》曰："东海之渚中，有神，人面鸟身，珥两黄蛇，践两黄蛇，名曰禺䝞。黄帝生禺䝞，禺䝞生禺京（即禺疆、禺强）。禺京处北海，禺䝞处东海，是惟海神。"说的是在东海的岛屿上，有一个神，长着人的面孔、鸟的身子，耳朵上悬挂着两条黄色的蛇，脚底下踩踏着两条黄色的蛇，名叫禺䝞。黄帝生了禺䝞，禺䝞生了禺京。禺京住在北海，禺䝞住在东海，都是海神。

《山海经》卷八《海外北经》又曰："北方禺强，人面鸟身，珥两青蛇，践两青蛇。"说的是北方的禺强神，长着人的面孔、鸟的身子，耳朵上悬挂着两条青蛇，脚底下踏着两条青蛇。禺强神通广大。传说渤海的东方有一片茫茫大海，名叫归虚。归虚中有五座仙岛分别叫做岱舆、员峤、方壶、瀛洲、蓬莱。这些海岛方圆3万里，高3万里，山和山之间相距7万里。岛上住着的都是神仙，他们常在海岛间飞来飞去。但这五座海岛常随波浪沉浮漂流，不易久居。天帝怕海岛漂流到西方极远的地方，众仙就没有住的地方了，于是便让海神禺强去想办法。禺强就派来15只巨鳌，托举顶负着海岛不使它漂流。巨鳌们还分成三拨，每6万年一换班，真是顶天而立地，神奇之极。[2]

《山海经》卷十五《大荒南经》云："南海渚中，有神，人面，珥两青蛇，践两赤蛇，曰不廷胡余。"说的是在南海的岛屿上，有一个神，是人的面孔，耳朵上悬挂着两条青蛇，脚底下踩踏着两条红蛇，这个神叫不廷胡余。

《山海经》卷十六《大荒西经》云："西海渚中，有神，人面鸟身，珥两青蛇，践两赤蛇，名曰弇兹。"说的是在西海的岛屿上，有一个神，长着人的面孔、鸟的身子，耳朵上悬挂着两条青蛇，脚底下踩踏着两条红蛇，名叫弇兹。

此外，四海之神又另各有其名，如在《太公金匮》中："南海神曰'祝融'，东海神曰'勾芒'，北海神曰'玄冥'，西海神曰'蓐收'。"

南海神在四海神中最为有名

在四海之神中，以南海之神最为有名，这是因为南海浩大，在疆域交通、贸易、物产等方面具有重要意义。同时，南海浩渺无垠，神秘莫测，多风暴海潮，人们希望风涛不要危害自己，便请海神保佑，故南海之神最为人尊崇。[3]清代屈大均在《广东新语》卷六《神语》中曰："四海以南为尊，故祝融神次最贵，在北东西三帝、河伯之上。"从文献记载中可知，南海神在海洋四海神中居显赫地位，对其崇拜在其他神之上。

南海神庙

在南海神庙，会看到有一尊穿着中国人衣装的外国人泥塑像，他举着左手遮眉，眺望远方，他就是来自西域的朝贡使者达奚司空。当年他随商船沿海上丝绸之路来到中国，回程时经过南海神庙，把船停靠在神庙码头，祭祀完南海神后，达奚司空又种下了两颗波罗树种子。但是当他走回码头的时候，商船已经开走了，原来船上的人把他忘记了。他长久地站立在大海边，远望来时路，后来就立化在海边。人们为了感谢达奚司空带来的波罗树，就在南海神庙立起了他的塑像作为纪念。因为他站立着时好像在望着他手植的波罗树，所以民间又

南海神庙波罗国人达奚司空像
（司徒尚纪　提供）

有“番鬼望波罗”之说。从此以后，神庙被称为是波罗庙，南海神诞也被称为波罗诞。

四海海神的神形特征

中国早期海神的神形特征大都是鸟身，并珥两蛇，践两蛇，即鸟图腾与蛇（龙）图腾的结合。这与远古时期人类由于对自然界认识的匮乏，出现了植物、动物、神灵等的崇拜有关。

《山海经》中东海海神禺虢，西海海神弇兹，北海海神禺疆都是人面鸟身，珥（耳朵上挂着）两蛇，践（踏）两蛇，只有一个例外，即南海海神不廷胡余是人面，而非鸟身。但珥两蛇，践两蛇的特征也是一样的，只不过蛇的颜色不完全一样。

海神为鸟身，是因为在历史早期，我国沿海地区的居民面对波浪滔天的大海，既要靠简单的渔具获取海中的水族，又担心遭到大海的报复，为了征服和控制大海，沿海地区的居民曾与大海进行了长期的不屈不挠的斗争。《山海经》中记载的“精卫（传说中的鸟名）填海”的神话故事即反映了这一斗争。沿海地区的居民自然就会想到役使精卫鸟去管理大海的故事。

精卫填海的故事

太阳神炎帝有一个小女儿名叫女娃，女娃是太阳神最钟爱的女儿。炎帝不仅管太阳，还管五谷和药材。他事情很多，每天一大早就要去东海，指挥太阳升起，直到太阳西沉才回家。

炎帝不在家时，女娃便独自玩耍，她非常想让父亲带她出去，到东海太阳升起的地方去看一看。可是父亲忙于公事，总是不带她去。这一天，女娃便一个人驾着一只小船向东海太阳升起的地方划去。不幸的是，海上起了风暴，像山一样的海浪把小船打翻了，女娃被无情的大海吞没了，永远回不来了。炎帝虽然痛念自己的女儿，但却不能用医药来使她死而复生，只有独自神伤嗟叹了。

女娃死了，她的精魂化作了一只小鸟，这只小鸟花脑袋，白嘴壳，红脚爪，发出“精卫、精卫”的悲鸣，所以，人们又叫此鸟为“精卫”。

精卫痛恨无情的大海夺去了自己年轻的生命，她要报仇雪恨。因此，她一刻不停地从她住的发鸠山上衔来一粒粒小石子，或是一段段小树枝，展翅高飞，一直飞到东海。她在波涛汹涌的海面上翱翔着、悲鸣着，把石子和树枝投下去，想把大海填平。

大海奔腾着，咆哮着，嘲笑她：“小鸟儿，算了吧，你这工作就算干

精卫填海

一百万年，也休想把大海填平。”

精卫在高空答复大海：“哪怕是干上一千万年，一万万年，干到宇宙的尽头，世界的末日，我终将把你填平！”

“你为什么这么恨我呢？”

“因为你夺去了我年轻的生命，你将来还会夺去许多年轻无辜的生命。我要永无休止地干下去，总有一天会把你填成平地。”

精卫飞翔着、鸣叫着，离开大海，又飞回发鸠山去衔石子和树枝。她衔呀、扔呀，成年累月，往复飞翔，从不停息。后来，精卫和海燕结成了夫妻，生出许多小鸟，雌的像精卫，雄的像海燕。小精卫和她们的妈妈一样，也去衔石填海。直到今天，她们还在做着这种工作。[4]

海神耳朵和脚上有蛇，是因为蛇（龙）作为一种神秘的动物也在沿海人的崇拜范围之内。蛇在古代就被视为有魔力的动物，人类始祖伏羲和女娲是人首蛇身形状的，中国人更是把人类始祖女娲传说为人首蛇身的神，让中国人与蛇有了血亲关系。沿海潮湿、闷热，是蛇类动物的天堂，至今人们走山路都要随身带一条竹棍，时时打草惊蛇，以免被蛇咬。这种蛇氛围极浓的环境可以加深人们对蛇敬畏交加的心理。沿海各地普遍有与蛇相关的传说故事，如蛇郎君故事，通常是叙述蛇向某一家姐妹求婚，而一家姐妹中只有最小的妹妹愿嫁蛇郎，婚后蛇变成一个英俊的男子，夫妻幸福地生活，姐姐中有人因妒忌，趁机将妹妹害死并冒充妹妹，与蛇郎一起生活。妹妹则变成鸟之类，揭露姐姐的丑行，后来得以复活，与蛇郎重聚，其姐姐也受到了惩罚。

蛇郎君故事

很久很久以前，在大山脚下，住着贫穷的三姐妹。大姐十八岁，二姐十七岁，三妹十六岁。爹娘刚刚过世，可怜的姐妹仨每天轮流干活养活自己，一个在家洗衣做饭，一个去田里浇水施肥，一个就到山里捡柴火和山货。

有一天，大姐拿着斧子上山砍柴，远远的，看到一棵三人合抱的荔枝树，树上结满了红彤彤的果子，看一眼就甜到嘴里。大姐跑啊跑啊跑到那棵大树下，却看见树下躺着一条银白色的蛇，那条蛇正对着大姐吐信子。

大姐正要往回跑，银蛇开口说话了：“姑娘姑娘不要怕，蛇郎求婚在树下，金山银山全归你，问问姑娘嫁不嫁？”

大姐的头摇得赛过拨浪鼓，把随身的斧子对着蛇郎扔过去，转身回了家。

第二天，轮到二姐上山，二姐提着两个大篮子，照着大姐说的路，直接就到了结满果实的荔枝树下。蛇郎君带着大姐的斧头等在那儿，对着二姐唱起了歌：“姑娘姑娘不要怕，蛇郎求婚在树下，金山银山全归你，问问姑娘嫁不嫁？”

二姐的头摇得赛过拨浪鼓，把随身的篮子对着蛇郎扔过去，转身回了家。

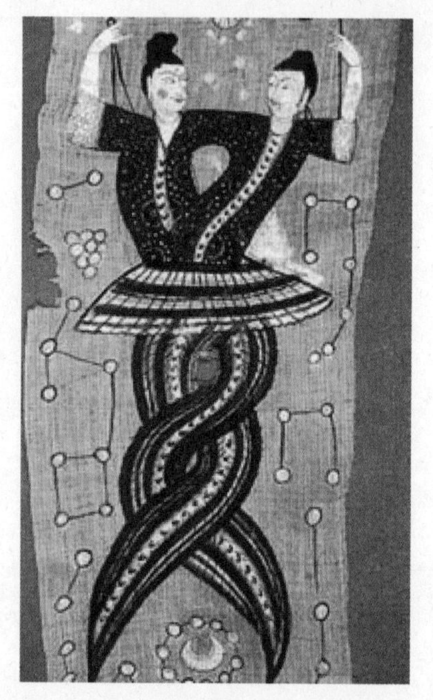

人首蛇身形状的人类始祖伏羲和女娲

第三天，三妹要上山，俩姐姐叮嘱一定要把荔枝摘回家。三妹空着手来到结满果实的荔枝树下，蛇郎带着大姐的斧头二姐的篮子等在那儿，对着三妹唱起了歌：“姑娘姑娘不要怕，蛇郎求婚在树下，金山银山全归你，问问姑娘嫁不嫁？”

三妹答道：“拿起斧子砍来柴，拿起篮子摘来果，蛇郎若有真本事，三妹跟着蛇郎走。”

蛇郎打了一响尾，野果跳进竹篮里；蛇郎打了二响尾，柴火飞来捆成堆；蛇郎打了三响尾，化作俊俏男儿身。

晌午，三妹带着柴火和野果回了家，蛇郎还变成银蛇趴在柴火上。三妹对俩姐姐说：“大姐二姐多保重，三妹要嫁蛇郎去山里过。大姐二姐有情义，还到荔枝树下来看我。”

大姐乐歪了嘴，二姐笑弯了腰，姑娘嫁蛇这是头一遭。三妹和蛇郎就在俩姐姐的嘲笑声中离开了家。

蛇郎领着三妹又回到荔枝树下，三妹把家里带来的被子往地上一铺，眼泪扑簌簌地流。蛇郎安慰三妹：“莫哭莫哭，蛇郎有屋。妹要金屋？妹要银屋？”三妹破涕为笑道：“草屋就行。”

蛇郎拉着三妹绕到荔枝树后，打了三响尾，荔枝树出现一个一人高的大树洞，洞里是五光十色的梯子，直通地下，三妹就跟着蛇郎进了洞，下了梯，眼前出现两座对门的大宅子，一座金灿灿，一座银闪闪。

蛇郎化成人形，领着三妹进了金屋，又带她去见了隔壁的织布大娘。三妹看家具什物样样齐全，又有大娘做伴，安安心心地住下来当起了蛇郎的妻子。

白天的时候，蛇郎出门去打猎，三妹就和大娘一起织布做饭拉家常，就这样高高兴兴过了一个月。这天晌午，三妹想念家里的俩姐姐，不知道她们生活得怎样，有没有缺吃少穿，于是就一个人走上回家的路，想把大姐二姐接来过好日子。

三妹回到家，大姐出远门串亲戚去了，剩下二姐一人。三妹把这一个月发生的事情都跟二姐说了一遍，又邀请二姐去蛇郎家住上一阵，二姐半信半疑就跟着三妹来到荔枝树下。

二姐看看院子，院子开满漂亮的花朵；二姐看看屋子，屋子装满名贵的古董；二姐看看桌子，桌上摆满美味的佳肴；二姐看看橱柜，橱柜挂满华丽的绸缎。

天色将晚，三妹和二姐到井边打水准备做饭，二姐心生歹意，一把将三妹推到井里，三妹变成一条鱼在水里游来游去，二姐将鱼打上来，做成红烧，又生怕蛇郎回来认出自己，就穿好三妹的衣服，打扮成三妹的模样。饭菜刚端上桌，蛇郎就回来了。

蛇郎看看二姐："三妹的脸色白变黄，又添麻子为哪般？"二姐道："久不见阳光脸变黄，做饭的时候，锅里的芝麻跳到了脸上。"蛇郎听声音又问："三妹原本声细细，嗓门粗大是何因？"二姐辩道："晌午喝水不小心，呛在喉咙咳伤身。"蛇郎又想问什么，二姐催着他吃饭休息。

蛇郎吃着鱼，鲜美无比；二姐吃了鱼，满嘴沙砾。

二姐气呼呼把鱼扔到院子里埋了。

埋鱼的地方长出一棵竹子。蛇郎到竹下乘凉，清风习习；二姐到竹下乘凉，如火烧身。

白蛇

二姐气呼呼把竹子劈了，做成两把竹椅。

蛇郎坐在竹椅上，稳稳当当；二姐坐在竹椅上，人仰马翻。

二姐气呼呼把竹椅拆了，劈成一片一片地丢进大灶里当柴烧。

第二天天一亮，蛇郎又出门打猎，在溪边洗脸，翠绿的小鸟飞来停在蛇郎的弓箭上。蛇郎喝道：

“是我三妹，飞来肩头；不是我三妹，速速远走。”翠鸟发出很好听的叫声，轻轻飞起来，停在蛇郎的肩头。蛇郎马上明白三妹遭到了暗害，哭了起来，问翠鸟：“谁害我妻，谁扮我妻？”翠鸟流下了眼泪，说不出话来。

蛇郎带着翠鸟悄悄绕过家门到了织布大娘的屋里，织布大娘把翠鸟留下，叫蛇郎午夜时分带上三妹的衣服和一把筷子再来与三妹相聚。

午夜，蛇郎来到织布大娘家，听见织布机吱吱呀呀响。走近一看，原来是那只翠鸟在忙上忙下。织布大娘叫蛇郎守在门口，接过蛇郎带来的筷子，捆成一捆，口中念念有词，向翠鸟抛过去，筷子变成三妹的真身，织布大娘又把衣服抛给三妹，织布机上传来三妹的歌声：“多谢大娘好心肠，三妹恢复原模样，为报再生父母恩，织匹锦缎给大娘。”

蛇郎回到家，一怒之下把二姐变成乌鸦轰出家门。[5]

沿海人一方面敬蛇，另一方面也对蛇十分恐惧，因为水中生物“蛟龙（即大蛇）”经常为害，《淮南子·原道训》载：“九嶷之南，陆事寡而水事众，于是人民断发文身，以象鳞虫。”屈大均《广东新语》卷二十二《鳞语》载：“南海龙之都会，古时入水采贝者皆绣身，面为龙子，使龙认为己类，不吞噬。”沿海人常在水中活动，为了躲避水中生物之害，就剪短头发，身刺花纹，使龙认为人是它们的同类，就不伤害人了。

因此，就创造出了人面鸟身（人鸟图腾），珥两蛇，践两蛇（使蛇处于被役使的地位）的海神形象，反映沿海人航海、水中作业祈祷平安，得到鸟、蛇神保护的愿望。

2. 北帝神

北帝即真武帝，亦称真武大帝、真武神、玄武帝、玄天上帝、北宫玄武、北方黑帝、北方七宿星官等。它与东方青龙、西方白虎、南方朱雀合称“四方四神”。作为星宿崇拜对象的真武帝，是中国古代神话传说中的北方之神，属水，主风雨，有雨神的内涵。

每年除农历三月初三北帝诞外，还要于正月初六、正月十五迎北帝出游。

在历代的神像造型中，北帝都是披发黑衣、手持宝剑、足踏龟蛇，威风凛凛。福建省博物馆藏的一座明代真武木雕像的造型就是如此[6]。广东佛山祖庙供奉的也是真武帝，春节出游，万人空巷，蔚为大观。

据《太上说玄天大圣真武本传神咒妙经》载：北帝托生于大罗境上无欲天宫，为净乐国王及善胜皇后之子，降诞于王宫。后既长成，遂舍家辞父母，入

北帝神

佛山祖庙北帝铜像

武当山修道，历四十二年功成果满。玉皇大帝有诏，封为太玄，镇于北方。

神话传说北帝原是天上玉皇大帝三魂中的一魂，七魄中的二魄所化而成，传说：玉皇大帝有一天发现世间有一个地方金光灿灿，非常华丽，便向左右百官查问，知道凡间有一个姓刘的家中有一株七彩宝树在闪闪发光。玉皇大帝非常赞赏这珠宝树，并且很羡慕人间的繁华，于是把自己的三魂七魄分开，以一魂二魄投胎到刘家，但是这奇异魂魄克煞大，所以七彩宝树很快枯死，黯然无光。既然投胎到刘家没有希望了，这奇异魂魄便第二次投胎到另一个平民家，但是那平民家也承受不起这巨大的克煞，于是这奇异魂魄便第三次投胎到净乐国皇后的腹中，这时净乐国已经天旱三年。就在农历三月初三这天，天降大雨，净乐国太子出生。国王与百民举国欢腾。太子长大后为国家屡立战功，不久当上国王，再而禅让王位给儿子，自己到武当山修道。在修道中遇到了很多困难，得到妙药天尊和武当圣母的多次帮忙和点化，经历了四十二年的艰苦修炼，功果修满，便到清溪用溪水洗头、洗脚、洗身，并剖腹洗五脏。岂料刚刚净洗完毕，忽然天使奉玉旨到临宣诏，他仓促间不穿鞋而打赤脚，不梳头而披头散发，连肚子、肠子也来不及收拾，就跟天使上到天宫，朝见了玉皇大帝。玉皇大帝封他为北方真武玄天上帝大将军，带领天兵天将到人间扫荡妖魔。真武不辱使命，英勇善战，镇压了六天魔王，脚踏龟蛇二怪（即是真武成道前的肚子和肠子所变成的精怪）。人们对北帝非常敬佩，建庙塑像，烧香朝拜，希望得到北帝的保佑。[7]

《佑圣咒》称北帝是“太阴化生，水位之精。虚危上应，龟蛇合形。周行六合，威慑万灵”。由于北帝属水，当能治水降火，解除水火之患。沿海地区多水患，特别尊奉北帝。明代宫内多建真武庙就为祈免水火之灾。北帝消灭龟精蟒妖于脚下的功劳使其被元始天尊封为玄天上帝。北帝不仅仅统率所有水域的安全，他还是北极星的化身，可指引船只航行于正确方向，不会迷失于海上。

3. 伏波神

伏波神，亦称伏波将军。西汉武帝时武将统帅路博德（爵封邳离侯）和东汉光武帝时武将统帅马援（爵封新息侯）征讨南越诸地有功，被敕封为“伏波将军”。路博德、马援二人合称“伏波将军”，亦称“路伏波”和“马伏波”。清代范端昂《粤中见闻》记载：“汉元鼎五年（前112年），南越（即南越国）相（即丞相）吕嘉（人名）叛（即发动叛乱），汉帝遣伏波将军路博德、楼船将军杨仆、戈船将军郑严、下濑将军田甲四路征南越。杨仆以偏师先至，乘暮纵火攻城杀戮，专行惨暴。路伏波招降赐印，复令相诏，务行其德。粤人立祠祀之。”清代屈大均《广东新语》卷六《神语》记载：“伏波神，为汉新息侯马援。侯有大功德于越。越人祀之于海康、徐闻。以侯治琼海也。又祀之于横州。以侯治乌蛮大滩也。”因为他们征讨乱地安民有功，百姓立庙祀之。

马援所过之地，皆为郡县修筑城郭，开渠灌溉，造福百姓。路博德虽时间上比马援早，但名气远没有马援大，因此，马援所居为正祠，路博德只好屈居别祠了。民间偏爱马援，崇信对象逐渐集中在马援身上，后人一般以马援为伏波神，清代范端昂《粤中见闻》记载：“海康、徐闻两县所建伏波庙则专祀新息侯马援。”

马援生平

大器晚成

马援家境贫寒，十二岁时，父母双亡，因为无钱上学，只能由哥哥马况在劳动之余，教他读书识字。由于学习条件的限制，几年过去了，马援的学习成绩非常一般，他有些泄气了。哥哥马况鼓励他说：“你不必为自己的学习成绩而苦恼，你的才能很大，只是成功得晚些罢了。”这也就是成语大器晚成的来历。马况的话后来果真应验，天资并不聪明的马援，后来成为国家的栋梁之才。

东汉伏波将军马援

早在王莽统治时期，马援曾在扶风当差。有一次，他在押解一名因反抗朝廷统治而被捕的罪犯时，怜惜对方是条好汉就把犯人放跑了。放跑了犯人，自然不能再继续当差了，于是，马援就逃到了北方边界一带躲藏了起来。

时日一久，不断有人从四方赶来依附他，逐渐地他手下就有了几百户人家供他指挥役使，他带着这些人游牧于陇汉之间。马援过的虽是转徙不定的游牧生活，但胸中之志并未稍减。他常常对宾客们说："大丈夫立志，穷当益坚，老当益壮。"

投奔隗嚣

当看到全国各地的英雄豪杰都在逐鹿中原时，他再也坐不住了。此时隗嚣占据天水，自称西州大将军，马援就投奔了隗嚣，隗嚣对马援也非常器重，任命他为绥德将军，让他参与军事机密，跟自己一起出谋划策，议定大事。此时，公孙述已在蜀称皇，隗嚣为决定去从，派马援去探听虚实。

伏波将军马援

马援同公孙述是老乡，交情很好。马援以为这次见面定会握手言欢，没想到公孙述却摆起皇帝架子来，途中摆列仪仗，前呼后拥，装尽模样，做尽姿态，完全按君臣礼节招待百官，宴席十分丰盛。席间，公孙述表示要封马援为侯爵，并授予他大将军的官位。马援的随从宾客挺高兴，以为受到了礼遇，都愿意留下来。马援给他们讲道理，说："现在天下还没有最终被平定公孙述就摆架子，我看他不像是成大事的人。"马援回来后，对隗嚣说："公孙述就像井底之蛙，妄自尊大，不如专心对付东方。"

投奔刘秀，良臣遇明主

后来，他认识了刘秀，发现刘秀是一位礼贤下士、有雄才大略而且很有君主气度的英雄，就投奔了刘秀。马援遇到刘秀，可谓是良臣遇到了明主。在跟随刘秀的日子里，马援多次带兵东征西讨，为刘秀统一全国，建立东汉，立下了赫赫战功。马援率军作战，最大的特点，就是他自己勇冠三军。比如，平定陇西时，马援被敌人的箭射穿了小腿肚子，可他仍然咬着牙，坚持端坐在马上，指挥作战，这使得全军将士士气大增，一鼓作气，最终大获全胜。刘秀对马援的指挥才能十分折服，经常称他为“常胜将军”。

雷州伏波祠

当东汉政权稳定以后，很多大将军都功成身退，也有人劝马援说：大将军南征北战，九死一生，现在也该尽情地享享清福了。马援豪迈地回答道：“男子汉大丈夫就该在战场上显示自己的威风，死就要死在疆场，让别人用马革裹着尸首送回老家，怎么能天天醉卧在床上，缠绵于儿女私情呢。”公元48年，南方的五溪一带，有个少数民族部落叛乱，光武帝刘秀一连两次派兵征讨，都大败而归。这时的马援已经是62岁了，他主动向光武帝请求出征。

刘秀看着已是银髯满鬓的马援，于心不忍。马援声如洪钟，对光武帝说：“陛下，臣还能披甲上马！”刘秀被老将军的精神深深感动，命令武士们为马援牵马进宫，让他一试身手。只见马援轻松地翻身上马，雄赳赳、气昂昂地跑了一大圈。光武帝刘秀动情地说：“老将军真是威风不减当年啊！”于是，派马援出征讨伐少数民族部落的事就这样定了下来。马援临行前，与朋友们话别，说：“我深受皇恩，现在年事已高，我知道自己的日子不多了，唯恐不能为国而死。今天，总算有了一个机会，我即使战死在沙场，也死而瞑目了。”送行的人听了马援这样的话，无不落泪。

马援率军队来到了五溪后，打了几个胜仗。但由于五溪在南方，他所带部众多是北方人，水土不服，身体很不适应，于是整个军队的战斗力越来越差。在战争的关键时刻，马援自己也体力不支，得了重病，导致战事进展缓慢。有小人趁机向光武帝进谗言，说马援指挥失误，贻误了战机。

薏苡诬告成珍珠

刘秀连忙派驸马梁松前往前线，看看究竟是怎么回事。梁松平日里飞扬跋扈，正直的老将军马援一向看不惯他，因而没有给过梁松什么好脸色。梁松想趁机公报私仇，可当他赶到五溪时，马援已经病死在军中了，梁松感到非常地失望。可他这个小人，连死人也不放过，回来后向刘秀告状，说马援不但指挥失误，还趁机从南方搜刮民脂民膏，带回了一车珍珠。这一次，光武帝刘秀相信了自己的驸马，下令革去马援所有的职务，并派人到他的家里去查抄从南方运回的珍珠。去马援家抄家的人很快就回来了，他们给光武帝带来了一把所谓的“珍珠”。刘秀一看，不认识这些东西是什么，有认识的文武大臣一看，赶忙告诉光武帝说，这是用来治疗风湿病的中药，学名叫薏苡（即今常见的薏米）。原来，马援由于长期征战在外，患有严重的风湿病。从南方运回的所谓珍珠，是他治疗风湿的药材。许多文武百官当场落泪，一心为国、马革裹尸的大将军战死疆场，死后却仍要遭人迫害。

光武帝刘秀狠狠地教训了驸马梁松，也不再让人去追查马援的罪过了。可是，马援兵败五溪是事实，所以，刘秀还是把马援的爵位革去了。三十年后，汉章帝才把自己祖辈误判的这桩不近人情的冤案予以平反，马援被追谥为忠成侯。可叹一代名将马援，大器晚成，马革裹尸，一心为主，老当益壮，到头来却落得个被小人诬陷的下场，风湿痛病无人管，薏苡诬告成珍珠。马援的赤胆忠心为后世人所敬仰。[8]

武将统帅马援如何成为水神？民俗学者叶春生先生在分析马援成为水神的转换过程时认为：一是世人望文生义，取其“伏波制浪”、“伏息波涛”之意，因朝廷封他为伏波将军，民间便祀以为水神，或因伏波将军之神勇，能制服一切鬼神，包括水旱妖魔，如关公也可为伏魔大帝一般，故以水神祀之。还有一点最不可忽视的，就是马援曾疏凿过横州附近的西江水域，使滩涂化险为夷，舟船免于覆溺，这或许是他成为水神的主要原因。[9]

4. 龙王

船在大海上行驶，全靠龙王的保佑。对龙王的信仰，实际源于古人对龙的崇拜。

龙在神话中是海洋的主宰，威力无穷，在中国沿海一带，渔民皆立庙祭祀，以求风调雨顺。龙的名称殊多，有鳞者谓蛟龙，有翼者称应龙，有角者名“多它”龙，无角名虬。小者名蛟，大者称龙。据神话传说，伏羲与女娲都是人首蛇身，而蛇就是龙的原型。中国古籍中，常有龙、蛇并提，如《左传·襄公二十一年》载，“深山大泽，实生龙蛇”，龙、蛇互代，甚至蛇龙互变的记载。如《淮南子·俶真训》曰：“是故至道无为，一龙一蛇，盈缩卷舒，与时变化。”除了龙变蛇解之外，这“变化”当然也指龙、蛇互变，蛇变龙的例证。闻一多《伏羲考》中说：“龙是一种图腾，并且只存在于图腾中而不存在于生物界中的一种虚拟合成的生物，因为它是由许多不同的图腾糅合成的一种综合体……龙的基调还是蛇。大概图腾未合并以前，所谓龙者只是一种大蛇，这种蛇的名字便叫做‘龙’。”

龙

龙并不存在于现实世界中，是由人类虚构的生物，并且是综合了许多生物的特征：蛇身、兽腿、鹰爪、马头、鱼尾、鹿角、鱼鳞。古神话中龙为众鳞虫之长，四灵（龙、凤、麒麟、龟）之首。古籍记述其形象多不一。一说为细长有四足，马首蛇尾。一说为身披鳞甲，头有须角，五爪。北宋初年，画家董羽在《画龙辑议》里曾提出龙“九似”之说曰：（龙）九似者，头似牛，嘴似驴，眼似虾，角似鹿，耳似象，鳞似鱼，须似人，腹似蛇，足似凤，是名为九似也。宋代罗愿《尔雅翼·释龙》对龙的形体也作了逻辑归纳：龙，角似鹿，头似驼，眼似兔，项似蛇，腹似蜃，鳞似鱼，爪似鹰，掌似虎，耳似

龙九似

牛。明代李时珍著《本草纲目》第四十三卷《鳞部》介绍“龙骨”这味药时，说到龙，他亦赞同“龙有九似”之说，仅仅是表述又有细节的不同——龙有九似：头似驼，角似鹿，眼似兔，耳似牛，项似蛇，腹似蜃，鳞似鲤，爪似鹰，掌似虎，是也。“龙有九似”，为兼备各种动物之所长的异类。

头似驼，示体型之巨；

角似鹿，示神态之贵；

眼似兔，示明察天地；

耳似牛，示聆听八荒；

项似蛇，示旋转灵动；

腹似蜃，示周行无忌；

鳞似鲤，示深潜水府；

爪似鹰，示高飞云天；

掌似虎，示威啸山林。

“九似”之喻，其实是集飞禽、游鱼、走兽等百物之能于一身，让“龙”具有无所不能的神通。故“龙有九似”不是一个平列的、相加的命题，而是一个“超九”的、升华的暗示。[10]

龙是华夏民族自上古以来一直崇奉的神异动物，是华夏先民的图腾，民间传说从黄帝时期就已开始了龙崇拜。民间还传说对龙的祭祀源于唐代，到宋太祖赵匡胤即位不久后，就根据唐代旧典规定了对龙的祭奠，题龙神庙的匾额为“会应”，意思是有求必应。从此，龙王庙遍布天下。在道教经典、民间传说和文人小说中，龙王的名词越来越多，江河湖海池沼井泉也都为龙王专管，连电雷风云之神也都归了龙王管辖。人们还把龙王人格化，为它设计了龙宫、龙子、龙女，俨然是一个庞大的龙家族。

龙

内陆以龙王为雨神，主宰雨水，龙王的“职能”多限于统管雨涝干旱。沿海居民以其为海神，为“海龙王”，兼管海产的丰歉。

龙能呼风唤雨，在以农业文明为主

体的华夏文明中，雨水的多寡与农业生产有直接关系，所以，作为雨水之神的龙逐渐被人们重视和崇奉。当人们渐渐认识到海洋是众水之源，特别是当人们了解到海水蒸腾而为云气，降落而为雨，雨注江河，又流入大海这一循环规律后，更把海洋当成天下众水的根本，海洋上的龙神的地位自然而然地就高于河龙、江龙、井龙、湖龙之类，逐渐成了一位十分重要十分显赫的大神了，成了天下众水之主。汉代许慎的《说文》十一篇下记载：龙能显能隐，能细能巨，能短能长；秋分潜伏深水，春分腾飞苍天，吞云吐雾，呼风唤雨，鸣雷闪电，变化多端，无所不能。它的一举一动都会给民间百姓带来很大影响，因此，民间百姓虽不是水族动物，也同样对龙王非常敬畏，总是顶礼膜拜。因为龙是神一般的存在，人们就将想象的各种高超的本领都集中到龙的身上。龙的神性可以用喜水、好飞、通天、善变、显灵、征瑞、兆祸、示威来概括。

海是龙王的天下，鱼鳖虾蟹是它的臣民，人在海上捕鱼，是侵扰了龙王世界，捕杀了龙王的臣民，因此对龙王必须事事谨慎，不能触犯龙王。因此出海前，渔民要祭龙王，祈求龙王保佑。沿海各地供奉的龙王，或称为“龙王”，或称为“东海龙王”，但“东海龙王”之名流行更为广泛，民间传说《龙王搬家》中记载：

相传龙王最早的龙宫不在东海而是在渤海，在很早以前，在渤海的小龙山（今辽宁省蛇岛）住着一雄一雌两条大蛇。渔民说，长虫（即蛇）如果能过海便能成龙，成了龙以后就能和龙王爷平起平坐。这两条大蛇总觉着当蛇不过瘾，就一心想成为龙。于是它们决定过海。龙王也怕小龙山的蛇过海成龙，自己管不住它们，所以早就派了重兵把守，想阻止蛇过海。当这两条大蛇过海过到一半时，被负责保护海峡的虾兵蟹将发现了，于是展开了虾蛇大战。天上乌云翻滚，水上黑浪滔天，大浪掀起几十丈高，虾蛇你来我往一直打了几个月。最后，两条蛇终于不是虾兵蟹将的对手，逐渐体力不支，雄蛇当场被刺死；雌蛇也受了伤，逃回小龙山，在山上产下许多小蛇。小龙山成了现在有名的蛇岛。雄蛇死后，沉入海底，不久尸体腐烂，搅得整个渤海臭气冲天。龙王爷在龙宫里闻到了臭味，非常惊恐，连忙把龙宫搬到东海，从此渤海龙王也改称东海龙王了。[11]

沿海港湾和孤岛，多修建有龙王庙。相传农历六月初十为龙王生日，沿海人于这一天祭龙王，到龙王庙摆供祭神，烧香焚纸。

5. 龙母

中国是龙的国度，关于龙母的传说，几乎和龙的传说一样久远。相传，我们最远的始祖叫伏羲，伏羲的母亲便是龙母。在沿海人们的心目中，龙母慈爱、能干，她有非凡的本事，能耕能织，能渔能牧，能预知风雨，能医治百病，能消灾解祸，能保境安民。

龙母的传说

根据《悦城龙母庙志》所载，龙母姓温，其父亲温天瑞是广西梧州市藤县人，母亲姓梁，是广东德庆县悦城人。龙母于战国时期周赧王丁辛卯年（公元前290年）的农历五月初八出生在广西梧州藤县，卒于秦始皇三十七年（前210年），享年80岁。她的诞生带有“苍天呈瑞”的神奇色彩。刚生下来，她的头发就有一尺多长，而且长得非常奇异。稍大后她随父母到德庆悦城镇生活。

龙母姐妹三人，她排行第二。传说龙母是一位特别聪明的女子，而且心地善良。当她长大成人后，就和自己的姐姐、妹妹以及邻居的四位姑娘结成“金兰七姐妹”，共同立下“利泽天下”的誓言，要为天下老百姓做好事，替他们谋利造福。温女不仅心灵手巧，劳动勤快，而且学会了医术，经常救死扶伤，义务为乡里百姓服务。大家都把她看成是天上下凡拯民救民的仙女，遂拥戴其为氏族的领袖。一天，温女到江边洗衣服，突然看见水中有一颗像“斗”那么大的巨蛋熠熠发光，通体晶莹闪亮，于是就把它抱起来。原来是一枚石蛋，温女把石蛋带回家里，当做宝贝一样不时地拿出来欣赏把玩，经过了七个月又二十七天，石蛋忽然裂开，爬出五条如蛇状的蜥蜴，它们非常喜欢玩水，温女把它们看做龙子，像母亲对待自己的孩子似的细心地喂养。

这五条小龙渐渐地长大了，温女把它们携到江边，放到水里，只见它们好像回到了自己自由的天地一样，上下游蹿，欢喜极了。它们玩了一会儿，竟渺然不见踪迹了。温女正诧异，却又看见它们突然出现，并且都衔着一条鲜蹦乱跳的大鱼，放到温女的身边，温女觉得它们有灵性，就对它们说，你们既然那么喜欢水，我就不再带你们回家了，你们就在江里游玩吧！五条小龙昂着头，睁着大眼睛听完温氏的话都流泪了，恋恋不舍地在温氏眼前游了几个来回，才悠悠地游向远方。

第二天，温女再到江边时，那五条小龙又一起出现了，仍然是衔着鱼送给温女，从此，它们天天都给温女衔来活鱼，像孝敬母亲似的。

后来，发生了一件意外的事情，一天，温女觉得江边草棘丛生，有碍五条小龙的活动，便取了一把大砍刀，想把那些草棘砍掉，没想到，那五条龙却在这时游上来凑热闹，温女收刀不及，一刀砍断了其中一条小龙的尾巴，于是，它们都游走了。眼看挥刀误伤了自己最喜爱的小龙，温女吓得瘫坐在地，心疼得好像自己被尖刀扎了似的。第二天，温女带了一大把疗伤药物走到江边，希望能再看到那五条小龙，并且帮助被误伤的小龙包扎治疗，但江里却再也看不见它们了。温女非常懊悔地守在那里等候，天黑了，仍然不见五条小龙的形迹。

没过几天，本来风调雨顺的悦城，却突然下起了瓢泼大雨，刮起了掀屋倒树的大风，原来平静的江面，也已经怒涛澎湃，江两岸，一片汪洋，不少农田、房屋、市镇都被洪水淹没了，许多人惊慌失措地爬到高坡上、屋顶上避难。大家都说这准是断尾龙发怒了，天哪，该怎么办？温女一边抢救遇难的群众，一边组织大家转移到安全的地方去，她听到人们的议论，心里非常痛苦，连续几天，面对滔天的洪水流着眼泪祷告说："我心爱的五小子呀，你们真是能兴云布雨的龙吗？你们是不是因为我误伤了你们当中的一条，就掀起了这样的一场洪灾呢？我求求你们，要惩罚就惩罚我吧，但请你们千万不要滥害无辜……"温女一边带领大家抗洪抢险，一边诚心祷告，终于，风停下来了，雨停下来了，洪水退下去了。大家对温女这种为老百姓免除灾难而愿意承担一切责任的崇高精神，表示了衷心敬意。

温女自五小龙走后，总是若有所失，闷闷不乐，不时仍到江边来，驻足凝望……几年过去了，一天，温女又来到江边，只见远处霞光艳艳，瑞气腾腾，五条头角峥嵘、身披鳞甲、五彩斑斓的小龙正朝着温女戏波而来，游在最前面的那条小龙断了尾巴。温女高兴得热泪纵横，下到水里，先来到断尾龙的身边，抚摩了这里，又抚摩了那里，然后，特别细心地察看了它的尾巴，看到虽然断了一段，但已经没有创伤的痕迹了，才舒心地叹了口气。接着，又无限慈爱地与其他的四条小龙亲热，说："我的儿子，真的已经成龙了啊，今天，你们重新回来了，可以福泽万方了，妈妈真是高兴！"从此温女由氏族领袖进而成了龙母。[12]

龙母仙逝之后，人们怀念她的功德，又为她和五龙的神奇传说所惊异，便为她立庙，岁岁祭祀。建在龙母仙逝之地的悦城龙母庙及生身之地的梧州龙母庙，是南方两座最负盛名的龙母庙。梧州龙母庙始建于北宋初年，现在已成为重要的旅游景点，每年都有数以万计的海内外游客前来这里观光、瞻仰，四时拜祭，缅怀龙母功德。

龙母祭

正月庆开金。正月初四、正月二十二，是传统的龙母开金印、开金库的吉祥日子，吸引了四面八方的香客。众人鱼贯而入，毕恭毕敬地在龙母像前三鞠躬。站在龙母前的送财童子笑容可掬，向信士送上两只象征财运亨通的利市封，再送上一支象征吉祥如意的小红旗。之后，信士便到祖庙前的许愿树下抛掷吉祥绣球，到西江边买一条鲤鱼放生，买一支象征来年和顺的风车。

五月龙母诞。传说龙母诞生于农历五月初八凌晨，五月初一至初八是龙母诞期。据史志所载：大规模的龙母庙会，唐宋以来就有了，明清以降，愈见兴盛。在神诞期间，祖庙前面，车辕辐集，帆樯塞江。各地纷纷成就专事拜祭龙母的堂会，如东裕堂、龙胜堂、合胜堂等，全都组织贺诞团，抬着香烛三牲，前来朝拜龙母。朝拜者来自珠三角、港、澳地区以及贵州、广西、湖南、福建等省，近年来更有欧、亚、美的华侨不惜跋山涉水远渡重洋，准时于诞期参拜龙母。五月初八为正诞，庙内庙外人山人海，爆竹声震天动地，片刻不停，蔚为大观。

八月升天诞。农历八月初一至初八是龙母润诞（润诞俗称“得道诞”）诞

龙母像

悦城龙母庙

期。自1999年以来，龙母祖庙每年都举办隆重的金秋祭祀龙母典礼和民间艺术节，德庆县各界群众代表、港澳台同胞、海外华侨及八方贤达信士，为缅怀龙母功德，传颂龙母文化，焕发民族精神，增强龙的传人的凝聚力，冠裳济济，会聚于龙母祖庙，以三牲鲜花歌舞雅乐之仪，致祭于龙母之前。具有浓厚地方特色的民间艺术代表队也相继进入庙前广场，有舞龙队、盘鼓队、醒狮队、八音锣鼓队、唢呐民乐队、龙旗队、仪仗队。这些民间艺术表演队均在初一至初八龙母润诞期间向进香的信众表演节目。

水灯节。农历十二月十五日是龙母祖庙的水灯节。放水灯又称“放河灯”，在清代曾盛行于江南地区，如今已不多见。龙母故乡的人民却传承了这古老的民间习俗。水灯用彩纸糊成，精巧玲珑，形状各异，装一小蜡烛，置于木板上，任其漂流。水灯顺流而下，象征四海安澜，百事畅顺，国泰民安。龙母祖庙前，灵水洄澜，波平如镜，每逢放水灯的日子，观者如云，笑语欢声。[12]

6. 妈祖

妈祖，一个普通的海边姑娘，因为善良、美丽、智慧，成为海上女神。妈祖又称天妃、天后、天上圣母、娘妈、灵女、神女、海神娘娘等，是历代海洋贸易者、船工、海员、旅客、商人和渔民共同信奉的神祇，尤其是在福建、广东、海南、广西有广泛的妈祖信仰，许多沿海地区均建有妈祖庙。古代在海上航行经常受到风浪的袭击而船沉人亡，船员的安全成为航海者的主要问题，他们把希望寄托于神灵的保佑。在船舶起航前要先祭妈祖，祈求保佑顺风和安全，在船舶上还立妈祖神位供奉。

妈祖传说

相传在宋朝初年，福建省莆田县海边的一个小渔村，住着一户姓林的渔民，这户人家生得一男一女。女儿在农历三月二十三日出生后，月余不会啼哭，父母便为其起名“默娘”。她自幼好学，聪明过人，8岁从师读经，过目成诵，闻一知十。虽生长在渔村，却偏吃素食，从不杀生吃荤，猪羊鸡鸭，鱼虾蟹贝，一概不食，只吃五谷杂粮，鲜果蔬菜，特别喜食海藻菜类，饮雨雪露水，虽体态纤弱，却水性极好，潮汐气象不学自通。她为人心地善良，乐于助人。风浪天，独驾小舟，为渔家抢险排难，救死扶伤，深受渔家村人的爱戴。

妈祖像

一天，默娘的父兄出海打鱼，她和母亲正在家做饭，天气突然变了，天空黑云翻滚，大风骤起，巨浪翻涌，雷雨交加，正在烧火的默娘却恍似沉沉睡去。母亲见她睡中咬紧牙关，蹙着双目，手扒脚蹬，一副拼命挣扎的状态，非常吃惊，“默娘、默娘……”连喊数声，她也不醒，便使劲推她几下，她才猛然醒来，连叫“不好、不好！”母亲惊问：“我儿，出了何事？”女儿戚然应道：“刚才女儿梦见父兄在海里翻船落水，女儿手拉着哥哥，口咬着爹爹，正向岸边拼命游来，母亲突然推我，不由得张口‘啊’了一声，似把爹爹丢了，只救得哥哥。爹爹怕是凶多吉少了。”

说完，泪珠涟涟。母亲急道："我儿不要胡思乱说，时候不早了，快去海边看他们回来没有？"默娘刚要出门，只见哥哥浑身是水，万分悲痛地进门，扑倒在母亲面前，哭诉道："我和爹爹正在拖网捕鱼，天气突变，海面风大浪高，爹爹砍断网缏，我们摇橹加棹，紧急回港，可风越刮越大，两三个巨浪，就把船掀翻了，我们一摔进风浪窝里，不大一会就浑身无力，游不动了。这时就觉得有人拽着我的衣服往岸上拖。开始爹爹和我还在一起，不知什么时候，爹爹不见了。天黑了，我上了岸，到处找爹爹也未找到，只得回来。"默娘妈哭得死去活来，全家披麻戴孝发送了默娘爹爹。

一年初春，一艘从浙东来的商船，要到闽南去。偏巧南风正急，潮雾弥漫，一丈之外，一片茫茫。商船不慎触礁，船上的人哀号呼救。可是这时海涛震荡，潮涌如山，谁敢贸然出海呢？默娘摆起香案，口中念念有词，拿起一捆筷子，点上丹红，急步来到海边，把筷子朝着呼救的方向撒了出去。说来也怪，海面上竟顿时出现了无数根大杉木，依附在漏船的周围，排出积水，把船驶向岸边。将近岸边的时候，海面上的大杉木就不知去向了，船上的人这才知道是默娘救了他们的性命。

母亲知道女儿不是"凡人"。"默娘救亲"的故事也慢慢地在渔村传播开来。许多船家渔民想起往日遭风遇难，总好像有灯引路，有人推送，遂得脱险平安。便议论猜测，那必是默娘所为，纷纷前往拜谢，祈求保佑。一时门庭若市，消息传遍沿海及诸岛，惊动地方官府。天机一经泄露，默娘自知将不久于人世，便对哥哥道出实情："我本是东海龙王之女，脱离龙宫，下凡人世，为的是济危救难。现在人皆知我，凡身便再难生活于世上。近日，我多次梦游神往北方一处宝地，意在那里留居升天，便我济难助人，普度众生，望兄助我！"

于是，兄妹驾一小舟，沿漫长海岸线，晓行夜宿，溯北而上。渡过长江口，穿越连云港，开进胶州湾，却不见宝地踪影，驶过"天尽头"，进了龙须湾，不是意中的佳处；看过养马岛，驻足芝罘山，观望烟台山，亦非仙山良居。船过老爷山，远望黄渤海交汇处的一列群岛上空，紫光笼罩，瑞气缭绕，峰峦清幽，岩涧陡峻，松柏参天，修竹茂密。默娘虽未到过此地，却好像梦中所见，旧日所想的仙山佳处。兄妹急忙赶进群岛，环游数岛，但见居中一小岛，仿佛是一只巨大的五彩的凤凰，静卧水中。默娘轻移蓬步，登上仙境，但见岛上云遮翠岭，雾障清峦，曲水流响如韵，松竹碧绿欲滴，特别是站在那"凤凰"的脖子上，前后两山夹一川，左右海水分两色，格外清丽敞亮。抬头望，天空透清碧兰；看脚下，海水平镜墨绿。放眼四周，东有南、北长山岛，

随南沙港崛起而新建广州南沙的天后宫
（霍英东基金会提供）

西邻大、小黑山岛，北对一线排列着的猴矶，瑭琅诸岛礁，南望远山的蓬莱大陆，群岛环抱这一辽阔的海湾碧塘，可锚泊成千上万船只而不受风掀浪涌之扰，岛礁之间尚有五六个海域通道，伸向四面八方，广连五湖四海。这一天然良港福湾，更是普度众生，保佑南来北往船只免遭劫难的好地方。

福祉选定，默娘向兄长道别："哥哥快回老家，代我在母亲面前多尽孝道。我虽不在你们身边，但魂灵永随左右。今后，你们有啥急难之事，只要喊我三声，我会即到相助。我在此宝岛良湾，坐守黄渤海要道，外通五湖四海，专心致志为船家渔民排险解难，随我终生夙愿。"说完便闭目静坐，不吃不喝，无声无息，打坐三日，化为一尊石像。远近船家渔民闻讯，齐聚小岛，焚香烧纸，顶礼膜拜。有人提出在此为默娘建庙宇，渔民们积极响应倡导者，纷纷捐金集资，建造一座庙宇，供奉着默娘的石像，尊为海神娘娘。从此，神庙名扬四海，传遍神州。小岛也因此叫做"庙岛"。

宋徽宗宣和四年（1122年），福建的商会名士不远万里追寻而来，在庙岛重修了娘娘神庙，精塑娘娘金身。

海神娘娘升天以后，乘风踏浪，灵游四海，普度众生。哪里有难，她便在哪里显灵，哪里遭灾，她便在哪里出现。娘娘显灵救难，祖祖辈辈，家喻户晓。有一个叫三宝的商人，载着一船贵重货物，经过贤良港运往国外，临出发时，船锚好像被什么东西吸住似的，怎么也拔不起来。三宝吓坏了，便爬上湄岛，到祠堂里去烧香，再回到船上，船锚果然拔了起来。从此三宝一路顺风到南洋，在菲律宾、马来西亚等国家经商三年，赚了大钱安全返航。为了这事，三宝特地到湄岛花大钱建造了一座庙宇，称为妈祖庙。海难中求助于娘娘，更是人们战胜劫难的一种精神力量，四海船家无不对海神娘娘虔诚恭敬。传说最多最广的当数海难中"娘娘赐灯"保佑的故事。每当狂风肆虐，恶浪排空，天海难分，黑暗无边的危难时刻，如果船只遇难，只要连喊三声"娘娘保佑！”，那船头的不远处，准有一盏红灯，仿佛是娘娘擎灯引路，船头前面，即刻闪开一条金光平静的海水通道，跟着红灯走，沿着金光行，总能化险为夷，安全抵达海岸，就是再大的风浪，也保准平安无事。在无数海岛渔村里，更有“娘娘歌舞镇风浪”的传说。每当海上风起浪涌，海难天灾临头，船只遇险未归之际，渔村老少便拥向海边，跪拜滩头，焚香烧纸，为出海亲人祈保平安，高声喊着：“娘娘保佑！”，海神便乘风驾云，赶到海边，轻声吟唱，翩翩起舞。说来也怪，海神的歌声传开，风便悄悄地息了；海神的裙裾飘过，浪便慢慢地平了，海上的亲人便好生生地回岸归港了。[13]

历朝各代对妈祖多次褒封

默娘屡显灵应于海上，渡海者皆祷之，因此默娘被尊为“通灵神女”，庙宇遍海甸。妈祖信仰从产生至今，经历了1000多年，作为民间信仰，它延续之久，传播之广，影响之深，都是其他民间崇拜所不曾有过的。历代（宋、元、明、清）都对妈祖多次褒封，并列入国家祀典，进行春秋祭祀。

北宋时期对妈祖的第一个封号是“湄洲神女”。之后，妈祖所得的封号越来越多，有“灵惠夫人”“灵惠昭应崇隔善刊夫人”“灵惠妃”等。当时，只有皇亲国戚才被封为“王”，他的妻子才可得到“妃”的封号。因此，妈祖晋升为“灵惠妃”，意味着其极高的等级待遇。由于妈祖多次显灵，所以其多次受封，迄至宋末，妈祖得到的封号已有14次之多，这在宋代是很少见的。

元朝单独给妈祖加封为天妃，而不加封其他的民间神灵，这造成天妃地位更加突出。天妃，即为皇天上帝之妃，是天的配偶，妈祖已不是人间皇家所能比拟的了。妈祖得到这一封号，才真正超越众神，成为只有关帝等少数几个神灵才能比肩的顶尖之神。当然，元朝廷之所以给妈祖封此尊号，并且以后日益加封，是因为元代海运相当发达，从事海运的人需要妈祖的保佑，这才造成妈祖在众神中脱颖而出，其他海神根本无法与妈祖一争高下。

由于明初的海运、河运十分发达，所以官兵、渔民对妈祖的崇拜造成妈祖屡屡受封。洪武五年（1372年），明太祖的封号为：“孝顺纯正孚济感应圣妃”。值得注意的是，明初未沿用元代天妃的称呼，随着郑和七下西洋壮举的进行，妈祖在航海保护神方面的作用日益得到重视。永乐七年（1409年），朝廷给妈祖的封号是“护国庇民妙灵昭应弘仁善济天妃”，天妃的称呼再次得到官方的认可。不过，明中叶以后，随着朝廷大规模的海事活动逐渐减少，天妃的地位渐被官府忘却，加上道学的强大影响，妈祖在官府的地位大受削弱。但明朝的使者经常远渡大洋赴琉球出使，得到天妃“保佑”的信息也常传到朝廷，因而，天妃在朝廷的地位基本能够得到维持。

清代对妈祖的祭祀达到一个新的高度。在康熙二十三年（1684年），妈祖被封为“护国庇民昭灵显应仁慈天后”，这表明她已是与上帝同级的神祇了，这是妈祖在民间信仰中的真实地位。

历代皇帝的崇拜和褒封，使妈祖由民间神提升为官方的航海保护神，而且神格越来越高，传播面越来越广，达到无人不知，无神能替代的程度，成为影响最大的全国性的海上保护神。

妈祖信仰为何如此之盛行

妈祖传说在诞生之初，其影响仅限于福建莆田沿海一带，随着时间的推移，妈祖信仰的影响逐步扩大，至今已成为国际性的世界华人信仰。那么，妈祖信仰为何能从福建传向全国、全世界呢？

首先，与北宋以后中国海事活动频繁有关。在北宋以前，中国的文化、政治活动一直在内陆，海事活动在中国经济中一向不占主导地位。从北宋开始，大批中国商人也卷入海外贸易，这一时期的中国商人已远航东南亚诸国，其中有些人已出现在南亚次大陆沿海了。由于中国人卷入了海上贸易，频繁的海事活动使中国人真正认识到大海的伟大，从心底里产生了崇拜海洋的情结，便产生了妈祖传说和崇拜。妈祖虽然只是诞生于海隅的一个小神，但由于这种崇拜符合中国人对海洋崇拜的心理，所以，它具备了广泛传播的条件。

湛江霞山天后宫
（司徒尚纪　摄）

其次，与福建人在中国航海界的地位有关。回顾中国海洋发展史就会发现，福建人扮演了一个极其重要的角色。在福建沿海，一直有一个以航海为生的种族——疍民。疍民以船为家，常年在海上航行，千百年来，他们积累了丰富的航海经验，他们所乘“鸟船”，船型狭长，吃水较深，乘风破浪，无所畏惧。当中国人开始大规模投入远航时，福建人很自然地借鉴了他们的航海术，因此，他们的航海术很快领先于全国，并一直保持着这个优势。由于福建人在航海领域不可动摇的地位，福建人的航海文化在航海领域也有了绝对的权威。认识这一点，便可知福建人的航海之神被传向全国就不足为奇了，在古人看来，福建人的妈祖信仰也是航海术的一部分，当各地水手在向闽人学习航海术时，也将妈祖文化吸收于本地文化之中了。另外，福建水手是妈祖文化的最佳传播者，就以东亚和东南亚的广大范畴来说，凡是港口之处，几乎都有妈祖庙。这是因为不论是日本还是泰国等东南亚国家，在他们的船队中，大多有福建水手，或由福建人导航。

澳门最古老的妈祖阁（庙）
（司徒尚　摄）

到了明清时期以后，妈祖文化的传播就相当广泛了，西至四川、陕西，北至东北，到处都有妈祖庙。向海外的传播主要也是在这一时期，日本、越南、泰国，凡是有华人涉足的港口，几乎都有天妃宫。迄至近现代，随着华人足迹遍布天下，妈祖的香火也传到世界各大城市，美国的纽约，法国的巴黎，都有了妈祖庙。

妈祖信仰的基本文化圈是中国海的周边区域，而且以福建与台湾两省最盛。福建的莆田县，到处都是妈祖庙，总计不下百余座。台湾的妈祖庙现已达到900多座，妈祖庙是台湾全岛最多的神灵庙宇。闽台之外，广东的妈祖信仰也很盛，庙宇也多，这是因为广东人的生产与生活在相当程度上依赖海洋，所以对海神的信仰也胜于它处。

7. 雷神

雷神之别称

雷神起初有许多别称。如有雷兽之说，《山海经·大荒东经》：“东海中有流波山，入海七千里。其上有兽，状如牛，苍身而无角，一足，出入水则必风雨，其光如日月，其声如雷，其名曰夔。黄帝得之，以其皮为鼓，橛以雷兽之骨，声闻五百里，以威天下。”郭璞注：“雷兽即雷神也。”如有雷师之说，《离骚》：“鸾皇为余先戒兮，雷师告余以未具。”如有雷公之说，《楚辞·远游》：“左雨师使径侍兮，右雷公以为卫。”《论衡·雷虚》：“图雷之状，累累如连鼓之形；又图一人，若力士之容，谓之雷公，使之左手引连鼓，右手推椎，若击之状。其意以为雷声隆隆者，连鼓相叩击之意也；其魄然若敝裂者，椎所击之声也；其杀人也，引连鼓相椎，并击之矣。”还有因雷神的鼓声隆隆，将拟声词“丰隆”作为其的名字，如《离骚》中的“吾令丰隆乘云兮，求宓妃之所在”。王逸注云：“丰隆，云师，一曰雷公。”《淮南子·天文》中也有：“季春三月，丰隆乃出，以降其雨。”[14]民间普遍认为六月二十四日这一天是雷公诞。

雷神像

雷神威力及其神形特征

雷是乌云带来的，乌云像龙，于是人们把雷公想象成一条身形巨大的龙，这条龙身的雷公握有专属于它的权力，它不高兴的时候，会呼风唤雨，暴雨伴

雷神像

随大风，给沿海居民和出海作业的人们带来灾难，让人们成为水中的鱼鳖，甚至失去生命。雷能发声放电、能毙人，使人畏惧。

雷神的声音是从哪里发出来的呢？为了解决这个问题，人们想到了鼓。雷声和鼓声非常相像，都是那样的实在深沉，于是人们把雷公的腹部想象成鼓，一击就能发出殷实夯沉的响声[15]。《山海经》卷十三《海内东经》载："雷泽中有雷神，龙首而人头，鼓其腹。在吴西。"说的是雷泽中有一个雷神，龙的身子，人的脑袋，他的腹部像鼓能发出震耳的雷声。雷神住在吴国的西面。与其相似的记载还有《淮南子·地形训》："雷泽有神，龙身人头，鼓起腹而熙。"

雷州雷神信仰极盛

雷州市靖海宫为驱海怪而立
（司徒尚纪　摄）

沿海处于海陆相互作用地带，两种性质不同气流接触，加上气候蒸郁，极易生雷电。沿海人出于对雷电的恐惧，以为有雷神在作祟，于是设雷神庙以祭之，因这些雷神庙多在海岸带，且多雷地区离不开海陆界面相互作用，故雷神也可列入海神范围。

雷州半岛是世界两大雷区之一，每年有二百多天打雷，唐李肇《国史补》曰："雷州春日无日无雷。"雷州半岛即因雷多而得名。多雷地区往往都是"雷文化"的发祥地，故雷州雷神信仰极盛。

雷州西南英榜山上的雷神庙（即雷祖祠。这位雷神，当地人称为"雷首公"，形状骇人），极为有名，影响很大。

雷州的敬雷习俗渊源久远。唐《太平广记》引《投荒杂录》记载："雷之南濒大海，郡盖因多雷而名焉。其事雷，畏敬甚谨，每具酒肴奠焉。"

为了获得雷神的庇护，避凶趋利，"事雷畏敬甚谨"的雷州先民便充分发挥自己的想象力、创造力把这一方沃土打造成雷的故乡：山为擎雷山，水为擎

广东雷州城外雷祖祠

雷水，县为雷川县，郡为雷州郡，奉雷为祖，把自己当成“雷的传人”，在这样一个“雷”的国度里，人民是“雷神”的子孙，统治者既是“雷民”的祖先，同时又是自然界的“雷王”。首任雷州刺史叫陈文玉，其被称为“雷祖”。据《雷祖志》记载，当年的白院村，有一位姓陈的居民，他养有一条大狗，大狗有九只耳朵。每出打猎，一定先占卜。一只耳动，就获一兽；两只耳动，获两兽……到太建（隋朝）二年九月初一出猎，大犬九耳皆动。主人大喜，连同十多个人上山。大狗从早上一直吠到晚上，没有一只野兽。于是主人奇怪，让人劈树深入林中去看。一挖，发现地下有个大卵，不知何物，陈氏干脆抱回家。结果，一个雷打过来，大卵震开了，里面是一个男孩，两只手有字，左手为“雷”，右手为“州”，陈氏为他起名为“文玉”。[16]

8. 风神

船在海上安全与否，关系最大的一是风，二是礁。船在海上遇难往往是突遇大风导致船翻向或是船触暗礁沉了船。

在风帆航海时代，航海者与风的关系甚为密切。无风，帆船不能远行；风大，又危及航行安全。因此，中国古代沿海渔民很早就开始观察、研究和利用风能，以趋利避害，驾驭海洋了。但由于人们对大自然的认识能力还处在较低的水平上，并不能完全把握自然力，当人们的意愿与希望不能顺利实现时，就往往会祈求于超自然的力量，风神崇拜也就诞生了。

风神形象不一，如有的风神是神狗，形状如虎，有翅膀；有的风神生得狗头豹胯，红发红裤，身背风带，形如鬼怪，立于云中；有的风神是一只神鸟，但形象怪异，像鹿的身体上布满了豹斑，还长了一个带犄角的麻雀头，屁股上又拖了一条长长的蛇尾巴；有的风神已完全是人形，“白须老翁，左手持轮，右手执笔（即扇子）”。

随着人类航海活动的发展，人们与风的关系越来越密切，祈风神的活动也不断增多，唐宋以后尤盛。当时有专门的祈风场所，如始建于唐代重建于明代的南海县（今属广州市）怀圣寺南番塔，高16.5丈（合55米），上雕有金鸡一只。每年五六月，来往此地的航海者便登塔祈风神。今泉州西6公里的南安县金鸡村九日山上还留有宋代的祈风石刻，当时泉州的市舶司已经形成了每年两次由官方主持的祈风仪式，即所谓“舶司岁两祈风于通远王庙”。人们进行风神崇拜活动的目的，一是为了保佑舟航安全，二是希望季风期至，促进航行。

沿海多台风（即飓风）。沿海是台风最频繁的地区。台风产生于热带海洋的一个原因，是因为温暖的海水是它的动力“燃料”。台风给海上作业和沿海人民的生命财产带来很大的威胁。台风带来的危害与台风的等级有关。（1）一级台风。一级台风具有潜在伤害，对建筑物没有实际伤害，但对未固定的房车、灌木和树会造成危害，一些海岸会遭到洪水侵袭，小码头会受损。（2）

雷州城北风神庙
（雷州市博物馆提供）

二级台风。二级台风具有潜在伤害，会造成部分房顶材质、门和窗受损，植被可能受损。洪水可能会突破未受保护的泊位使码头和小艇受到威胁。（3）三级台风。三级台风具有潜在伤害，会造成某些小屋和大楼受损，甚至完全被摧毁。海岸附近的洪水可能摧毁大小建筑，内陆土地洪水泛滥。（4）四级台风。四级台风具有潜在伤害，会造成小建筑的屋顶被完全摧毁，靠海地区大部分淹没，内陆大范围发洪水。（5）五级台风。五级台风具有潜在伤害，会造成大部分建筑物和独立房屋屋顶被完全摧毁，一些房子完全被吹走。洪水导致大范围地区受灾，海岸附近所有建筑物进水，定居者可能需要撤离[17]。飓风神（亦称飓母、孟婆）是沿海，如广东雷州、海南一带民间崇信的神祇。每年五月五日，当地官方主持祭祀仪式，很是隆重。从这个季节开始，飓风就要常常发生了。清代屈大均《广东新语神语》记载：“粤岁有飓。多从琼、雷而起。故琼、雷皆有飓风祠。其神飓母。有司以端午日祭。诚畏之也。飓者具也。天地之神莫大乎雷、风。雷之神在雷州。风之神在琼州。”由此可知，飓风神已成为官方主祭的神祇，每年端午日为祭祀日。

台风眼

9. 潮神

中国海洋神话中的“潮神”并不是指一般的海潮之神，“潮神”之“潮”，常专指江河的海洋暴涨之潮。钱塘江的海洋暴涨潮是最为典型的，其最盛之状是在每年农历八月中旬天文大潮日的早晚各一次。其时，江水与海水碰撞相击，潮起之处，数丈高的潮端陡立，汹涌狂暴，不但是壮阔奇异的自然景观，而且对沿海民生具有极大的破坏力。古人对这种自然现象十分关注，同时，也赋予它以神话意义，塑造出“潮神”及其众多的传说。

潮神伍子胥

潮神伍子胥

最著名的潮神，是伍子胥。伍子胥，春秋时的楚国人，名伍员。其父伍奢、兄伍尚为楚国重臣，后遭奸臣谗害，被楚王所杀。伍子胥只身逃奔，投靠了吴王并受到重用，被委以重任。他曾西破强楚、北威晋齐、南服越人，立了赫赫功劳。但他和他的父兄一样，都未逃过奸臣的谗言，因而开罪于吴王，最终伍子胥愤然自刎而死。吴王使人将他的尸体扔进江里。吴国人追念他，为他在江边立祠。可见开始时，伍子胥不过是个受谗冤而死的忠勇之士罢了。后来，人们把伍子胥滔天的冤屈愤怒和海洋暴涨潮的疯狂奔泻联系了起来。虽含有迷信色彩，但更重要的是其中灌注了许多当时人们的善恶观念和浓厚的道德价值取向意味。

关于潮神伍子胥的神迹，据传，有个叫马亮的在杭州做知州时，江涛横溢成灾，马亮祀祷于伍子胥祠，第二天江潮退去，江上显出数里长的一块横沙，足以阻挡潮涛的横行。又有传说，闽王听说海里暗礁众多，阻塞航道，危及船只，便派人祭奠伍子胥，“甫毕，忽风雷勃兴、海中有黄物长千百丈，奋跃攻击。三日既霁，则石港通畅，乃名之曰甘棠港”。

人们除了为之立祠，奉以牛酒之外，每年八月潮起之日就祭潮神。

浙江沿海一带的习俗是新船制作船舵后，要祭潮神。这是因为船舵的操作与潮汐有关。顺潮使舵，操作灵便而不易损害。逆潮使舵，操作艰难而易损坏。若是遇到激流狂涛，更有船舵破裂或折断之险，造成船损人亡之灾难。故而，船舵制成时要祭潮神，企求潮神的庇护。祭典的地点在船尾舵旁。[18]

10. 船神

船神又称船菩萨，或称船关老爷。在渔民的信仰中，新船造好，船神到位，祭神礼仪后就永驻船内，成为一船之主，是最大的护船神。渔船后舱设有神龛，专供船菩萨，叫圣堂舱，那里摆着一个精致的神龛，神龛的门额要挂红绸或黄缎制成的幔帘，横额上书写或用彩线绣上“船官菩萨”四字，条幅上有“风轻浪平”、“顺风得利”等吉祥语。神龛内有一木刻的船菩萨，两旁站有

船神关羽

“顺风耳”、“千里眼”两个小神仙，他们是船神的侍者神，含有“眼观六路，耳听八方，知风识鱼，确保丰收平安”之意。龛上方雕刻着祥云瑞色、富贵牡丹等吉祥图案。龛前放一只香炉。

把船神请至神龛舱内，一般程序是在船菩萨神像落位后，船主要燃香、供奉礼品和指南针。从此是“香火永不间熄，指针为船导航”。然后鸣放鞭炮，以示庆贺。船主高举香烛，祈祷叩拜，并高呼“船神入位，万事顺利”、“船有神灵，百无禁忌”等语，说明从此新船有了主心骨，船上的一切全委托船神去做主和庇护。

船官老爷的由来传说是：很早以前，捕鱼船像四四方方的木头箱，没有橹，用桨划；没有网，用钩子钓。捕鱼人不怕鱼打不来，只怕祸灾来。捕鱼船出海除了有要命的风暴外，最怕的还有大鲨鱼。大鲨鱼背脊黑咕隆咚，远看像块礁，近看像座山，尾巴伸出海面像片篷，要是碰到了，不来吵你，算你好运；一不高兴，它尾巴甩一甩，把船崩脱了，它背脊弓一弓，把船顶翻了。不知道有多少捕鱼人不明不白死在大鲨鱼手里。

有个打鱼小孩名叫木龙，阿爹阿哥统统死在鲨鱼手里。他恨死鲨鱼了，于是划着一只小船，拿着一把斧头，到处寻鲨鱼报仇。寻了三日三夜，鲨鱼偏偏没出现。木龙肚皮饿，嘴巴渴，力气用尽，坐在船里，仰面朝天大声叫着：“老天菩萨！你咋不开眼呀！捕鱼人这样下去，咋做人呵！”说起来也十分凑巧，刚好有个菩萨路过，觉得捕鱼人实在太苦。菩萨生了善心，摇身一变，变成一个老头，划着一只小船，驶到木龙跟前，问道：“小孩，你一人做啥呀？难道不怕大鲨鱼尾巴把船掀翻？！”木龙说：“老阿伯，我正要找大鲨鱼报仇呢！”老头笑笑说：“凭你一个小孩，就能找鲨鱼报仇！要斗鲨鱼，只可智取，不可力敌！”“老阿伯，你快讲，有啥计谋好用？”老头叹叹气：“小孩，要斗倒大鲨鱼也不难，看你肯不肯照我讲的去做！”“老阿伯，只要能斗倒大鲨鱼，就是叫我去死，我也肯去！”“你不后悔？”“不后悔！”“好！”菩萨咒语一念，使个法术，把木龙变成一只三道风篷的大船。这时候，远处游过来一条大鲨鱼王。大鲨鱼王露出水面张眼一望，咋这怪物没见识过呀！这怪物两只大眼睛凸出，头角高高，当中露着一枚锋利的牙齿，背脊墩生着三张翅膀，哗哗冲过来，这是啥怪物？它壮壮胆，问：“喂，你叫啥名字？”“我叫木龙，鲨鱼呀，我们打个赌好吗？谁赢了，谁就当大

千里眼顺风耳

哥。”鲨鱼一听要打赌，很开心，就说：“好呀，咋赌？”木龙说：“我们赌谁游得快！”鲨鱼思量，赌游泳，我包赢，就满口答应了。比赛开头，鲨鱼还游在前面，一转眼，木龙越游越快，把鲨鱼远远抛在后头，鲨鱼追得呼呼响，还是追不上，只好不追了。木龙回过头来问：“鲨鱼，你输了，服不服？”鲨鱼心想，是他游得快，可是心里不服，反问一句：“木龙，你咋会游得这么快？有啥本事，讲给我听听，讲得有道理，我认输！”木龙一看，机会来了，便装作大方的样子，说：“我足足吃了三百斤桐油，全身滴滑，游起来就快了，你吃得了三百斤桐油吗？”鲨鱼说：“吃得了！”便张开嘴把三百斤桐油咕咕吞落肚了。木龙说：“还有，我眼睛里钉着三枚铁钉，所以眼睛特别明亮，眼亮看得远，游得快，你要钉吗？”鲨鱼看看木龙眼睛旁边果真钉着三枚铁钉，便说：“好，钉就钉吧！”当，当，当，三枚铁钉钉进眼睛里去了。这时，木龙又说了：“鲨鱼，要想游得快，背脊墩要竖桅杆，扯风篷，就像长了翅膀，游起来，飞快飞快！”鲨鱼看看木龙背脊竖着三根桅杆，就像三个翅膀，心想，怪不得游得飞快。对，我也竖上桅杆。木龙立即用他那枚锋利的牙齿，对准鲨鱼背脊墩猛力一戳，戳得深深的，牢牢的。鲨鱼痛煞了，想逃，逃不脱，大叫起来：“哎哟！痛死了！桅杆我不要竖了！”木龙说：“只戳了一个洞，你就怕了，还要戳两个洞呢！”鲨鱼讨饶了：“木龙大哥，饶了我吧，我认输，认输！”木龙说：“好，阿哥我今天就饶你一次，要是你再作恶，让阿哥我碰到，我就不饶你了！”说完，木龙把牙齿拔出来，鲨鱼就没命地逃走了。这时，鲨鱼由于吃了三百斤桐油，肚里阵阵绞痛起来，眼睛钉了铁钉，变得有眼无光，只好瞎闯乱逃。鲨鱼心想，木龙真厉害，下次碰到可要小心！从此，鲨鱼看见捕鱼船，只是老远看看，不敢靠拢来了。木龙斗败鲨鱼，捕鱼人都十分高兴，就依样造船，把新造的打鱼船造得和木龙小孩变的那只船一模一样，也取名叫木龙。后来还照木龙小孩的样子雕塑了一个小菩萨，放在船后舱，叫做船关老爷，出海都要祭奠一番，表示对木龙小孩的敬意。这个风俗就这样传下来了。[19]

祭船神的时间是在新船即将出海时。新船下海的第一天，先要用全猪、全鸭和馒头、长面隆重供祭“船菩萨”，这叫“祝福”，祝福后用福礼酬谢来帮忙推船“赴水”的壮男力士，这叫“散福”。

各地供奉的船菩萨不一样，有的是男的，供奉的是关羽。因关羽性情刚烈猛勇，重义气，很似渔民的性格，受到渔民的喜爱，所以尊他为船神。有的是女的，供奉的是妈祖。据说妈祖娘娘捕鱼的本领很大，她能穿着红绣鞋在波浪中行走。一般大船供奉男菩萨，小船习惯供奉女菩萨。捕得第一条大鱼，先供船关老爷。

有的地方的船神是暂时请来祭礼的。祭船神的时间是在新船上“斗筋”（斗筋：船头横木）时举行祈祭，礼品是一只猪头、一只大雄鸡、一条鲜鱼、五个馒头和一盆豆腐。香炉下压着一张“船神马”。其意是告诉众神，今天祭的是船神，船神可骑马驾临了。在船主多次敬酒祈祷后，船主焚烧“船神码”，同时放三串炮仗以示送行。[20]

11. 龙裤菩萨

龙裤菩萨是浙江舟山中街山列岛的渔民信奉的一尊“引航神”。

引航神是指为渔民指引航道、航向乃至港道，使渔民在海上不至于发生海难而能平安抵达目的地的神灵。引航神大多是在夜间用灯火为夜航船引航。船在茫茫的大海上夜航最容易出事，有的因迷失方向而失踪，有的因触礁而船破，造成很多悲剧。夜海引航对于渔民来说，因关系到身家性命的安危而显得十分重要与迫切。夜间引航神就是渔民这种愿望的产物，这类神大都位于海岛的岛岸。

龙裤菩萨

龙裤菩萨又称渔民菩萨。关于此神的信仰，始于清朝末年。清朝光绪年间（1875—1908年），有个福建渔民姓陈，名财伯，一家人在中街山渔场捕鱼，不幸在一个大风暴天遇险、落海，后来，他侥

龙裤菩萨

幸存活，泅水上岛，在荒无人烟的庙子湖岛栖身石洞，以砍柴、种地瓜为生，活了下来。他联想自身的不幸遭遇，是因为岛上没有灯塔，家人才被大海吞没，因他非常关心海上渔民的安危，从此每逢海上大雾弥漫或是风暴之夜，他就登上庙子湖岛的“放火山”去点燃篝火，为可能要遭受不幸的渔民指点迷津，使他们及时找到港湾避风，躲过一场场灾难。渔民因不知个中缘由，以为庙子湖岛有神仙显灵，称篝火为“神火”。每逢船过该岛，渔民们都要朝山上跪拜、祈祷，以谢菩萨的恩赐和庇护。尤其是“神火”出现时，更是顶礼膜拜，激动不已。有一天，渔民登岛想要去揭开这神火之谜，发觉财

位于庙子湖“放火山”的财伯公纪念馆

伯公手执柴把横卧在“放火山”的篝火旁已经死了。众人赞叹之余，决定立庙塑像，祈典为神，永享渔家香火。渔民们感戴他的恩德而造庙塑像供奉，尊之为“菩萨”，俗称“龙裤菩萨”。

财伯公是渔夫出身，是死后成神的，其塑像完全是穿着“龙裤”的渔民打扮。他的神像与众不同：上穿背单，下着龙裤，浓眉大眼，赤脚而立。以此渔民形象登上菩萨宝座为沿海少有，在中国沿海的神灵信仰中也罕见。祭此神的习俗也很特别，因财伯公原是福建人，供奉的祭品中要讲究福建风味，如喜食“虾炒米面”、“鲳鱼米面”等。平时，庙檐下要悬挂“三官大帝”灯笼，元宵节滚鱼灯舞，七巧节“礼七姑”，冬至时到“放火山”去燃篝火，以示纪念。

12. 晏公萧公

晏公是航海保护神。晏公（又称晏公爷爷）姓晏，名戍仔，原是宋末江西临江府清江镇人。元时官居文锦局堂长，后因病辞官，死于途中舟上，尸解成仙，以后每每显灵于江河湖海之上。凡遇风波汹涌，渔民、商贾求救于晏公，晏公立即现身，于是水途安妥，舟航稳载，绳缆坚牢，风平浪静。据清代学者赵翼著《陔余丛考》记载：朱元璋与张士诚战于毗陵，朱元璋化装成商人乘船赴军中，途中遇大风，船只将覆没。这时晏公出现，拖船只至沙岸，使朱元璋脱险。到明洪武初年，有一个叫“猪婆龙”的怪物毁决堤岸，又是晏公显灵，教老渔夫以巧计，钓起“猪婆龙”，保住了江堤。明太祖朱元璋感于晏公屡次显灵，诏封他为“神霄玉府晏公都督大元帅”，并封他为平浪侯。平浪侯晏公的形象威严，“浓眉虬髯，面如黑漆”，身着红袍，手持巨斧。

有的记载中又说晏公姓刘名晏。又有人说他就是《宋史》中记载的那个叫晏敦复的人。晏敦复字景初，江西抚州人，官居左司谏。还有人说他是三国时吴国的赤乌人，记载比较混乱。但在开始时，他肯定是江西一带民间信奉的地方性水神，原本和海洋没什么关系。但到明代，由于统治者的推崇，加之南方水运交通事业的兴旺发达，遂使相应的地方文化影响力逐渐扩展，乃至推及沿海。晏公的职司除了平定风浪，保护航行者的安全之外，还有稳固堤岸以及防御海寇侵扰等。

另一位航海保护神是萧公（或称萧公爷爷）。萧公名伯轩，约是宋代咸淳年间（1265—1274年）新淦（即江西清江）人。他生得龙眉蛟发，髭髯俊伟，面如少年。据载他生性为人刚正，不苟言笑，常为邻里断决纠纷。有时邻里们一起会饮，他常突然俯在桌上小睡片刻，醒来后说：“刚才某地有人翻了船，我赶去救助，救了几个人。”同时，他还能一身分而为四个化身，同时前往各地救难。萧公81岁死，后成神“保航救民，有求必应，福泽四方”。据称明太祖朱元璋伐北汉于鄱阳湖，萧公显灵，化出数万红衣甲兵助战，后被诏封为“水府灵通广济显应英佑侯”，子孙也受封，此后萧公“大显威灵于九江八河五湖四海之上”。由这些记述可知，萧公神也是江西一带民间信奉的地方性水神，开始的职司主要是保护江河航行者的安全，至明代以后，才衍生附会出其他许多传说，这些传说中并无多少海洋方面的内容，但由于受到帝王的封赐，才由一个普通的地方性水神一跃而成为整个航运业的保护神，其庇护范围也因此而从江河扩及海上。

萧公和晏公这两位航行保护神是合祀于一庙中的，统称“萧晏二公庙”，在南方北方都有所见。

13. 雨仙

雨仙为雨神。广东沿海有不少三角洲平原和海岸平原台地，都是主要农耕区，人们主要从事稻作。农业丰歉与降雨关系极大。在沿海，气候干热，苦旱危及民生，生产生活更需要雨水滋润，沿海人出于对降雨祷求，雨仙崇拜也应时产生，雨仙信仰者甚笃，香火很旺。这种神祇备受崇拜，也就比其他地区显得尤为迫切和隆重。由于降雨和雷电往往同时发生，天空中会出现飞龙形象，故雨仙与龙崇拜可以相通，归入海洋海岸带神明崇拜范畴。

最有代表性的雨神庙在广东省揭阳市揭东县登岗镇，当地称神庙里的神仙为“风雨圣者”。当地人还称之为“风雨使者”“雨仙”“雨仙爷”“仙爷”等，孙姓族人则直称其为“祖叔公”。相传这位异人姓孙，生于宋乾道九年（1173年），传其有挥笠成雨法力，飞升后列入仙班，请进庙宇供奉。各地祀“风雨圣者”，神像都是牧童，神庙供奉的这个农家小孩，头不戴冠，身不穿袍，脚不着靴，头上只盖着一顶潮州农民的尖头竹笠，光着脚丫，赤着身子，扎着一块红肚兜。既是农家小孩子，百姓为什么还信他服他，称他为“风雨圣者”“风雨使者”“雨仙爷”，还到处建庙供奉他呢？这可是有个来历：

宋朝某年夏天，雨仙爷村里的人一边忙着在田里割稻子，一边忙着在晒谷场晒谷子。午后，太阳挂在天上，雨仙却丢下镰刀，一口气跑回家里，对嫂嫂说：“快收谷子，天就要下雨啦！”嫂嫂不听他的，还骂他哩。

雨仙急了，又跑到邻居家里说：“快去收谷子，天就要下雨啦！”邻居说："连你嫂嫂都不信你，谁肯相信你！"

雨仙见大家都不理他，慌忙再往家里跑，他知道收谷子已来不及了，就摸了四只捉虾笼子赶到晒谷场，把它们塞在晒谷场四角的出水口。一会儿，果然乌云飞来，"哗啦"一声响，大雨狂倒。

雨过天晴，村里好多人的谷子都被冲到溪沟里去了。嫂嫂慌慌张张跑到晒谷场一看：全完了，晒谷场上洗刷得干干净净，一粒谷子也看不见了。嫂嫂呜呜地哭起来，雨仙拉着嫂嫂到晒谷场角说："莫哭莫哭，谷子没有流走，都被虾笼堵在这里啦！"嫂嫂不好意思地笑了。

雨仙观天测雨的事很快在乡里传开了，但乡亲们看他是个小孩，还是没有把他放在眼里。有一年天大旱，江涸池枯，田里没水不能插秧，潮州府太爷设坛在开元寺求雨。那天，雨仙跟他哥哥进城买米，路过开元寺，见里面人山人海，想跑进去看热闹，可是把门的差役不让进。他便钻人缝往里瞧，只见院子里搭着个大竹棚，府太爷正领着好多和尚又烧香、又诵经、又磕头。雨仙看着看着，"嘻"地笑出声来。差役叱他嘲笑府太爷、侮辱佛祖，求不来雨，要拿他治罪。他不服，和差役吵了起来。府太爷闻报叫差役把他绑起来打40大板。可是雨仙并不疼，倒是太爷觉得棒子打在了自己的屁股上，疼得很难受，只好喊停。府太爷想：看样子这小孩不像平常人，就问他："你笑我没本事求雨，难道你能？""天听我的，我能叫天下雨。""要是不下呢？""你们把我烧死好了。"府太爷半信半疑，一面叫人给他松绑，一面叫人砌起柴垛，限时限刻要他求得雨下。他跳上案台，躺下去，顺手把尖头竹笠盖在脸上，还跷起二郎腿，美美睡了一觉呢。眼看时限将到，天空还没有半丝雨意，太爷命人准备点火，围观的人暗暗为雨仙捏把汗。忽然，他一骨碌爬起来，举起竹笠，朝天上扇。扇一下，乌云满天飞；扇两下，电闪又雷鸣；扇三下，大雨哗啦啦地下。

府太爷这才惊服，要来找雨仙，可雨仙趁大家正在避雨时已跳下案台拔腿跑了。府太爷为了奖赏他，便令差役追赶。一追追到他的家乡揭阳县桃都孙畔村附近，雨仙以为要抓他，眼看快被追着了，忽见路旁有棵空心老樟树，便急忙钻进树洞里去，从此再也没出来。村里人就把樟树干锯下来，塑成雨仙模样，建了座庙把他供奉起来。府太爷还奏请朝廷，封他为"风雨使者"。[21]

今广东省揭阳市揭东县登岗镇孙畔村的村西有一座创建于宋代的"圣者古庙"，这座庙是全潮汕的雨仙祖庙，历经重修，玲珑典雅，富丽堂皇，神庙虽小，但名气大。民国九年（1920年）揭阳县长谢鹤年游览至此，曾赋诗赞雨仙曰："至诚祷告雨连天，利及群生童也仙。"

风雨圣者像

孙畔村正月游雨仙爷最为隆重，队伍极为壮观。前面大马头锣、高灯、彩旗开道，仙爷轿由四名恭敬而虔诚的壮汉扛抬，接着是长长的男女标旗队，最后是悠扬悦耳的锣鼓弦乐队。队伍浩浩荡荡，直上宝峰山巅的“仙爷塔”，然后游回村中。一连数日，村里大戏连台，灯笼亮堂，明烛高烧，巨香缭绕，气势非凡，人物如流，到处欢声笑语，好一派热闹景观。清代的郑昌时写了一首《迎神曲》：“披发兮蓬松，负笠兮从容，斗门兮邑南，神来兮云中。迎神于山兮，不如于宫。凄凄兮欲雨，飒飒兮其风，监执事兮有诚，慰汝民兮三农。三日五日兮沾足。雨金雨粟兮民富而年丰。”

14. 观音

观音形象为三臂至八十四臂，坐在出自水中的莲花中，其下方有二龙王为之支撑，表示其功德无量，能够消除一切苦难，增进福德智能，因此被民间的民众广泛奉祀，沿海民众则将其奉为海上保护神。

观音原是佛教中与普贤、文殊、地藏齐名的四大菩萨之一，但观音菩萨的名气与影响较大。一方面因观音的道场位于汪洋大海中的浙江普陀山，另一方面因其“诸恶莫作，众善奉行，大悲心肠，怜悯一切，救济苦危，普度众生”的普济精神，再加上慈眉善目，悲天悯人、救苦救难的形象与“无所不在、一呼即灵、解危救难”的神通。由于观音能在人们危难时及时显灵，并予以救助，因此为生活在“上不把天、下不着地”海洋性环境中的渔民所依傍和企盼，被广大民众视为“大救星”，所以海商、海洋渔民，特别是浙江舟山渔民和其他从事航海的人们将其奉为海上保护神。

观音在海上巡洋，护航解困，驱妖逐盗，救急消灾等传闻，在渔民中是绘声绘色时有传播，使沿海人对观音的信仰与日俱增。如传说宋神宗元丰六年（1083年）钦使王舜巡东海，遇风浪时祷告观音，终于平风息浪。如传某一天，有姑嫂二人到普陀山进香，当时普陀山没有码头，只得把船抛在南天门西首的一个浅滩附近。因小姑腹痛不能上岸，嫂嫂只得一人上岸去进香。小姑在船上又冷又饿，心中很不是滋味。此时，有个老婆婆送来了饭菜，使小姑转忧为喜。后来，嫂嫂回来问起此事很感惊异，因为姑嫂二人在普陀山并无亲戚，肯定是观音菩萨所为。于是，观音现身显灵的传说广为传播。

浙江普陀山是中国最大的观音道场，是观音菩萨的居住地，号称“海天佛国”的普陀山位于扬子江钱塘湾外，为浙江舟山群岛之一。传说普陀山本是红蛇的居住地，观音菩萨因嫌洛迦山（洛迦山位于普陀山东南约5.3公里处，传为观世音菩萨发迹、修行之圣地）岛屿面积太少，向红蛇借普陀山作为观音道场。红蛇当然一百个不愿意，于是与观音斗法。结果，红蛇斗法失败了，只得把普陀山借给观音使用。既然是“借”，当然要还。但到什么时候观音才肯把普陀山还给红蛇呢？观音说了一个条件，即普陀山再也听不到木鱼声时，就把普陀山还给他。红蛇听了信以为真，只得迁出普陀山到东海其他小岛去安家落户。但是，日子一天天过去，观音就是占据着普陀山不还。红蛇心急了，每逢台风天，它就到千步沙（千步沙，在普陀山的东部海岸）来催讨。为此，千步沙的海浪就会发出“还还还”的催讨声。

观音的三大香期，即农历二月十九日，观音菩萨诞生日；六月十九日，观音菩萨得道日；九月十九日，观音菩萨涅槃（涅槃即为圆寂）日。又以二月十九日香火最盛。每当香期之时，海内外香客和渔民纷纷背着香袋到普陀山进香礼佛，多时达十万之众，形成了一个规模宏大的观音节庆，俗称“普陀朝山节”。

普陀朝山节的发端源于宋朝。北宋乾德五年（967年），宋太祖赵匡胤派太监王贵朝山进香，开创了普陀朝山节之先河。明万历年间（1573—1620年），朝廷六次派遣官吏代帝王朝山进香。清朝的康熙和雍正赐普陀观音为“朝廷香火”。从此，全国上下，不论帝后妃嫔，还是善男信女，纷纷来普陀山朝拜，朝山节之风日渐旺盛。

关于三大香期及朝山节的礼佛活动。以二月十九日观音诞生日为例，农历二月十七日、十八日这两天，沿海各地的渔民（香客）陆续去普陀山。渔民们沿阶登山，逢庙山叩拜，见佛就烧香，谓之“朝山进香”。从二月十八日夜里起，普陀山寺院所有僧众在方丈的率领下，身披袈裟，手执法器，集中在

观音菩萨

观音大殿做佛事，直至深夜，渔民则夜坐大殿，通宵不眠。通宵坐夜者称之“宿山”。除宿山者外，更有众多渔民在深更半夜里，手执清香，口念佛号，三步一拜跪拜至山顶，称之“登山礼佛”。若第一个登上山顶进庙烧香者，谓之“烧头香”。能做到烧头香者，即为大吉大利之事，胜似金榜题名，状元及第。到十九日凌晨，寺院僧众再次集中在大殿念经做佛事，其内容和形式与十八日夜相同，也叫“做早课”。十九日中午，僧众做完佛事，全寺举行素斋会餐，称为“敬佛”。十九日夜，僧众为渔民做佛事，至此香期结束，渔民渐散。在香期之日的前后七天，渔民中的佛门弟子都要沐身净手，换上干净的内衣，先在家里供奉的观音像前摆上水果等祭品，点香念佛。有的专念“阿弥陀佛”，有的念《华严经》。有数人聚一室的，也有单人居一室的。人人虔诚念佛，吃素、行善，祈求菩萨保佑人船平安，渔丰财发。还有一些人，因往日遇难向观音祈祷许过愿的，或是为至亲亡灵祝祷的，都在此时敬请高僧放焰口等佛事活动，以示还愿，俗称“还愿佛事”。当然，还愿佛事也有去普陀山做的，也有在海岛搭台做还愿戏的，形式多样，各随其便。每逢观音三大香期，海上的所有渔船都要把各色彩旗挂起来，包括观音的佛旗和令旗，不得怠慢。[22]

15. 八仙

传说天上有八个仙人，成天逍遥自在，到处游逛。这八个仙人中有男有女、有老有少。有长得漂亮的姑娘、后生，有长得难看的老头、乞丐，有走起路来一拐一拐的瘸子，还有要饭的、唱曲的、行医的。别看他们的长相和门第悬殊，彼此相处得倒也不错。平常日子虽说免不了赌气拌嘴寻开心，然而只要大事临头，心就齐了，谁也不离开谁。更为重要的是，他们能跨越滔滔漫漫的海洋，经常向人们伸出救苦救难、惩恶扬善之手。

八仙由来

八仙之首，是那个瘸子李玄，人称“铁拐李”。李玄生来并不瘸，倒是一位相貌堂堂的良家子弟。他从小没有什么特长，不会理家，对功名富贵视若浮云。唯一感兴趣的事是拜师学道。成年以后，他无缘无故地钻到深山岩洞里修行去了。苦修了几年，他觉得自己的道行不够，就到华山去参拜道家的祖师爷太上老君。太上老君一查“登仙簿”，李玄的大名赫然在册。既然命里注定，落得做个顺水人情，于是，太上老君把道家的宗旨传给了他。李玄回来以后，在原来的山洞边盖了几间茅草房，招来几个徒弟跟他们讲道。有一天，洞外云气缥缈，一片霞光，太上老君乘着一只仙鹤徐徐而来。他对李玄说："你的道行不浅了，十天以后，我要神游西域，想带你去见见世面。记住，到第十天去华山找我，过时不候。"李玄有一个得意弟子，叫杨子。到了第十天，李玄对杨子说："太上老君约我神游西域。神游嘛，只能灵魂去，肉体得留下。我的灵魂马上就要出窍了，出窍以后，你替我看着躯体，别让它坏了。倘若我七天不还魂，你就把它火化。"说完，他静坐在榻上，一动也不动，像个泥胎似的。杨子日夜守护着这具肉胎，连眼睛都不敢闭一下。守到第六天，杨子的家里慌慌张张跑来一个人，说："你妈妈病危，眼看不行啦。老太太临终要见见你，否则她可合不上眼呀！"杨子离不开师父，又舍不得母亲，他左右为难，大哭起来。家人说："人死不能复生。你师父死了六天了，五脏六腑早已烂了，依我看哪，早就还不了魂啦。与其守着死的，不如见一见活的。你妈生你养你这么大，总比师父亲。老太太辛苦一辈子，临死你都不去见一面，将来你要后悔的。凡事都有个轻重缓急，你自己想想吧。"杨子考虑来考虑去，决定回去看看。他生怕走了以后师父的肉胎有失，就祭奠了一番，将它抱到柴堆上火化了。李玄的灵魂跟着太上老君神游西域后，又到蓬莱、方丈两座仙山绕了一圈，眼界大开。第七天，李玄的灵魂告别了太上老君，回来了。它回到山洞边上的茅屋里，发现坐榻上空空荡荡，连根毫毛都没有。转到屋外，屋外是一堆灰烬，烧剩的柴禾还冒着缕缕青烟。这下糟了，李玄的灵魂没了依托，成了游魂啦！它在山上飘来荡去，猛地发现山脚那边倒下一个人，看来已经死了。李玄不顾三七二十一，一头就扎进了死者的身体里，这叫做"借尸还魂"。死者是个乞丐，因为几天讨不到饭吃，饿死了。这乞丐生前是个瘸子，蓬头垢面，露着肚皮，手里拄着根紫竹拐杖，肩上挎着个盛水的葫芦。李玄借了乞丐的尸体，从此就成了这个模样。可别小瞧了这个活过来的乞丐，他的葫芦里可装着仙丹呢。那根紫竹拐杖也是宝贝，只要李玄喷口水，就能化成铁拐，所以，大伙叫他"铁拐李"。铁拐李一瘸一拐走到杨子的家里，杨子的妈妈正要咽气。铁拐李没有怪罪这个孝顺的徒弟，他从葫芦里倒出一粒仙丹，让老太太咽下去。老太太吃了，马上恢复了健康。铁拐李安慰了杨子几句，送给他一颗仙丹后，化作清风，扬长而去。

八仙里的第二位，是汉朝的大将钟离权，人称"汉钟离"。钟离权生就宽宽的额角、红红的脸膛，方头大耳，一副福相。因为是王侯家的孩子，所以他一路顺风，青云直上，长大成人以后就当上了大将。当了大将之后，他从来没吃过败仗。后来西域吐蕃国兴兵犯境，朝廷派他领兵抗敌。两军对阵，钟离权连战连胜。这时正好铁拐李从战场的上空经过，他看见钟离权在军阵中横枪跃马，八面威风，心里嘀咕开了："哎，钟离权在仙榜上是有名在册的，像这样飞黄腾达功成名就，哪里会懂得人间的苦难？依我看，早晚他得栽跟头！"这话真叫铁拐李说中了。当天晚上，钟离权得胜归来，在军营里大肆庆功，汉军将士全部领到了大坛大坛的美酒，准备喝个痛快。庆功闹到三更天，汉军将士全都烂醉如泥。正要睡觉的时候，军营外边飞来一阵火箭，大火立即在军营四处弥漫起来。紧接着，番兵从四面八方杀了进来。全体将士顿时乱作一团。这一仗汉军全军覆没，汉钟离好不容易才保住了性命，死里逃生。他从没受过这样沉重的打击，没有面目回去见皇上，只好独自一人骑着马在旷野里瞎逛。他越想越丢脸，走到一个山谷里，拔出剑来，准备自杀。山谷里突然间转出来一个蓝眼睛、高鼻梁的老头，这老头蓬发露顶，披草结衣，手里拄根拐杖，看模样是个西方和尚。他大步流星地赶到钟离权跟前："将军不要轻生，请随我来，前面不远之处是东华先生成道之处，将军不妨稍事休息。"老头儿带他走了几里地，到达一个村庄后，告别而去。这是一个背山面水的小村，一道流泉从山涧泻下，两行松柏衬托着路径，周围长满了奇花异草，空气清新而芳香。钟离权在村庄边刚站了一会儿，村庄门就开了，门内出现一个身披白裘、手扶藜杖的老人。老人的脸上微微带着笑意，和善地对钟离权说："胡僧饶舌，把你带来了。将军既已到此，请进屋暂歇吧。"这位老人正是东华仙。他让钟离权在庄上住了一宿，请他喝酒，吃饭，劝他抛却功名富贵，还对他传授了一套养身之道和成仙之法。钟离权听了这番指点，心里开了窍，便告别东华仙，投奔华山去了。从此以后，他不再追逐个人名利，开始为老百姓除害济困。在前往华山的路上，他杀死过吃人的猛虎。在华山得道以后，又曾经点石成金，恩施灾民。他早已脱掉了军人的盔甲和战靴，梳着两个发髻，露着胖大的肚皮，手里拿着把蒲扇，一副憨厚的样子。后来，一只仙鹤飞到华山，钟离权乘鹤而去，成了仙人。

八仙的第三位是要饭花子蓝采和。蓝采和身穿一件破蓝褂子，腰里系着三寸宽的黑腰带，一只脚穿靴，一只脚光着，双手捧着3尺长的一副大拍板。他拿着这副拍板一边走，一边拍，嘴里半醉半狂地唱歌。这个蓝采和很怪，越是炎热的夏天，他越往蓝褂里塞棉絮；冬天来临了，反倒把棉絮掏出来，还喜欢去玩雪。夏天裹着棉被子他不出汗，冬天穿着单褂嘴里呵气滚烫。他唱歌讨到几个铜钱，就穿在一根烂草绳上。绳子头上不打结，钱掉了，他也从来不回头看看。只要有了钱，他就撒给穷人，要不就扔给酒铺。有人小时候就见过他，老了见他时还是这副模样，据说他是赤脚大仙下凡。有一次，蓝采和在一座酒楼上喝酒，空中传来了笙箫的声音，一会儿一只仙鹤飞进楼来，蓝采和骑上仙鹤，飞到天上去了。

第四位是山西的张果老。张果老长年隐居在晋南中条山。有时候他也从山里出来，到汾河边上走走。每当他出来的时候，总是脸向后，倒骑一头白毛驴。如果要休息，那头毛驴就瘫倒在地，变得像纸片那样薄。然后张果老把它折起来，放在口袋里。等到歇完了，他又把毛驴片儿掏出来，用水一喷，让它变成真毛驴。别看这毛驴的个儿不大，可是跑起来快得很！唐高宗听说有这么一个怪老头，很想见他一面，可是怎么请也请不来。武则天当皇帝以后，又派人去请他，派去的人来到中条山一打听，张果老已经死了。使者亲眼看见那尸体因天热还生了蛆，谁都躲着走。使者把这事回复了唐高宗，于是召他进宫的事只好作罢。可是，没过多久，有人看见张果老又从中条山里倒骑着毛驴出来了，大家都感到奇怪。开元二十三年（735年），唐明皇派官员再次去请张果老，张果老见了官员，当时就背过气去了。这位官员又烧香，又磕头，说明天子的诚意，在边上守着就是不走。张果老醒来之后，只好无可奈何地跟官员来到了宫中。唐明皇为什么要请张果老呢？原来他想成仙。可是，刚刚问到成仙的事，张果老就一言不发，而且从早到晚不吃东西。有一天，唐明皇叫太监端酒给他喝，他喝了几盅，一缩脖子，说："这酒太差啦！"说完一张嘴，满嘴的牙都焦了。唐明皇觉得有点过意不去，可是张果老倒不在乎，他从怀里掏出一点儿药，涂在焦黑的牙齿上。再一张嘴，满嘴的牙齿洁白如玉，好像年轻人似的。张果老的模样像一个六七十岁的老头，他自称出生在尧帝时代，算起来有几千岁了。在宫廷里，他什么事也不干，总说自己老朽多病。唐明皇没办法，送了他三匹绢，又让他回到中条山去了。六七年以后，唐明皇又想见见张果老，便派使者到中条山一打听，张果老已经身死入棺。唐明皇不信，早不死，晚不死，怎么每次一找他他就死呢？不行，得开棺验尸。打开棺盖，人们都愣住了，里面空空如也，是一座空棺！原来，张果老上天啦！

第五位是广东姑娘何仙姑。何仙姑本名叫何素女，是广东增城县人，出生在武则天时代。素女从小跟妈妈相依为命，长到十四五岁，按当时的习俗，该找婆家了。可素女立誓终身不嫁。有一天，素女到溪边去提水，碰见了两个要饭的乞丐，其实是铁拐李和蓝采和。两个要饭的跟她嘀咕了一阵之后，她不知学了什么仙诀，居然行步如飞。她常常往山谷里跑，早晨出门，晚上回家。每次回来，都带着好些仙草，用来孝敬妈妈。妈妈问她去哪儿了，她说：到名山仙境找女仙论道去啦！何素女长大成人后，说起话来玄乎乎的。武则天听说有这么一位能够跟女仙论道的姑娘，很感兴趣，马上就派使者召她进京。素女见了使者，一声也没吭，跟着就走。走到半路，她忽然失去了踪影。使者急得四处查问，问了好久也问不到——原来何仙姑乘着彩云上天啦！有时候，广东人看见她手提花篮站立在五彩云中，所以都管她叫“何仙姑”。

第六位是落魄书生吕洞宾。吕洞宾名叫吕岩，洞宾是他的字。另外，他还有一个号，叫“纯阳子”。他是山西永乐县人，生在唐朝，父亲当过刺史。虽说他从小聪明伶俐，出口成章，可是两次考进士都没有考上，一直到60多岁他还是四处游逛。64岁那年，吕洞宾在酒铺里喝酒，门外来了一位身着青巾白袍的道士。道士一屁股坐在他对面，跟他海阔天空地神聊。聊了一会儿，道士说：“肚子饿啦，你等着，我找店老板煮点黄粱米饭吃。”道士到灶下亲自掌勺去了。吕洞宾等着等着，有点瞌睡，迷迷糊糊中觉得自己在京都考中状元，当了翰林官，后来又当了指挥使。40年间，结了两次婚，娶的都是富贵人家的小姐，门第显赫，儿孙满堂。后来，不知为什么得罪了朝廷，朝廷抄了他的家，把他流放到边境去，他的妻子儿女也被充军发配了，他独自一人在荒野的风雪之中哀叹着……不觉惊醒过来，原来是一场梦。吕洞宾环顾左右，身子仍然在酒店里。灶下热气蒸腾，黄粱饭还没熟呢！道士走过来对他说：“这回你清楚了吧？四五十年，不过是一枕黄粱梦。荣辱瞬间即逝，你还是跟我论道去吧。”于是吕洞宾跟着道士走了。其实，这个道士是汉钟离的化身，吕洞宾跟着他来到一座名叫“鹤岭”的山上，每天与汉钟离论道，在那里学到了成仙的秘诀。之后，他身穿黄衫，头戴华阳巾，到江湖上云游去了。吕洞宾来到江淮，正赶上一条蛟龙在淮河里出没。这条龙常常兴风作浪，掀翻民船，淹没村庄。官府治不了它，只好到处张贴告示，招贤降龙。吕洞宾看过告示，来到了淮河岸边。他在河岸上拔剑挥舞，口中念念有词，然后大喝一声，把剑往空中一抛，只见那剑“嗖”的一声插进水里，直穿水底。顷刻之间，河中泛起一股血浆，染得满河通红。在滚滚的血水中，一条带剑的死龙从河底浮上来，刚出水面，那口宝剑就自动飞回，插进了吕洞宾的剑鞘。吕洞宾来到湖南岳阳城，天天在一家姓辛的酒铺里喝酒，他从来都不付钱，辛老板也不跟他要。喝了半年，吕洞宾从地上捡起一块橘子皮，在酒铺的墙上画了一只鹤，对辛老板说：“我欠了你半年的酒账，这只鹤是我用来还债的。以后有人来喝酒，只要一招呼，它就会下来跳舞，包你生意兴隆。”这番话店里的顾客都听见了，吕洞宾刚走，他们就试了试，果然很灵，只要一叫，那只黄色的画鹤就会从墙上跳下来，拍着翅膀，踏着长腿翩翩起舞，舞姿十分优美。从此以后，这家酒铺里的顾客络绎不绝，辛老板因此发了大财。几年之后，吕洞宾再次出现在酒铺里，他问辛老板：“喝酒的人多吗？”辛老板高兴地说：“多得坐不下了！”吕洞宾说："好，那么黄鹤可以回去了。"他一招手，把画鹤从墙上叫下来，然后跨上鹤背，腾空而去。后来，辛老板在吕洞宾跨鹤的地方盖了一座楼，取名叫"黄鹤楼"。

第七位是出身于书香门第的韩湘子。据说韩湘子是唐朝文学家韩愈的侄子，可是他不喜欢舞文弄墨，也不近酒色，只爱独自一人待着。韩愈见他平日疏懒，经常教训他，让他好好读书，将来好有点出息。可是，韩湘子却对他说："侄儿和叔叔不是一路人，叔叔学儒，我学的是道。"韩愈听了这话，气得把他痛骂了一顿。韩湘子在家待着别扭，干脆出门寻师，路上，他遇到汉钟离和吕纯阳。韩湘子与他们云游四方，最终学到了仙道。一次，韩湘子独自一人来到一个地方，看见一棵茁壮的桃树上，结满了红红的鲜桃，引得他爬上了树，刚吃了两个，"咔嚓"一声，树枝折了，韩湘子掉到地上，摔死了。真的死了吗？没有。原来这是一棵仙桃树，韩湘子吃了仙桃后，脱胎成仙啦！有一年，赶上天下大旱，韩愈奉命到南坛求雨，求了不知多少回，一滴雨也没下来。他在家里越想越烦恼，饭也吃不进，觉也睡不着。忽然有人来报：门口来了一位道士。那道士手持招牌，招牌上写着四个大字："出卖雨雪。"

韩愈一听有这样的奇人，连忙把他叫进来，问他雨雪怎么卖法。

道士慢吞吞地说："登坛作法可矣！"

韩愈让他登坛试试，道士一作法，天上果然下起了大雪。

韩愈说："我在这里求雨多次，你只作了一次法，怎见得这场大雪不是我求下来的呢？"

"倘若是阁下求来的，可知这场雪下了多少？"

"那你知道吗？"

"自然知道，平地雪深三尺，不信可以检验。"

韩愈叫人一量，果然雪深三尺，一分不多，一分不少。再看道士已经优哉游哉远去了。这个道士就是韩湘子的化身。

八仙里的第八位是皇亲国戚曹国舅。曹国舅的本名叫曹友，是宋朝曹太后的弟弟。曹友还有个弟弟，小名叫曹二。这哥儿俩实在不一样，曹友是个心地善良的人，曹二却是个恶公子。曹二仗着自己是皇亲国戚，笼络了一帮酒肉朋友，今天夺人田地，明天霸人妻女。曹友好心好意地劝说他，他却认为哥哥是故意跟自己过不去，反而把哥哥看成仇人。曹友没办法，干脆躲着他，但就是这样，哥俩的纠纷仍然不断，曹二三天两头地找曹友的茬。于是，他把自己的那份家产全部分给了当地穷人，辞别亲友，独自一人进入深山修身养性去了。有一天，汉钟离和吕洞宾来到了他的身边，问他："你身为国舅，不在宫廷里坐享荣华富贵，到这个穷山沟里干吗来啦？”

曹友叹了口气：“宫中昏庸，我左右不得，只好在这里修道。”

“道看不见摸不着，在哪儿呢？”

曹友指指天。

“天？天无边无际，捉摸不透，你说天又在哪儿？”

曹友指指心。

汉钟离和吕洞宾互相看一眼，开怀大笑：“朋友，看来你深谙此理，已经得道啦，跟我们走吧。”于是，汉钟离和吕洞宾就把曹国舅带入了自己的队伍里。铁拐李、汉钟离、蓝采和、张果老、何仙姑、吕洞宾、韩湘子、曹国舅，八个人先后得道上天，人们称他们为“道家八仙”。

八仙过海

八仙过海是八仙最脍炙人口的故事之一。

相传白云仙长有一次在蓬莱仙岛牡丹盛开时，邀请八仙及五圣参加盛会。回程时吕洞宾建议不搭船而各自想办法过海，这也就是后来“八仙过海，各显神通”或“八仙过海，各凭本事”的起源。此时铁拐李抛下自己的法器铁拐，汉钟离扔了芭蕉扇，张果老放下坐骑“纸驴”，其他神仙也各掷法器下水，横渡东海。由于八仙的举动惊动了龙宫，东海龙王率领虾兵蟹将前往理论，不料发生冲突，蓝采和被带回龙宫，法器也被抢走。之后，八仙大开杀戒，怒斩龙子，而东海龙王则与北海、南海及西海龙王合作，一时之间惊涛骇浪。此时曹

八仙过海，各显神通

国舅拿出玉板开路，将巨浪逼往两旁，顺利渡海。最后由南海观音菩萨出面调停，要求东海龙王释放蓝采和之后，双方才停战。[23]

16. 水仙尊王

水仙尊王也是我国沿海一带比较普遍奉祀的海神。

水仙尊王，也被称为水仙王，是五位水神的统称。这五位水神，有的说是“大禹、伍子胥、屈原、李白、王勃”，有的说是“大禹、伍子胥、屈原、项羽、鲁公输子”。

台湾水仙尊王像

远古时代，洪水危害民众的生命，是大禹带领民众经过多年奋斗治理了洪水。项羽称霸失败自刎而死，阴魂常在乌江兴风作浪。公输子即著名木匠鲁班，是造船工匠的祖师神。伍子胥死后被投入钱塘江，屈原因直言遭谗投汨罗江而死，李白溺死长江之采石矶，王勃游南海而溺死。因为这些人都与水有因缘而被民众奉为水神。据葛洪的《枕中书》记载，大约于晋朝，屈原已由水神转为“海伯”。其他几位水神很可能是随着海洋航运、海洋贸易的发展而演化为海神。

水仙尊王为沿海船户、渔家、海商所奉祀，不过各地奉祀的水仙尊王不尽相同。福建的厦门以“大禹、伍子胥、屈原、项羽、鲁公输子”为水仙尊王。台湾则以“大禹、伍子胥、屈原、李白、王勃”为水仙尊王，凡航海遭风险时，都要祈祷水仙尊王。

水仙信仰流行于江、浙、闽、粤、台等省，其信仰覆盖面相当大。[24]

17. 临水夫人

临水夫人原名陈靖姑，福建福州下渡人，父陈昌，母葛氏。陈靖姑自幼就很有灵性，妙龄时与刘杞结婚，婚后怀孕数月，时值附近一带干旱，她毅然堕胎，专一为民祈雨。由于她的赤诚之心感动了上天，终于求来了雨，解除了旱情，但她自己却因为劳累过度而死去，年仅24岁。相传陈靖姑死后有人目睹她在福建古田临水洞挥剑斩大蛇为民除害，于是人们在临水洞上建庙奉祀，并尊其为“临水夫人”。

临水夫人主要是救助妇女难产与保护未成年的儿童，同时还具有祈雨、斩杀水妖、掌管江河的职能。作为水神的临水夫人最初为闽江流域的船民所尊奉，后来演化为妈祖下属的海神，具有保护海船、救助海难的职能。陈靖姑作为海神，其信仰主要流行于闽东与浙东南。

临水夫人

18. 南溟夫人

南溟夫人也是我国沿海一带比较普遍奉祀的海神。《云笈七签》卷一百一十六载：南溟夫人，姓名无从考证，居南海之中，是南海水府得道女神仙。南溟夫人于海上显灵的传说在渔民中广泛传播：传说有元彻、柳实二人，他们志同道合一同求仙问道到了广西合浦，将要渡海前往交趾（又名交阯，中国古代地名，位于今越南），舟人系舟在岸侧，正好村中祭神，箫鼓喧奏，舟人水手与仆人，全都去观看，唯有元彻、柳实二人在舟上。不一会儿，刮起了飓风，飓风把船缆吹断了，舟漂入大海，海水多次几乎把舟覆没。忽然舟停到了一个孤岛，风浪亦已平定。二人上岸，看到紫云涌出海面，弥漫三四里，有大莲花，高百余尺，莲叶碧绿舒展。内有帐幄，绮绣错杂，虹桥阔数丈，直抵岛上。有侍女出来烧香，二人哀泣求侍女指示归路。侍女带其拜谒南溟夫人，他们随侍女登桥来到南溟夫人帐前，以头叩地面拜了南溟夫人，然后讲了他们漂泊到此的原因和他们的姓氏。夫人让他们坐下并赐食物给他们，然后令侍女告诉他们归途，侍女曰：“从百花桥去。”夫人又赠二人以玉壶，曰：“以后有事，可叩此壶。”二人辞别夫人，登上桥头，桥长且宽，栏杆上皆异花。把桥走完，已到合浦岸边。二人将要去衡山（湖南），中途腹中饥饿，试叩玉壶，则各种珍馐佳肴出现在面前。二人吃后，再也不感饥渴，终获升天之道。[25]

19. 秦始皇

秦始皇（后世多称嬴政），生于公元前259年，中国历史上第一个大一统王朝——秦王朝的开国皇帝。公元前247年，13岁的秦始皇即位。秦始皇梦想成仙，梦想长生不死，几乎到了走火入魔的程度，以至于做梦都想着神仙。

海神秦始皇

民间流传有秦始皇见海神的故事：烟台的东北有一个长得像灵芝一样的小岛，叫芝罘岛，它是一座孤岛。实际上芝罘岛不是孤岛，有一条沙堤把它和陆地连接起来了，这条沙堤，细细的不足500米长。可是你知道这条沙堤是怎么“长”出来的吗？

传说统一六国以后，秦始皇做了一个梦，梦见跟海神打起仗来，他迷迷糊糊地打了半天也没闹清海神是个什么模样。醒来以后，他问朝中大臣海神到底是什么样子，一个大臣说：北海里有一条大鱼，长得又长又大，从头到尾有几千里，那就是海神鲲。听说一艘大船在海上遇到鲲，人们只看见了它的头却看不见尾，就顺着它的身子走，走了整整7天，才远远望见了它的尾巴。鲲有时会变成一只大鹏鸟，它的背也有几千里方圆。每当它展翅翱翔的时候，海上就涌起三千里巨浪，掀起猛烈的台风……听了大臣的话，秦始皇决定到海上去看看，他要见海神鲲。在哪儿见呢？他选中了东海岸边的芝罘岛。可是芝罘岛四面环水，怎么才能上去呢？那就修一座栈桥吧！于是当地守官招募大批民夫修建了一条连接陆地和岛屿的沙堤。沙堤修好了，秦始皇先后两次来到芝罘岛要见海神，但他都没见着，只是在小岛的东西两端立了两块石碑，叫做“两观刻石”，后来金石家们称它为“芝罘石刻”。

秦始皇还是想见海神，于是他又第三次来到了芝罘岛。这次他看见了一条很大很大的鱼，以为那就是海神，他这个陆上皇帝威风惯了，要和海神较量一番，于是弯弓搭箭，把大鱼射死了。秦始皇以为自己战胜了海神，就班师回朝了。

这件事终于让海神知道了，他很生气：“你秦始皇不是老想和我较量较量吗？好，那就叫你知道知道我的厉害！”

秦始皇是陆地上的皇帝，要是在岸上见，海神怕自己吃亏，于是他决定引秦始皇到海里来见。海神化做一个老头儿来到阳城山，他举起鞭子“啪”地一甩，山坡上的石头就变成了牛羊从地上爬起来，纷纷向海边冲去，扑通扑通地往海里跳，一直向大海深处游去，大约游了三十里路就停了下来，又变成了石头。不一会儿，一道天然的石桥就建成了。东海边出现一座石桥的事早有人报告了秦始皇：“陛下洪福，那些石头排得整整齐齐，一直通向海里，真是天然的石桥。”秦始皇不知是计，得意地说：“好，天赐良机！我要到东海里去看日出。”

秦始皇选了良辰吉日，烧了香，磕了头，来到东海边。这时海上涌起阵阵波涛，波涛之中夹带着一个又闷又响的声音：“秦皇陛下，久违了！”秦始皇吓了一跳：“你是何人？”、“我就是海神，听说你想见我，特请你来此。不过本神相貌不扬，你若不怕，就从石桥上过来吧。”秦始皇一听真的是海神出现了，他顾不得许多，率领几个随从径直向海里走去。到了石桥的尽头，他抬眼望去，只见瀚海千里，浪涛滚滚，回头看看，海岸早已消失在云遮雾绕的水汽里。置身在茫茫的大海中，这个骄横的皇帝突然感到自己很渺小，很可怜，他有些害怕了。突然，海面上升起一股水雾，雾气中渐渐露出一张巨大的狰狞可怕的面孔，看了让人心惊胆战。秦始皇知道这就是海神了，他想起射死的那条大鱼，猜想海神一定要惩罚他，于是调转马头撒腿就跑。这时海神大吼一声，可怕的事发生了：石桥慢慢向海底沉下去，秦始皇骑马风驰电掣般狂奔，马的前腿刚刚挨着桥面，后腿腾空之处就开始轰轰隆隆地崩塌了，那匹马刚刚跃上海岸，三十里长的石桥一转眼就塌了个干干净净。从此秦始皇再也不敢提海神的事儿了。

秦始皇永远地消失了，但这一条细细的沙堤却留下来了。[26]

在山东，成山头（成山头位于山东省荣成市龙须岛镇）沿海民间信奉秦始皇为海神。传说秦始皇两次巡幸成山头，当地百姓倍感荣耀，于是在秦始皇行宫遗址上兴建始皇庙。始皇庙一度为农民起义军所毁，后又重建。不过秦始皇真正被渔民奉为海神则是清朝嘉庆年间的事：一艘江南货船北上，在成山头附近海域沉没，仅账房先生徐复昌幸免于难。据徐复昌说，他是被始皇庙里发出的一丝白光指引上岸的。从此，“秦始皇”在民众中名声大振。后来，徐复昌回江南化缘重修始皇庙，并出家于庙中，终生到处宣传始皇的神力，使一代帝王演变成一方海神。

20. 南海圣王

南海圣王是广东潮汕一带所产生的海神。在妈祖出现以前，潮汕正宗的海神是南海圣王。现在人们见到的南海圣王，也就是南海王，是一块稍微雕出鼻眼残损的石虎，石虎上还写着“敕封南海王”。在古代的人们看来，大海被一种超自然与超社会的力量控制着，大海的狂风怒潮被视为“海神”威力所致，因而希望有一种神能镇住“海神”以免给人们带来灾难。石头是自然生成之物，坚硬而耐久，海边的巨石虽任狂风海潮的冲击而巍然屹立，所以先民们认为石头是有灵性的并对其怀有敬畏的心理，从而产生了石头崇拜。潮阳海门莲花峰旁有三块顶天立地的巨石，远看似并列的船帆，被封为“镇海将军石”“宁海将军石”“静海将军石”，统称为“镇海三将军石”，这三块石头也是作为海神供奉的。

21. 礁神

圣姑礁和圣姑庙

在我国沿海分布着许许多多的礁石。礁石是海洋中的岩石，其顶部在水面附近，有碍船舶航行，对海上航行有潜在危险。

嵊泗列岛面积35平方公里，由钱塘江与长江入海口汇合处的数以百计的岛屿群构成。嵊泗列岛是中国目前唯一的一处国家级列岛风景名胜区，唐代大诗人白居易曾对嵊泗列岛有“忽闻海上有仙山，山在虚无缥缈间”的赞誉，“海外仙山”也因此成为嵊泗列岛的代名词。

在嵊泗列岛中的大洋山岛有个圣姑礁，其礁神是圣姑娘娘。传说圣姑娘娘是个海上巡行娘娘，每逢大雾天和风暴天，娘娘在礁上提灯巡行，好像灯塔，为海上航行者指明方位与航向，使之逢凶化吉。圣姑礁上有座庙宇，庙内供奉圣姑娘娘，海舶特别是渔船过此礁时必登礁祭祀，以免触礁、破网等事故发生。相传，在古代有一艘渔船在洋山海面捕鱼，夜晚回来时突遇风暴，四面风

洋山圣姑庙

对海上航行有潜在危险的礁石

吼浪哮，漆黑一片，渔船失去了方向，随风漂泊，随时有触礁的危险，全船生命危在瞬间。渔民最崇敬妈祖，就虔诚祷告。突然前方黑暗里出现一点点灯光，渔民得知妈祖前来相救了，就驾船跟着灯光行进，驶过一座座岛礁，穿过一条条水道，终于平安回来。渔民感谢他们的保护神妈祖的救助，就在一座小岛上筑了一座小小的妈祖庙。当地渔民称妈祖为圣姑娘娘，于是就称建庙的小岛为圣姑礁。以资纪念。洋山圣姑庙的前沿墙面距海平面才一米来高，每当大潮汛时，海水能漫过墙面。洋山圣姑庙的海拔高度几乎为零，是世界上海拔最低的寺庙。[27]

22. 网神

打鱼用具诸如网具等也都具有神性。

渔网

渔网是捕鱼用的网，古代人使用粗布加上麻作为原料，通过捆卷的方法制成渔网。虽然这种渔网易腐烂，坚韧度差，但是其捕鱼效率已经大大提高。随着渔业的发展，捕捞的工具也与时俱进。现代渔网主要采用聚乙烯、尼龙等原料进行加工，其具有更长的使用周期和更高的捕捞效率，可通过不同使用方式进行分类。例如，传统捕鱼使用的投网（手网，手抛网），利用船只作为动力的拖网，不同网目挂鳃困鱼的流刺网（三重网，围网）等。这些网针对不同的捕捞对象，使用不同大小的网目，以及不同材料的网线织造而成。

网神是将率先发明渔网者尊奉为神，也属于海神族类。渔民信仰的网神，一说是海青天海瑞，相传海瑞发明了捕墨鱼的轮子网从而被尊为网神；一说是伏羲，伏羲从蜘蛛结网捕飞虫得到启发发明了渔网从而被尊为网神。浙江、山东等沿海及其岛屿的渔民大都信奉网神。

23. 鱼神

鱼神崇拜流行于沿海地区。新石器时代从北京周口店山顶洞人遗址出土的涂红、穿孔的鱼眶上骨，以及浙江余姚河姆渡出土的鲨鱼牙钻、圆雕木鱼、木雕鱼形器柄、陶塑鱼、鱼乐纹陶盆，还有良渚文化遗址出土的鱼鳍形足陶鼎、玉鱼以及玉璧画面上象征水和月的两条游鱼等，说明此时的鱼类已不仅仅是人类食物的可靠来源，而是从单纯的自然物转化成人类社会的文化物，成为一种精神世界的神秘意象，并寄托着原始先民的企盼和祈望。孙克强在《东方信仰论》中说："原始人的自然崇拜几乎遍及自然界的一切现象，从天空的日、月、星辰……直至湖海的飞禽走兽等。"他又说："如沿海的居住民族，很早就有海神和鱼神的崇拜，而这些崇拜对原始人来说都是信仰的体现。"由此说明，沿海鱼崇拜的形成并非偶然。

对于沿海人来说，在动物中鱼与沿海人最为亲近和密切。这是因为沿海人世世代代捕鱼、食鱼、晒鱼、卖鱼、娱鱼、祭鱼，鱼对沿海人来说，可以说是每日、每月、时时刻刻不可须臾离开之物。沿海人有句俗语，说世界上若有一千件东西，沿海人就用一件东西，即用海鱼去换取大陆内地的九百九十九件，其中的奥妙揭然可见。

在沿海人的传统理念中，鱼的崇拜往往与人的生育、年丰物阜、避邪消灾等联系起来，并由此形成许多有趣而奇特的鱼俗。

如人的生育。在远古时代原始人类的意识活动中，生殖信仰是人类的一种创造欲望的显现，并往往以某种动物或植物加以比拟，对鱼的崇拜就是这样。沿海人往往把鱼作为多子的象征，甚至作为生育神来崇拜，这是因为鱼能大量产子的缘故。在沿海，有定亲结婚送带籽黄鱼之俗，所谓"百年到老，多子多福"。在沿海一带居民的堂屋里，逢年过节都要贴一幅年画，画的是大胖娃娃抱着一条大鱼的图案。沿海女人爱穿自己手缝的绣花鞋，鞋头绣着"双鱼戏水"图，渔妇的肚兜是一条称为婆仔的怀孕大鲳鱼，上面绣着"麒麟送子"。此外，渔民用鳓鱼、带鱼、黄鱼的鱼骨做成的"鱼骨鸟"以及渔村常见的家具、器皿上绘有的"鱼鸟图"、"双鱼纹"等吉祥图饰，均是沿海人对鱼的生殖崇拜的体现。

再如对年丰物阜的祈望。沿海人往往通过对鱼的祭典、绘画、歌舞等原始宗教或艺术形式来体现他们对年丰物阜的追求和祈望。如沿海人过年先要供祭太平菩萨和财神菩萨，供品中必有一盆鱼鲞或鲜鱼，如黄鱼、墨鱼鲞等，而且要安置在猪头之前的突出位置。渔民在海上捕上第一条大鱼，必是供祭龙王和船神。至于日常的供祭神灵礼仪中，鱼是必不可少的祭品。在沿海，春节等重大节庆活动中，渔民们还有唱渔歌、舞鱼灯等习俗。如渔歌中的"鱼名谣""对鱼""十二月鱼名调"等都在节庆的祭典仪式中演唱。在旧历的元宵节，沿海有玩鱼灯舞祭神习俗。表演者不仅列队舞鱼，而且摆出"流水阵”“四方回环”“跃龙门”等种种阵式，煞是壮观。此俗目的也是表达渔民对吉庆有余（鱼），鱼丰人旺的祈望和寄托。不过，这种愿望在渔民住宅和船上张贴的有关鱼的图画中，表现得更为普遍和强烈。如鱼穿莲花的“连年有余（鱼）”图，鱼、磬同图的“吉庆有余（鱼）”图，还有“鱼跃龙门”图等，都是对鱼崇拜的体现。

又如鱼崇拜中的避邪消灾和忌讳。送鱼要成双搭对，不能出现单数，否则示为不吉利。吃鱼，在船上除了捕上第一条鱼要供龙王和船神外，在家里，开春煮熟的第一碗大鱼，先要供灶神和祖宗，否则将得罪神灵。此外，吃鱼要从头吃到尾，不能随意乱吃。吃鱼时，吃完上一面，不可把鱼翻转身，要连头带刺用筷挟去后，再吃下一面。还有，船上吃鱼时不能挖去鱼眼和吃掉鱼眼，因为鱼无眼即为船无眼，船无眼即为“瞎眼船”，不仅因此捕不到鱼，还有撞礁沉船的危险，这些都要避免和忌讳。沿海渔民有贴鱼尾避邪习俗，即把生鱼尾、鱼鳍斩下后平贴在墙上，类似桃符和门神，有护身、镇宅作用。把玉鱼之类鱼形玉器作为佩饰，鱼形的门环和钥匙环、沿海寺庙中的木鱼等，都有祈安免灾之意，沿海至今还很流行。

沿海地区庙宇中的鱼神像，为渔民打扮，紫铜色脸膛，穿赭衣笼裤，左手擎黄鱼，右手举鱼叉，也有一手举鱼叉，一手举网，脚踏大黄鱼的。相传，鱼神名叫陈乌梅，是一穷苦渔民。在一次下海中，他救了一条被搁在礁石上的大鱼，大鱼为了感谢他的救命之恩，流淌了很多眼泪，并对他说：“你用我的泪水擦眼睛，就能透过海水看到鱼群。”乌梅听从了鱼的话，果然以后每次捕鱼都满载而归。

渔行老板知道了，先派人以重金礼聘乌梅，被乌梅拒绝了；后又暗中遣人将他的眼睛挖掉，但乌梅仍坚持上船，他的耳朵能听到鱼群叫声，经他指点撒网，仍能捕到无数的鱼。

渔行老板就派人杀了乌梅，把他的尸首丢到一个孤岛上。渔民们将他葬在岛的最高处，面向东方，建立了庙宇，尊他为“鱼神爷”。渔民们还在船头上画上两双眼睛，表示纪念。乌梅死后不久托梦给渔民，叫他们将船底漆成白色，这种白底船一出海，鱼群就游拢来。每逢海汛，渔民都要去鱼神像前祭礼，祈求丰收。

参考文献：

[1]何方耀，胡巧利．岭南古代民间信仰初探.广东社会科学.2002（6）：24-29
[2]舟欲行，曲实强编著.涛声神曲——海洋神话与海洋传说.北京：海潮出版社，2004：29、33-42、154-178、202-203、206-207.
[3]赵杏根著．中国百神全书——民间神灵源流．海口：南海出版公司，1993：137
[4]http：//fw.xze.cn/vcmtcs/trcRoot/fodderUp/10000032/100000320003/1000003200030011/10000032000300110030/0005177711/1000015311/10000153112008111200373l.doc精卫填海
[5]http：//blog.sina.com.cn/s/blog_4a0e4d170100052n.html蛇郎君故事
[6]林蔚文主编．福建民俗．兰州：甘肃人民出版社.2003：292
[7]http：//www.03rm.com/wbls_view.asp? id=80北帝传说
[8]王行建，孙于久编著.细说汉代廿八朝——东汉卷（下册）．北京：京华出版社，2005：54-56
[9]沈丽华，邵一飞主编．广东神源初探．北京：大众文艺出版社，2007：125-126、174-175
[10]田秉锷著.龙图腾：中华龙文化的源流．北京：社会科学文献出版社，2008：74-77
[11]山曼，单雯编著．山东海洋民俗．济南：济南出版社，2007：137
[12]刘志文，严三九主编．广东民俗．兰州：甘肃人民出版社，2004：267-272
[13]http：//www.shm.com.cn/special/2007-09/19/content_2164386.htm妈祖传说
[14]麦小宇．“雷神”小考．安徽文学（下半月）．2009（1）：328-329
[15]陆秀俊等编写．山海经．浙江少年儿童出版社，2003：211-213
[16]http://honggui918.blog.163.com/blog/static/60591512200801111516418/ 雷祖传说
[17]肖兴政，钟世荣主编．大学生安全教育．成都：西南交通大学出版社，2009：248-249
[18]姜彬主编．东海岛屿文化与民俗．上海：上海文艺出版社，2005：153、460、468-471
[19]王全吉，周航主编．浙江民俗故事．杭州：浙江文艺出版社，2009：201-212
[20]叶大兵主编．浙江民俗．兰州：甘肃人民出版社，2002：55、281
[21]胡幸福主编．趣闻广东．北京：旅游教育出版社，2009：150-151
[22]金庭竹著．舟山群岛·海岛民俗．杭州：杭州出版社，2009：101-108
[23]http：//baike.baidu.com/view/25109.htm#4八仙过海
[24]王荣国著．海洋神灵——中国海神信仰与社会经济．南昌：江西高校出版社， 2003：46-47、50、55-57、59
[25]李剑平主编．中国神话人物辞典．西安：陕西人民出版社，1998：464
[26]雷京娜，汪鹤林编著．祖国的海洋　华夏新边疆．成都：四川少年儿童出版社，1998：67-70
[27]http://www.dysly.com.cn/zmjd.asp?id=5 圣姑庙

图片来源：

[1]《山海经》记录我国海洋神话最早、内容最丰富（图见：徐客编著.图解山海经.海口：南海出版公司，2007：11.）
[2]南海神庙 http://www.aitupian.com/show/1/62/3cfbe416a4d799c4.html
[3]精卫填海 http://image.baidu.com/i?ct=503316480&z=&tn=baiduimagedetail&word=%BE%AB%CE%C0%CC%EE%BA%A3&in=15704&cl=2&lm=-1&pn=28&rn=1&di=29256555090&ln=2000&fr=&fmq=&ic=0&s=0&se=1&sme=0&tab=&width=&height=&face=0&is=&istype=2#pn28&-1)
[4]人首蛇身形状的人类始祖伏羲和女娲 http://baike.baidu.com/albums/10667/5455246.html#0$7787b9ef804db743fdfa3c88
[5]北帝神 http://image.baidu.com/i?ct=503316480&z=&tn=baiduimagedetail&word=%B1%B1%B5%DB&in=27010&cl=2&lm=-1&pn=0&rn=1&di=2327039730&ln=2000&fr=bk&fmq=&ic=&s=&se=&sme=0&tab=&width=&height=&face=&is=&istype=#pn0&-1

[6]佛山祖庙北帝铜像 http://www.广佛都市网.net/cul/cul_005004/201009/t20100929_777132.html
[7]东汉伏波将军马援（图见：杨建国，杨东晨著；陈忠实主编.汉代雄风 汉代名将. 西安：三秦出版社，2003:159.）
[8]伏波将军马援 http://pic.sogou.com/d?query=%B7%FC%B2%A8%BD%AB%BE%FC&mood=0&picformat=0&mode=1&di=2&p=40230504&dp=1&w=05009900&dr=1&did=4
[9]雷州伏波祠 http://www.leu6.com/spot/5809/photo/11787
[10]龙 http://baike.baidu.com/albums/6392/6392.html#2556876$dc15484ebce2b06fb2de0505
[11]龙九似（图见：田秉锷著.龙图腾：中华龙文化的源流.北京：社会科学文献出版社,2008：76.）
[12]龙 http://image.baidu.com/i?ct=503316480&z=0&tn=baiduimagedetail&word=%C1%FA&in=4018&cl=2&lm=-1&pn=8&rn=1&di=6216983463&ln=2000&fr=&fmq=&ic=&s=0&se=&sme=0&tab=&width=&height=&face=&is=&istype=2#pn8&-1
[13]龙母像 http://zhtour.zh28.com/aim_sight.jsp?gaid=903&taid=318&parentid=161悦城龙母庙 http://tupian.hudong.com/a2_67_10_01300000177221121394101501246_jpg.html
[14]妈祖像 http://image.baidu.com/i?ct=503316480&z=&tn=baiduimagedetail&word=%C2%E8%D7%E6&in=18356&cl=2&lm=-1&pn=1&rn=1&di=15066581325&ln=2000&fr=&fmq=&ic=&s=&se=&sme=0&tab=&width=&height=&face=&is=&istype=
[15]雷神像 http://baike.baidu.com/albums/121797/5086480.html#0$4abae5ed8d25ba0278f055ab
[16]雷神像(图见：王学典编译.山海经. 哈尔滨：哈尔滨出版社 ，2007:211.)
[17]广东雷州城外雷祖祠 http://baike.baidu.com/albums/465628/465628.html#0$62667cd0d68b66b4a1ec9c61
[18]台风眼 http://baike.baidu.com/albums/951/6348549.html#340735$11794d43ca50af5f9213c655
[19]潮神伍子胥 http://baike.baidu.com/albums/3462517/3462517.html#0$0fb505d5d91e90f351da4b8c
[20]潮神伍子胥 http://image.baidu.com/i?ct=503316480&z=&tn=baiduimagedetail&word=%CE%E9%D7%D3%F1%E3&in=3564&cl=2&lm=-1&pn=26&rn=1&di=31438293030&ln=2000&fr=&fmq=&ic=0&s=0&se=1&sme=0&tab=&width=&height=&face=0&is=&istype=2#pn26&-1
[21]船神关羽 http://baike.baidu.com/albums/2275/6379942.html#0$bf4875631082272f0d33fa53
[22]千里眼顺风耳 http://bbs.artron.net/viewthread.php?tid=602057
[23]龙裤菩萨 http://image.baidu.com/i?ct=503316480&z=&tn=baiduimagedetail&word=%D3%E6%C3%F1%C6%D0%C8%F8&in=19620&cl=2&lm=-1&pn=1&rn=1&di=29890929930&ln=965&fr=&fmq=&ic=0&s=0&se=1&sme=0&tab=&width=&height=&face=0&is=&istype=2#pn1&-1
[24]龙裤菩萨 http://www.93jieli.com/jd_show/249.html
[25]位于庙子湖“放火山”的财伯公纪念馆 http://www.93jieli.com/jd_show/249.html
[26]风雨圣者像 http://www.jynews.net/item/120766.aspx
[27]观音菩萨 http://sousanbai.blog.163.com/blog/static/112922723201092601453 45/
[28]八仙过海各显神通 http://www.zhysj.net/zuopin/20159704.html
[29]台湾水仙尊王像 http://www.vrwalker.net/tw/scenery_view.php?tbname=scenerys&serno=158
[30]临水夫人 http://incense.tw.cn/goods.php?id=2289
[31]海神秦始皇 http://tupian.hudong.com/a2_13_75_01300000335934124010757843750_jpg.html
[32]洋山圣姑庙 http://www.dysly.com.cn/zmjd.asp?id=5
[33]圣姑礁和圣姑庙 http://www.zhoushan.cn/rdzz/hdbhjryxsd/qdfg/201004/t20100412_429577.htm
[34]对海上航行有潜在危险的礁石 http://baike.baidu.com/albums/810948/810948.html#401277$064936389a0b696ab8998faf
[35]渔网http://baike.baidu.com/albums/1186929/1186929.html#331691$55a628d14a92b1769a50272f

第三章

海洋生产风俗

生产风俗是在各种物质生产活动中产生和遵循的民俗。这类民俗伴随着物质生产的进行，多方面地反映着人们的民俗观念，在历史上对保证生产的顺利进行有一定的作用。

海洋生产生活不同于陆地，海洋或涉海族群更多地与海洋打交道，在生产上有使用渔船、渔具、捕捞作业等风俗，在精神层面上有很多心理信仰、禁忌、文艺娱乐、口头语言艺术等风俗；在日常生活上，除上述衣饰、饮食、居住等风俗以外，外出旅行、丧葬、人际往来、礼仪等也有自己独特之处。中国海洋的海岸线长、海岛众多，海洋族群既有活动于海上的部分居民，也有半农半渔涉海陆上居民。受陆上风俗影响，即使同样的海洋族群也每因地域不同而在生产生活风俗上产生一定差异，这使得中国海洋风俗文化内涵非常丰富，风格也异彩纷呈。

1. 渔船生产风俗

沿海人要进行海上活动就需要有船只，我国的造船史绵亘数千年，早在远古就开始了。

渔民视渔船为木龙，渔船既是渔民在海上的生产工具，也是他们走南闯北、避寒躲浪的唯一生活场所，也就是渔民的家。造一艘船就跟盖一座新房一样重要。近海岸作业的渔民除修船季节外，一年约有八九个月在船上生活和劳作。有的地区的渔民则更是远离家乡，四海捕捞，长住船上，“漂泊的船、流动的屋”，以船为家了。正因如此，渔民把船当做命根子。

一艘船的制造，短则数月，长则数年，要投入大量的财力和精力。造船是否吉利，自己是否适宜造船生财，将影响到一家人及其一船人的今后生活来源

古代造船

和命运，关系重大。造船为大事，很隆重。渔民造船，一是注重坚固耐用，经得起风浪的摔打；二是讲究美观，善于修饰，把船打扮得漂漂亮亮；三是祈求平安和富裕，特别重视“吉利”两字，处处呈现出其特有的造船信仰，故而造船要进行一系列信仰性的礼仪活动。

准备造船的船主在造船前要请看相算八卦的阴阳先生给他看相算八卦，就是用准备造船的船主的生辰八字让“先生”看日子，以决定他宜不宜造船生财。

如结伙造船，结伙人通过一番酝酿，首先选定船主和头竿人（正副舵手），由船主执理造船事务。结伙名额多为奇数，或五人、或七人（忌八。“八”暗含八仙过海各显神通而引发事端之意，故忌之）。船上以船主为尊长，伙计们什么事都得听船主指点，船主精明，顺风得利。

大木师傅破木选料，要请阴阳先生择良辰吉日，并用三牲福礼敬请神祇。船主要向大木师傅敬酒、送“纸包钱”。

俗话说，“造屋打地基，造船先造底”、“万物开头吉为先”，造船开工第一天要选个同船主生辰八字相合的吉日，并举行“祭龙骨”仪式（渔民喻船为“龙”，船底的中心方木曰“龙骨”，也叫“槽心”）。当执造师傅安下龙骨时，伙计们便把备好的糕饼、香果等祭品，分别摆于龙骨首尾和中间，以表示祭祀龙头、龙尾和风坛（船在海上安全与否，风有很大的关系。风大，危及航行安全，故要祭风）三个重要部位。分别祭拜过后，由执造人在这三个部位上各弄二虚斧，同时口念“选时选日安槽心，年年赚万金”等吉利语，祷祝顺利开工。

船造至安龙头盖时要挂上红彩布，并用榕青、竹青、棕毛和红头绳等系于龙头盖上，表示有彩头。上船边侧上方的条木时，伙计们要一起吃甜粥，以表示心粘在一块，有福共享，结伴百年。

造船的最后一道工序是在船头装上一对船眼睛，装船眼睛也要请阴阳先生择定时辰，船的两眼安上龙眼（用银币作为龙眼），有开眼见财之意。眼珠不能朝下，意即让它看海上之鱼。然后，用红布（红布喻彩气和吉利）把眼睛蒙好，待到新船下海时再揭去红布，这叫“启眼”。在船尾后栏板上贴“海不扬波”四字的横幅。

新钉的船，闲人、孕妇和来月经的妇女是不能上去的，免得“污秽”龙身。

新船造成后，船主的至亲若有人生孩子，就要“旺船”，即送去一只红公鸡，用牙咬鸡冠，把鸡冠血滴到船头、船尾去，以之辟邪。

新船下水试航前，船主一般都要选好吉日，烧香上供，举行祭祀仪式，祭告天地和水神、船神诸神灵，祈求保佑顺风顺水，渔业丰收。祭毕，放船下海，这时锣鼓齐鸣，喊声雷动。舵工、水手一同登船，环行一周后驶回，下水典礼才告完毕。[1]

在浙江，新船下水出海有“抛馒头”的习俗。此时，除了敲锣打鼓、鸣放鞭炮外，船主还要站在船头向大海抛馒头，而且抛得越远越高越好。远，意味着前程远大；高，寓意捕鱼产量年年高。抛馒头时，船主还要唱：“新造木龙驶大海，八路神仙护航来。寅日开船卯时发，一网装重双满载。一双馒头抛过东，东边两条活蛟龙。青龙随船保太平，黄龙护船多顺风。”

新船下海抛馒头有个传说：

鲁班是船匠的鼻祖。有一年，鲁班外出传艺，到了浙江。这辰光，正是桃花盛开的季节，大海里，黄鱼叫，鲤鱼跳。海是富的，可是，老百姓却是穷的。鲁班问百姓为啥不到海里去捕鱼，老百姓说海里风大浪高，木桶划不出去。

鲁班听了老百姓的这番话，决心为海边人家造一艘大捕船。鲁班造船的消息传开了，大家十分开心，一传十，十传百，都向造船坊走来。力气大的抬木头，灵巧的帮助拉锯，年纪小的打打杂，大家抢着替鲁班做“下手”。

这件事被东海龙王晓得了，它十分害怕。有一日，龙王变成一个小孩，来到鲁班造船的地方。碰巧，鲁班造的第一艘新船就要下海。造船坊鞭炮连声，锣鼓喧天，看新船的人成千上万。龙王挤到鲁班身边，问：“老师傅，这是造的啥呀？”鲁班说：“这是大捕船。老百姓不能光在海边搞点小捕作业，

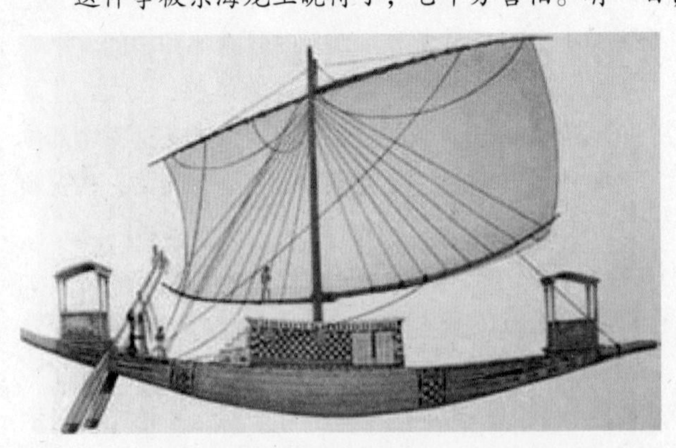

中国古代渔船

要到大海里去捕大鱼！”龙王冷笑说：“大海里，风又猛，浪又高，这东西经得起几个浪头摔打？还是趁早收场吧！”鲁班十分吃惊，小小年纪咋会说出这话来，问道：“你是什么人？”龙王说：“实不相瞒，我是东海龙王。大海上浪叠如山，你鲁班有啥能耐，竟敢造船闯海，扰乱我的海域？”鲁班造的大捕船像条大鱼，舵是鱼尾，橹是鱼翼，船身是鱼身，驶在海上，又快又稳。鲁班哈哈大笑：“别说浪叠如山，就是海崩浪塌，我这木船也敢下海！”

“那就试试看吧！”龙王走上船头，暗地里往船舱里撒了一泡尿，然后躲到人群里喊道：“船漏了！船漏了！”果然，尿从船缝中漏出来。鲁班不慌不忙，向人群一招手，只见出来一队邋邋遢遢的人，这是一群乞丐。鲁班教他们一手握船凿，一手捏船灰，钻到船底下，笃笃笃、笃笃笃地嵌起船缝来。不到一袋烟工夫，船缝被堵得滴水不漏。龙王一见鲁班本领很大，就扭转屁股溜走了。在场的人都高兴得喊起来，像抛彩球一样，把成百成千的馒头朝小乞丐抛去。“新船下海抛馒头”的习俗，就这样传下来了。[2]

2. 渔具生产风俗

渔具，是渔业生产不可缺少的捕捞工具。

网是海上渔业生产的主要工具。沿海渔民最早是用简单的网具在海边捕捞。明朝出现了撩网、棍网等浅海捕捞网具。清朝以后出现了远海捕捞网具。

旧时，渔网主要靠渔家妇女编织。梭子是织网的主要工具，用竹片制成，其上有一个过线的方孔，一头尖，另一头有两个挡线脚。织网时，用梭子带线，在网上往来穿梭，拉线系结，形成菱形的网格。织网材料，采用麻绳和棉线。20世纪60年代以后，先后采用了尼龙胶丝线、聚乙烯线、聚丙烯线等。

渔民用渔网捕鱼

渔民们爱网，视其为神圣之物，财富的象征。正如撒网歌所唱：“一网金，二网银，三网打个聚宝盆，四网打个铜锣群，五网拉个蛸螺满，六网虾蟹满仓盛，网网船只都不空哟，满船载着返家门，娘娘保佑好收成，来年为娘娘修庙镀金身。”[3]

3. 渔业生产习俗

渔业生产习俗是沿海人主要的生产方式之一。渔民最早是在近海浅滩里进行捕捞作业，有了渔船以后，渔民的生产方式才发生了较大的变化。海洋海域辽阔，鱼鳖虾蟹云聚，沿海地区的水产资源十分丰富。生活在海边的渔民，在长期的生产实践中，积累了丰富的渔业生产经验。

我国的海洋鱼类种类很多，而且洄游的途径、时间，群集的时期、地点等也都各不相同，再加上寒、暖两种海流的影响，就形成了繁复不同的渔汛期，造成了渔业生产的季节性和渔场的变动性，以及我国沿海各渔场在鱼类产量和种类上的差别性。

一般来说，北方沿海的渔产以寒水性鱼类为主，种类较少但每种产量较多，渔汛期略迟，时间也略短。如辽宁沿海盛产小黄鱼、毛虾、鳕鱼、带鱼等，主要鱼类的汛期，约始于5月，终于第二年1月间。河北和山东沿海也以带鱼、小黄鱼、对虾、鳕鱼等为主，主要鱼类的汛期，约始于5月，终于9月，汛期只有5个月左右。

至于东南沿海的渔产，则以暖水性鱼类为主，然而热带性鱼类也不少，种类较多，但每种鱼的产量则比北方少，渔汛期来得较早，时间也长。如江苏、浙江、福建沿海除盛产大黄鱼、小黄鱼、带鱼、鲫鱼等以外，其他较重要的鱼类还有10多种。主要鱼类的汛期，在3月间即已开始，一直到第二年1月才截止，汛期间隔期不过一两个月。广东沿海的情况与浙、闽沿海大体相似，所不同的只是不产小黄鱼，而远洋鱼产较多。[4]

渔民对潮水变化规律和鱼群洄游规律掌握较准确。潮水的涨落运动，可以使水深、水流、水温、水质等发生不同的变化，从而影响各种鱼类的洄游活动。

渔民根据潮水变化规律运用竹筏和网进行捕鱼，海潮上涨，鱼虾随潮水进入网圈内，潮水涨定复退时，退路被渔网塞断。

渔民总结鱼群洄游规律，运用不同的渔网、渔具捕捞鱼、虾、蟹、鲎等。春季的鱿鱼、乌贼，夏季的鲨鱼、鲎鱼，因寻找产卵和孵化场所而形成“生殖洄游”；秋季的马母、白贴，夏季的马鲛、黄鱼、青鳞鱼等，因索取有机物质、追逐近岸的小鱼群而形成“索饵洄游”；还有鱼类为适应水温、气候而形成的“季节洄游”。

渔民有专门捕捉不同海产品的网，如虾网、海蜇网、鲎网、墨渔网、鲨渔网等。捕鲨鱼用鲨渔网（鲨渔网用于深海捕鲨鱼，全长一百二十余丈，高四

渔民捕鱼场景

尺，网眼宽），四人乘筏到鲨鱼活动的海域将鲨鱼拦截，两人掌筏，两人下网，把网的两端及中间的网脚石坠定于海中。下网后，人就回家（也有在筏上等待），等到半夜或次日早晨，观看网的浮沉情况，发现鲨鱼入网，让它们挣扎疲困后，以鱼叉、鱼钩捕捉，绑于竹筏的尾部成串地拖回来。每次下网可三至四天连续捕鱼，旺发期可达七至八天，这是一种惊险而又有高收益和乐趣的捕鱼作业。

至于挖沙虫、耙螺、挖泥蚵、捉蟹、打蚝蛎等，都是“小海作业”，也各有不同渔具。[5]

4. 出海风俗

渔汛

渔业捕捞，一年四季均可作业，主要在春秋两季的渔汛时节。春谓春汛，秋呼秋汛，统称渔汛。打鱼入汛时常常昼夜劳作，紧张至极，真可谓“渔汛不等人，一刻一船金”。

每年春天，渔汛一出现，渔民们便要驾船出海捕捞。一次出海时间最多为半个月，一般为两三天或当日往返。春季，是渔民捕捞对虾、黄花鱼等名贵水产的黄金季节。立夏以后，水产最为齐全，这是渔民们一年中最繁忙的季节。冬季，渔民停止出海，到岸上生活、休整。男人们维修渔船渔具，女人们织补网具，为来年做准备工作。但也有少数渔民因生活所迫，在春节前驾船出海作业。

渔民织补网具

出海前祭神

渔汛来临，出海前渔民们要去庙宇中祭拜许愿，祈求神灵保佑渔船出海平安、捕鱼丰收。

渔民都很崇拜妈祖，视妈祖为“海上女神”、“平安圣母”。每年的正月游神赛会，各乡村都要抬着妈祖神像出游。每年农历三月二十三日妈祖的诞辰，人们都要备好三牲、甜果、面条、香果等祭品进行祭祀，有的地方还演戏给妈祖看。渔民每次出海，先在妈祖面前烧香膜拜，祈求妈祖保佑平安，沿海各村镇都普遍建有妈祖庙（又名为天后宫），船上也请妈祖香火

广东宝安出海前官员祭海神
（司徒尚纪　摄）

入舱。

渔船出海前，渔民还要祭祀鱼神，烧金银纸箔，燃放爆竹，祈祷下海人举网得鱼，人船平安。

出海前观测天气

渔民出海前需要观测天气

船在海上航行经常会受到风浪的袭击，导致船沉人亡

旧时渔船渔具落后，沿海渔民捕鱼用的船只既小又旧，大海变化万端，渔民生命无安全保障，出海后遭遇不测风云而葬身鱼腹的悲剧时有发生，的的确确是“铺着地盖着天，脑袋别在裤腰间”的生活境遇，渔民出海在船上是“半寸板内是娘房，半寸板外是阎王”。渔汛来临，船要出海，先要观测天气。天气的变化，不仅影响鱼类的洄游，也影响到航行和生产的安全。旧时没有收音机以及天气预报，就凭船主的经验预测天气的变化，观日、月、云、虹、雾、风等。

渔业生产受气候变化的制约，船只安全与否，关系最大的一是风，二是礁。船在海上遇难往往是突遇大风船翻向，或是船触暗礁沉了船。

渔船出海怕遇到风暴，海上刮风，通常是“饭时起风，刮到掌灯”，在海上遇到风暴，渔船只得停止生产，进港避风。风对海船安全很重要，故渔民总结出渔业气象渔谚，如“日落胭脂红，无雨便有风”，指日落时，太阳呈胭脂红色，天气将很快转坏，不是雨便是风；“日晕三更雨，月晕午时风”，晕是风雨将临的征兆，出现在太阳周围的光圈叫日晕，出现在月亮周围的光圈叫月晕，出现日晕时，多是下雨天气，出现月晕时，多是刮风天气；“云势像鱼鳞，明朝风不轻”，云势像鱼鳞，是指天空布满了鱼鳞一样的云块，这种云块很小，呈白色，常成行成群，排列整齐，很像鱼鳞，虽然当时天气晴朗，但过不了多久，就会刮风下雨，所以又有“鱼鳞天，不雨也风颠”的谚语；“西边黑云起，必定有暴期”，如果西方云的颜色变黑，说明大风大雨很快就会来到；“东虹风，西虹雨”，虹出现的位置，与太阳所在方向相反，上午太阳在东，虹在西边，下午太阳在西边，虹在东，东边有虹，表明将有风，西边出现虹，表明将有雨；“七月虹，做七日风泳（风浪）”；“雨注东风不拢洋，挫转西风叫爹娘”，拢洋指进港，说的是东风又夹大雨，还将要刮西北大风，渔船须及时回港避风，以免造成损失；“西边黑风高，必定有风暴”；“三日雾蒙蒙，必定起狂风”、“一连三日雾，西风随屁股”，这里所说的雾，是指由于暖湿空气平流过来，遇到冷的海面而产生的平流雾，这种雾形成以后，往往可以维持好几天不散，浓的时候，伸手不见五指，如果连着三天都有雾，那么接着就会刮大风；“八月十五乌（刮起大风），张网人吃虾蛄（海况差）”；“未到惊蛰先响雷，七七四十九日乌”；“水鸡（鸭子）叫，风泳到”。

海洋里的水，时时刻刻都在运动着。在无风的日子里，海面似乎是平坦安静的，实际上海水仍旧在微微地动荡着，只要稍稍有一点风吹来，海水立刻就像弹簧似的，一高一低，一上一下地波动起来，风力愈强，波动就愈剧烈，波峰也就愈高。这种运动的方式，就叫做波浪。海中的波浪主要是由风力的作用而引起的，波浪的大小，主要决定于风力的强弱。因风与浪有密切关系，所以有“无风不起浪”之说。渔民通过观测浪来预测风的谚语有：“风水来到浪头滚，浪头圆圆浪面大，及时掉头转回家”，台风快到来以前，海面上会出现长浪，长浪的浪面大，浪头圆，遇到这种情况，说明将有台风，渔船就要立即回港，张网就要立即解下来，避免受到损失；“平风平浪天，浪生岩礁沿，发出啃啃响，天气马上变”，是说大风到来以前，海面上常会出现较大的浪涌，冲击着岩礁，发出很大的声响。

渔民测风力，先在船头点燃蜡烛。如风大烛灭，即不利行船。也有的在后舵舱里焚香，若三次焚香不成，亦不开船。这些行船习俗，说明沿海渔民在航海初期的困境和无奈。[6]

父子不同船出海

渔业生产主要在海上操作，过去渔船抗险能力很差，所以渔民常说：“出海脚踏三块板，命交给老天，不一定回不回。”由于海上生产的艰难及其风险性，为了支撑一个家庭，渔业生产讲究“父子不同船”，这条行规被世世代代严格遵守着，并且发展为父子兄弟都不得在同一条船上。家庭成员不在同一船上作业，是为了避免海难发生时全家遇难。

开船吹螺号习俗

海螺是取出螺肉后的螺壳，海螺在海滩上很多。沿海地方以海螺为号，声音能传得很远。渔民有吹螺号出海的习俗。船主预测天气后，决定出海航行时，船主先要发出信号，召集渔民迅速集队上船。这个信号即为螺号。螺号声也有规定，出海螺号是三长二短，或一短二长，三次螺号声后仍不到者受罚。出海开船时吹螺号是因为渔船的海上作业是群体性行为，每个渔民各有司职及其岗位，出海时一个也不能少。也有用吹竹筒代替吹海螺的，后来则用汽笛代替了螺号。[7]

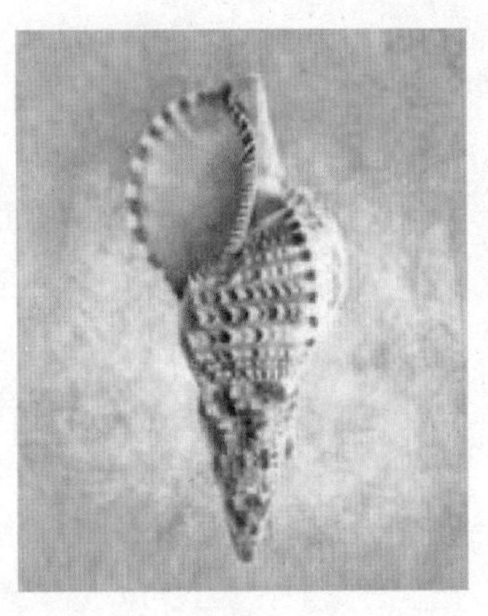

海螺

出海前放洋

一些大帆船在远航前还要举行“放洋”仪式。放洋，即先以竹篾和布糊制一艘与要远航的船同样的模型船，出海之时，先将模型船顺流放出，称为“放洋”，取顺风顺水，一路平安之意，然后大船才起锚扬帆远航。[8]

出海前举行隆重的预祝丰收的演习

在山东，渔民出海前，一般要举行隆重的仪式，在村前海上（俗谓“家门口”）做一番预祝丰收的演习：出海渔船在人们的欢呼祝福声中行网下海，岸上人便问“满啦？”，渔民齐答“满了！”。于是岸上船上欢声雷动，鞭炮齐鸣，锣鼓喧天，气氛热烈而神秘。这时，船上的渔民收起网，在码头附近绕行一周，并把糖果等抛向岸上欢送的人群，然后驶向大海。[9]

行船中的习俗

渔民长期在海上同风浪做伴，与船只相依，旧时渔民生产工具落后，渔船置身于万顷大海之中，怒风突起，波涛汹涌，随时随地都有葬身大海之险，出于对命运的无奈和畏惧，渔民事事处处，一言一行企求吉利、顺风得利，尽量讳忌不吉不利之事发生。为求平安，从船上到海上，帆桅舵桨处处有规，衣食住行头头是道。

船上行为习俗

船上一切都得服从船主指挥，伙计们不能多嘴多舌。在渔民中间，只要不出海，船主和伙计之间，并没有多大区别。伙计可以反驳船主的话，特别那些辈分高的，如叔叔大爷们甚至可以斥责船主。可一旦出了海，船主就具有绝对权威，伙计们必须绝对服从，丝毫不能打折扣。连那些长辈们也变得唯唯诺诺，俯首帖耳，这样全体人员才能步调一致，动作协调，战胜一切困难。

为防止海上起风浪，在船上忌乱泼水。

船员很讲究衣着干净整齐，即使是破衣补丁，也是顺丝顺缕，方方正正。这样是给船神和龙王有个好印象，也是象征渔船出海，顺风顺流。

穿湿衣服者更是忌讳上船。因为只有人落了水，身上才是湿衣，万一有人被水湿了衣，应马上更衣。渔民出海忌洗头，尤其忌看见妇人洗头。据说，这象征“身流水湿”，也即沉船之预兆。

在海上作业，即使都是男人，也只许光脚、光上身，而不许光下身。渔民认为光下身是对海神娘娘不敬。

不许双脚荡出船舷外，以免“海鬼拖脚落水”，其实是为了安全。

不许头搁膝盖，手捧双脚，因其姿势像哭不吉利。坐时不准手托腮或双手抱膝，说是发愁或捕不着鱼的情绪表现。

不许在船上吹口哨，怕惊动巡海夜叉招来风浪。

不许拍手，拍手意味着“两手空空，无鱼可捕”。

不许老鼠从船中跑掉，因老鼠能掐会算，有预知吉凶的本领，若无法将老鼠请回船中，忌讳开船。

不许开船时煮生鱼和焦饭，视为半生不熟，出海不平。

不许脚不洗净的外客上船，怕将秽气带上船。

睡觉不准仰面，也不准俯卧，只能侧身睡。据说人的死相，在船上是女脸朝上，男腚向上，两者均不吉利，要忌讳。

渔民忌做“翻”事，如有鱼跳上来，不可食用，应马上放回水中，并赠一把米。因为鱼虾是海龙王的亲戚，跳上船是来讨食的，行船靠的是龙王保佑才能平安顺利，如果连到来的龙王的亲戚都不尊重，要吃掉它，那就对不起龙王，就要遭到龙王的责怪，会有灾祸。船上用具，包括桶、筐、鱼篓等忌翻放。鱼头不能朝下挂，衣服等也不能朝下倒放，就是人坐在船高处，也不准把腿耷拉下来。

不准把碗筷丢下海，他们认为让碗、筷掉入海中，就意味着会丢掉饭碗。

渔民煮鱼时，不能切去尾鳍，否则“斩了尾”，“以后不再来了”，有今后打不到鱼之意。

船家不准女人站在船尾，因为船尾舱内供有妈祖神位，恐玷污神灵。

行船时，如遇蛇过江面，要尽力加快速度，争取在蛇的前面驶过。据说舟是龙，如果龙斗不过蛇，当天行船就要倒霉。

忌男女在船上过性生活，否则会不吉利，水神要责怪。

旅客在船上产育被视为喜事，产妇会受到热情款待。

渔民在起网收鱼时，如网到大鱼骨、大兽骨，特别是人骨头时，都必须保留下来，待返航后供奉在海边的神庙中。

渔民们无论谁在海上看到遇难船只，都会尽力相救。网到海龟、海鳖等珍奇海生动物，总是予以放生。因为妈祖生前行善救人的传说在沿海一带广为流传，人们崇尚妈祖的美德，同时，也把发扬妈祖美德作为海上的行为规则。

运输船要礼让捕鱼船，大船要礼让小船，顺风船让逆风船。若在夜间航行，船后梢必须点亮船灯，否则被其他船碰撞有损，撞者不负责任。

船上饮食习俗

渔民生活在波涛中，祈求平稳、安全，这种心态也表现在饮食上，故船上有许多饮食习俗。

吃饭前，忌先摆上碗筷或把饭勺摆于桌面上，海上生活的人认为这是敬神的做法。传说海里神煞很多，恐被“误会”而招来不祥。

用餐时，不论老少均是蹲着吃，更忌坐于舱口晃足吃饭，因为“坐”字有“沉积”之意，“坐下”便是“沉下”。

人在船上吃饭时第一次坐在哪个位置上，此次出海每顿饭都要坐在这个位置上，每顿饭的鱼菜盆第一次怎么放的，以后也这么放，即使放错了，也不准变动，这叫“吃饭不挪窝”，一挪窝就意味着“鱼跑了”，不吉利。

开饭时，渔民不能先吃，先要用筷拣几粒米饭和菜肴由船主撒向大海，以敬海神，然后才进膳，俗呼“结缘”。

就餐时，不论舵公或伙计，凡蹲在饭锅边的都得替众人舀饭，此意为“同舟共济”。

吃鱼和烧鱼时也有规矩，比如吃鱼要船主先吃第一筷，且要先吃鱼头再吃鱼尾，意味着整个渔汛有头有尾，“头头顺利”，忌先吃鱼尾，更忌一筷子将鱼的尾部叉断。因为渔民喻鱼为船，而船的尾部通常为操舵驾驶的重要部位，如果船在海上遇难坏了船头，船还能继续驾驶，还有救；若是尾部被挫断了，船便会立即下沉，人的生命也就有了危险。为了表示对船主的尊重，也有留鱼头让船主吃的。吃鱼时，忌讳挖鱼眼。鱼无眼即为船无眼，就捕不到鱼。盘中的鱼也不能翻身，只能吃完一面把刺挑掉，再吃另一面，否则鱼翻则为船翻，不吉利。有的地区渔民吃鱼时只吃一面，另一面剩着，意味着有吃有余（鱼），切忌吃得碗底朝天。有的地方的渔民则规定每顿鱼不许吃光，必须留下一碗鱼或鱼汤，投在下一顿鱼锅内，不仅味鲜，而且意味着鱼来不断。烧鱼时把鲜鱼放下锅去直到烧熟为止，中途不能翻面，翻面就意味着翻船。

吃饭用的汤匙也要摆得平平正正，用过后也要平平正正放回原位。如果将汤匙翻转，同样意味着覆舟的危险，用餐者将被责怪。至于酒杯、碗等更不准反放，意忌翻船。烧饭的锅盖也不能翻过来，口子朝上，意忌“翻船”和“空空如也，无鱼可捕”。

在吃饭过程中，竹筷不准搁在碗上，因为碗好比船，筷子好比桅，桅杆横于船上不吉利。筷子不准在船板上顿，更不准筷敲碗口。

吃饭后，筷子要扔在舱板上，最好让筷子沿着甲板向前滑动一段，表示顺风顺溜（谐音流）。吃完鱼，不能把筷子放在碗沿，而是要用筷子在碗上绕几周，然后放下，这主要是出于怕船搁浅的心态，筷子绕碗几绕，表示渔船绕过暗礁和浅滩，可以安稳停泊。

吃饭时若有人犯了忌，船主要把筷子做人的替身，丢入海里，才能化险为夷。

总之，在船上吃饭，要事事处处企求吉利，不可冲犯。

船上语言习俗

渔民在渔船上说话很少，因为担心说了忌讳的词语。在船上看到海上任何奇特现象，只能互相拉一下提醒注意，不能发问、惊叫或乱说。若惊叫、乱说，轻则须烧香磕头，重则被打耳光。船上用语有许多字眼是十分忌讳的。如渔民最忌讳的一个字是“翻”，其次是“四、死、沉、破、离、散、倒、火”等。

因为忌翻，所以船上的一切用具包括碗、盆、桶、筐、甏、锅盖等都不能翻放。连摘下帽子也要口朝上放，甚至渔民的裤腿也不准翻卷。因而煎鱼时忌翻面，吃鱼时忌翻个，讲话更不准“翻”字出口。在船上烙饼，一面熟了，不说“翻过来”，而说“划过来”，吃鱼时亦是如此。究其原因，翻与翻船有关，故而忌之。

“四、死”谐音不吉利，“沉、破、离、散”都与船遭灾后沉船、破船、离船、散板等不幸遭遇相牵连。船主十分忌讳“沉”字，一些地方据说甚至还要改称姓“陈”者为“浮”，否则船主不让其上船。

“倒”是倒霉。

“火”是船上火灾。

这些字眼都是直接威胁到船和船员安全的大灾难，故而讲话时要绝对忌讳。

忌说“油”字。因为“油”与“游”同音，“游”字有“沉船游水”的意思，故日常用语不用“油”，而用“膏”字。煮菜的油叫“膏”，猪油叫“猪膏”，漆船的木油叫“木膏”等。

忌说“刀”字。每遇风浪危难时，渔民总要用刀斧砍断桅杆以逃命，因而“刀”字往往牵连上危难。他们叫刀为“大利”，有大吉大利之意。

撒网时忌大声喊叫，以免惊动神灵。

渔船出海，搭船的人千万不能询问船主何时可到渔场或目的地。若冒昧发问，船主就会很不高兴，而且绝不答复。旧时渔民认为渔船一出海，一切就凭龙王和船菩萨做主，船何时可到渔场，人是做不了主的。如果你自作聪明，认为何时可到渔场或目的地，则就冲犯龙王和船神，龙王就会制造事端，或发大风，或起恶浪，招来祸灾。

在非说不可的情况下，而有些字眼又是忌讳的，这就要用借代、谐音等手法来婉转地表达，从而形成了一种独特的船上用语。如为忌“翻”字，船上的“幡布”称“抹布”，煎鱼或炒菜时，用到“翻”字，应改口说为“顺”字。海上拾尸叫拾“元宝”，用“元宝”代称“尸体”。为忌“沉”字，船上的盛饭叫“添饭”。为忌“破”字，船上的碗盘等器皿多用的是木、铁、铝制品或塑料制品，忌用陶瓷品。在船上如果不小心摔破碗，也要包好带回岸上再扔掉。为忌“离”字，称“梨”为“圆果”。为忌“散”字，称“伞”为“竖笠”。为忌“倒”字，称“倒水”为“清水”，称“倒桅”为“放桅”，称“倒船（倒退）”为“畅船”等。不准称船主为老板，因“老板”谐言“捞板”，只有船在海上遇险而破了船板才叫人去打捞，这不吉利，故而改称“板主”。

船上卫生习俗

船上船员不准在船头撒尿，大小便一律要到船尾。这是因为船是木龙，船头即龙头，尿撒龙头，冲犯护船神，会招来晦气，所以绝对禁止。

有的还不准两人同时大小便，说是“两人对着尿，必定遭风暴”。此外，不准在船头和船帮两边大小便，说是船头有龙眼，船帮两边是“左龙、右凤”，不准冲犯。有的渔船上要求更严，船上大小便不仅有固定的地方，均在船尾后部，而且切忌尿溅船身。小便可允许在桅杆后的部位往外撒，或撒在竹筒内往外倒。禁忌将污物或污水泼溅船头和船眼。

船在海上不论时间多长，船员不刮胡子、不剃头，所有吃剩下的饭菜，包括鱼骨头、涮锅水等，一律不准倒进大海，而是聚集在大木桶内带回陆地倒掉。究其原因，一说是海为龙世界，海上倒污物会凌辱龙王，二说海上多妖魔，妖魔凭着遗弃物的人味和气息要来找替身，会对渔民带来许多麻烦。不论原因如何，这种卫生禁忌和习惯倒是保持了渔船清洁和避免了海洋环境的污染。

船员在船上亡故或遇到海中漂尸

渔民出海时如有船员在船上亡故，返航时，在船的头桅上拉起大吊子（预报丰收的大旗，通常拉起挂在中间大桅上），到岸尸体下船后，船员于船上鸣放鞭炮，敲锣打鼓，宰杀公鸡，将鸡血滴洒在船面上，以驱走鬼魂，名为“净船”。

渔船在海上航行，常遇到海中漂尸，渔民称为“元宝”，渔民都会义不容辞地将其捞起，这叫“拾元宝”。然后渔民会向沿海各地通报认领，运回陆地的无主死尸往往葬在“义冢地”。渔民说，旧时捕鱼“三寸板内是娘房，三寸板外是阎王”，死人的事经常发生，轮到谁，都有可能。出于这种特殊的感情，形成了“遇尸禁抛”的独特忌讳。

海上收尸也有个惯例，当遇到尸体时船立即靠近尸体，用绳子或竹竿圈搭其尸，分清男女。收尸时船民不用下到海里，而是用绳子抛在尸上或用一长竹竿跨搭，其尸便会紧紧地跟在船的后面随波而进，不管风浪多大，也不会脱掉。如因尸体腐烂，男女难分，通常视其尸在水面的面向，面朝天的是男的，背朝天的是女的。若见朝天女尸不能立即捞，要等海浪将死人翻过身去以后才能捞；要是伏着的男尸也不能立即捞，要用镶边篷布蒙住船眼睛后再捞。以上说法似乎有些荒谬，但海上惯俗如此，渔民们深信不疑。渔民若拾到漂流渔业工具，传告招领，失主来领，不收报酬。

海上遇险

旧时，由于没有天气预报，加上渔船修理技术落后，渔民们把一切企望都寄托在神灵的庇佑上。每当遇到风险，或者船上出了故障，渔民们就跪着把米向神祇撒去，仰头喊叫：“公祖啊，婆奶啊，保佑子儿啊！风啊，浪啊，者（停）啊！”

遇到恶浪，渔民说是“海开口，鬼讨食”，渔民就向海里撒去大把大把的白米。船在海上遇到大鱼，即洒米粒，赠船旗，叩拜祭典，以求鱼神的庇护。据传，海上拦船、讨旗、乞米的鱼神，往往是些“海和尚”式的癞头鼋，即为大海龟，也就是古神话中的鳌鱼。

若因潮水不好，渔船被迫在海上抛锚待潮，俗称“暂潮”（又曰“站潮”）时，船后梢必须亮出“桅灯”，出示“暂潮”信号，以防被夜行船碰撞而损坏。

渔船在海上遇触礁或漏水等海损事故，在船头显眼处倒插一把扫帚，然后在桅顶挂起破衣，若是晚上则点起火把，或敲打面盆、铁锅，以引起周围渔船的注意。若是有船路过，也有甩衣呼救的。抢险时，先抛缆救人过船，后带缆拖船。过船时，遇险者先把鞋子丢过船，然后人再上救险船。据传这是为了避免海鬼中途拦截，故有此俗。

现今，渔船上都有了现代化的通信设备，若海上遇险，就用无线电向各方联系。

5. 盐业生产习俗

制盐者

盐业生产者在不同历史时期有着不同的称谓。近代以前，制盐方式为煎煮，制盐之家被称为“灶户”“煎户”“盐户”，制盐者被称为“灶丁”、“盐丁”。至今山东昌邑市盐产区仍有村名为“灶户”者，当是此种称谓的遗留。

盐丁终年煎盐，长期烟熏火灼，导致“煎盐壮丁多盲目”。加之盐课沉重，盐商与豪强巧取豪夺，官府残酷压榨，盐丁更加苦不堪言。民国以后，灶户改称“滩户”，灶丁称“盐民”、“盐工”；拥有盐滩者被称为“滩主”。凡滩户皆需申请并领到制盐许可证后方能开滩营业。盐滩面积

香港沿海沙堤上南朝至唐代煮盐炉遗址
（李浪林　提供）

河北海盐博物馆

以“副”为单位计算，多者可达百余副，少者不满一副。大滩主被称为“东家”，经营方式或佃或雇，以盐田为资本，坐享其利。拥有小面积盐田者或自晒或合晒，不但不雇工，而且习惯农盐兼营，春晒盐为盐民，夏秋务农为农民。出卖劳动力的盐工，受尽盘剥，劳动条件恶劣，居住条件简陋，白天辛勤劳作在海滩上，夜晚拥挤在潮湿肮脏的“土筒屋”中，过着非人的生活。当时，盐工中流传着这样一首歌谣：水里生，泥里长，年年穿着泥衣裳。老人盼，孩子想，指望还家带回粮。谁知忙碌一年整，还是糠菜充饥肠，滩主把头把福享。

盐民的生活习惯也较特殊，这从另一个侧面反映了盐业生产风俗的特点。过去由于吃水无法解决，盐民的家建在离盐滩较远的宜农地带，仅在盐滩上建有季节性生产工棚。雨季到来后，盐民搬回家中居住，因而俗语说：“晒盐的一年三挪窝。”在饮水上，由于盐滩地下水含卤量极高，盐民日常饮用淡水不得不从极远处宜农地带挑来，从而导致了淡水贵如油的现象。在过去，有以专门运送淡水为生者，被称为“水工”、“水虫子”。在咸菜腌制上，盐民一般不用大缸腌咸菜，而是在盐垛旁空地上挖个坑把要腌的菜埋进去，过些日子咸菜即腌成了，因而俗话说：“灶户腌咸菜——省了缸省了盐省不了菜。”在盐池间的道路修整上，盐工将盐与土掺拌在一起，填平坑坑洼洼，故俗话说：“盐田修池埂，盐当沙子用。”在劳动上，盐工终日在盐池中捞盐、堆盐，海风吹，卤水腌，辛苦异常，皮肤黝黑，有俗话说：“盐工与书生——黑白分明。”新中国成立后，盐民变为盐业职工。伴随着制盐和盐化工的发展，盐业职工的生产和生活条件已经发生了翻天覆地的变化。

制盐

制盐的方法有两种：一是晒，一是煎。

海水中富含大量盐，而盐是人类日常生活必需品，古有“盐为食肴之将”和“无盐则肿”之说，盐的需要量甚大。故盐业历为封建国家的重要的经济收入来源，盐田是我国海洋农业文化的一个重要组成部分。

制盐技术是盐业文化主要内涵，沿海地区在这方面有久远的历史、先进技术和成就，是中国海洋文化的一项殊荣。有研究显示，远古迁徙到沿海地区的原始居民，在海岸礁石坑凹处，经常可捡到海潮进退或浪花迸溅留下成薄片状的白色结晶体，尝试用来烹调食物，感到咸美无比，久吸轻身腑畅，气力倍增，于是视之为宝物。后来，沿海居民通过观察和试验，海水蒸发到一定浓度，集中收集到石坑再曝晒一段时间，即可收获到盐。随着盐的需要量增加，仅靠日晒盐不能满足需要，沿海人直接引海水流入田沟漏槽，分层终日晒成卤，然后汇集盐池曝晒成盐。这种完全利用阳光蒸发海水成盐的工艺，沿用至今。

除了上述盐田晒盐法以外，由于各地社会经济发展水平不同，也同时保留了一些与盐田晒盐法相类似的晒盐或煮盐方法。这包括：①晒卤煮盐法，如气候不利于盐在田池中结晶，于是在田池中汲取浓卤水，用薪炭煎盘煮成盐，这是利用太阳光与火煮相结合的一种制盐法。②漏水煮盐法，亦称砂媒煎熬法，即首先将细砂吸取海水，使砂中附着盐分子，然后堆积成堆，再将海水溶解砂中盐分，并进行过滤。如卤水达到足够浓度，则放入煎盘或煎釜中煎熬成盐。此法沿用已久，并在沿海一些地区保留。1933年版陈铭枢《海南岛志》记载此法："锅有竹锅铁锅两种。竹锅以竹篾织成，方形平底，外糊黄泥。长一丈，宽五尺，深三尺。每锅可煮盐一千斤。须卤水五担。每月可煮三四次，每次须用柴料四五元，海口、文昌多用之。铁锅以白铁制成，圆形平底，直径四五尺，高七八寸。每锅可煮盐七八十斤。约煮五六个小时，可以成盐。每日夜可煮二三次。"这种方法生产的盐称熟盐，多用于日常生活。③砂漏晒盐法，亦称撒沙采卤天日结晶田，是将漏水煮盐法取得的卤水，引入盐床中，经日晒蒸发，结晶成盐。陈铭枢《南海岛志》云："一日成盐，夏日炎烈，每日可得盐十五六斤，冬季则每日五六斤而已。"盐田晒盐法和砂漏晒盐法所得粗盐为生盐，多用于加工水产品，畜产品，腌萝卜酸菜之类，因其含盐量高之故。[10]

晒盐

我国海盐事业的历史是非常悠久的，劳动人民从海水中制盐

煎盐

的方法也是因地制宜的，大体在北方沿海多用“天日法”晒盐，如东北盐区、淮北盐区、山东盐区等都是；在南方沿海使用“煎熬法”，如淮南盐区、两浙盐区等都是。

利用日光使海水自然浓缩的方法最为经济，此法用于气候优良、雨少晴多、地势低平、沙滩广阔之地最为适宜；利用火力煎熬海水使它浓缩的方法，一般多用于杂草丛生、燃料充足的地方，但因海水中含盐的成分大约只有千分之三十，所以这种方法不经济。现在我国各盐场都在大力推广天日晒盐法，以降低成本，提高质量，如在淮南盐场、两浙盐场等，都已经取得了很大的成绩。

6. 海上运输风俗

我国海上运输历史悠久。如从秦汉时期开始，我国中原及南方沿海地区的商贩就把陶瓷、布匹、丝绸等商品装船，通过“海上丝绸之路”（“海上丝绸之路”是我国古代开辟的通往东南亚，继而越过印度洋到达波斯等地的海运航道，是古代重要的海上贸易运输通道）这条海上航道运往斯里兰卡、印度等地，再转运至埃及、罗马等国，而东南亚及欧洲商人则通过这条航道运来毛织品、玻璃器皿等异域珍品。又如，明代著名航海家郑和从1405年（永乐三年）到1433年（宣德八年）的二十多年间七次奉命率领庞大船队出使西洋（所谓西洋，当时并不指欧洲大陆，而是泛指我国南海以西，包括印度洋在内的大部分区域），船上带有大量瓷器、茶叶、铁器、农具、丝绸、金银等物品，船队到访三十多个国家和地区。郑和船队每到一地，都向该地国王和首领赠送中国物产，表示愿与他们建立友好邦交关系。

我国东部面临大洋，领海广阔，海岸线绵长而曲折，沿海又有数十个优良的港湾，还有许多长江大河奔流入海，使海上运输和内河运输结成一个非常便利的水上运输网。这些都是我国用以发展海上运输事业的优越条件。

由于海上船舶运输能力较大，运费较低，并且海上航道通行能力不受任何限制，特别是由于海上运输是促进对外贸易的主要手段，因而它对于争取从外国进口更多的工业设备，促进我国出口更多的工农产品，加速我国工业化的过程，更具有独特的意义。

海上运输可分为沿海运输和远洋运输两种，沿海运输负担着本国各港口及其腹地间物资交流的任务，远洋运输主要是为着开展国际间的和平贸易。现在我国海上运输分为沿海和远洋两种航线。我国沿海以上海、大连、广州三港为中心，已经开辟了长短不同的36条航线。远洋航线以上海、天津、大连为起点，又分成东行、西行、南行、北行四线，可通海参威、日本、马尼拉、新加坡、澳大利亚、西贡、欧洲及非洲各地。

7. 珍珠采养生产习俗

珍珠本是一种古老的有机宝石，是七宝（水晶、珊瑚、琥珀、玛瑙、砗磲、珍珠、麝香）之一，它在现代国际珠宝行业中又有宝中“皇后”之称，珍珠有柔和、温润、风采特异的特点，且价值恒久。清代屈大均《广东新语·货语》曰：“合浦珍珠名南珠，其出西洋者曰西珠，出东洋者曰东珠，东珠豆青白色，其光色不如西珠，西珠又不如南珠。”合浦一带所产的珍珠最为凝重结实，不但晶莹透明，而且色泽绚丽多彩，有银白、粉红、豆绿、金黄、银黑等多种颜色。合浦珍珠一般颗粒硕大而浑圆，品质上乘，可谓“粒粒发光，颗颗走盘”，是珍珠中的上品，享誉世界[11]。汉代桓宽《盐铁论·力耕篇》说“珠玑象齿出于桂林……一楫而中万钟之粟也”。一棒珍珠抵几万担粮食价值。当地人以采珠为业，以珠换粮。

以海为田最重要的一项事业是采养珍珠，这项事业自汉代以来时盛时衰。

历史早期以采集天然珍珠为主，且采珠技术高超，采珠人潜到海底，自水草或石头上取下海蚌，从其中取出珍珠。汉代杨孚《异物志》说：“合浦民善游，采珠儿年十余岁，使教入水。官禁民采珠，巧盗者蹲水底，刮蚌，得好珠，吞而出。”自古以来，珍珠被视为珍贵、高雅的装饰品，它激起了历代封建统治者贪得无厌的掠夺。著名的“合浦珠还”传说出于北部湾。北部湾产珍珠，质量上乘，屡被官府搜刮，珍珠散佚他方，后一位清官来到，珍珠又回来，这就是世代相传的“合浦珠还”故事：东汉时，合浦郡沿海盛产珍珠，那里产的珍珠又圆又大，色泽纯正，一直誉满海内外，人们称它为“合浦珠”。当地百姓都以采珠为生，以此向邻郡交趾换取粮食。采珠的收益很高，一些官吏就乘机贪赃枉法，巧立名目盘剥珠民。为了捞到更多的油水，他们不顾珠蚌的生长规律，一味地叫珠民去捕捞。结果，珠蚌逐渐迁移到邻近的交趾郡内，在合浦能捕捞到的珠蚌越来越少了。合浦沿海的渔民向来靠采珠为生，很少有人种植稻米。采珠多，收入高，买粮食花些钱不在乎。如今产珠少，收入大量减少，渔民们连买粮食的钱都没有，不少人因此而饿死。汉顺帝刘保继位后，派了一个名叫孟尝的人当合浦太守。孟尝到任后，很快找出了当地渔民没有饭吃的原因，孟尝下令革除弊端，废除盘剥的非法规定，不准渔民滥捕乱采，以便保护珠蚌资源。不到一年，珠蚌又繁衍起来，合浦又成了盛产珍珠的地方。[12]

到唐代，出现人工养珠技术，珍珠养殖与天然采集相结合，由于珍珠产量上升，唐政府专门设置珠池和采珠专业户——珠户，实施行政管理。

南汉割据岭南地区的刘氏政权对采珠重视有加，设专门监督采珠的“媚川都”，配置兵员8000人（一说2000~3000人）。宋人王辟之《渑水燕谈录》记：“刘铱据岭南，置兵八千人，专以采珠为事。……久之珠玑充积内府，所居殿宇、梁栋、帘箔，率以珠为饰，极穷华丽。”这个媚川都在今东莞濒海地方。

宋代珍珠生产技术已发明用假核人工育珠方法，即以假珠投入大蚌口中，不断换水，经两年，即成珍珠。

元代，南海采珠更发展为一项暴政。据元朝陶宗仪《南村辍耕录》载：“广海采珠之人……葬于鼋鼍蛟龙之腹者，比比有焉。”另《元史·张珪传》称：“泰定元年（1324年）中书平章政事张等奏，东莞县及惠州珠池，疍户七百余家……入水为虫鱼伤死甚众，遂罢采珠户为民。”不难想象元代采珠规模相当巨大，也折射出珍珠文化血泪斑斑的一面。

明清时期对南珠也推行时采时罢政策，珍珠产量无大突破，但采珠技术却有进步。一是采用铁耙取珠法，铁耙为手的延长，但收效甚微。二是发明兜囊取珠法，即将麻绳织成兜囊状系于船两旁，沉入海底，乘风行舟，蚌碰到兜囊入内。满则取出蚌，割蚌得珠。此法无须下水作业即可得珠。三是到近代，兜囊取珠法又演变为小舟拉网取珠法，这更宜于浅海滩涂作业。如此一来，自古沿袭入海采珠法得以结束，无论采珠或滩涂利用都开始一个新局面。

8. 赶海和赶小海风俗

所谓“赶海”，即居住在海边的人们，根据潮涨潮落的规律，大潮汛时，尤其是最大潮当天，潮水可退到最低位。海上的礁岩大都裸露出礁底，滩涂水也退到最远处。此时，沿海人成群结队或上礁、或下滩去采集各种贝类，场面十分红火，俗称“赶海”。赶海是获取水产品的简易方式。

“赶小海”是小潮汛时，用小船小网在近洋岸边捕些小鱼小虾。

不论是上礁还是下滩采集，均以大潮汛为最佳，中潮汛次之，小潮汛最差。这是因为小潮汛涨落潮不分明，潮的落差最小，不论是礁岩或是滩涂上自然生长的贝藻类均被淹没在海平线以下，不易采集和捕捉。为此，自然采集，随潮而定，大潮汛为采集旺汛，小潮汛歇业在家。因礁岩上有青苔和藻类滑而难走，滩涂上也有乱石和贝壳，故而上礁下滩的自然采集以穿草鞋为宜。

礁岩采集工具尤其简单，一篓（一篮）、一铲、一拉钩、一榔头而已。而且操作简便，或铲，或敲，或拉钩，或踏，或挖，或掘泥，还有拾、割、拔。礁岩采集的对象，共有三种：一是贝类，如贻贝、牡蛎、海螺等；二是海藻，如海带、紫菜等；三是其他海洋生物，如礁岩上生长的海葵，俗称“石奶”，采之为羹，味极鲜美，又如礁岩中的小蟹，俗呼“石蟹”，捉之为酱，鲜嫩可口。这些，都是礁岩采集中不可遗漏的对象。

有的沿海人靠赶海为生，主要是打捞牡蛎。牡蛎是一种奇特的动物，具有独特的生活习性。刚出世的幼蛎，可以在水中自由游泳，但当它们遇到合适的环境时，就开始寄生在岩石或其他坚硬的海中物体上，终生过着固着式的生活。幼蛎一旦固着，就像钉子入木似的，变成终生不会爬动的动物。海洋是一

广东阳西县渔民赶海

（马文荣　摄）

广东阳西县渔民赶海

（马文荣 摄）

个巨大的“粮仓”，潮水日夜给牡蛎送来丰盛的食物。涨潮时，牡蛎被海水淹没，它就微微地张开贝壳，海水从它的外套膜腹缘流入外套腔中，然后经过鳃，又从背缘流出体外。牡蛎就是依靠这个水流过程来进行呼吸和摄食的。牡蛎对其所吞食的食物，只严格选择食物体的重量和颗粒大小，而对被食物体的食用价值如何它却并不讲究。因此，在它的消化器官中经常可以找到大量沙粒和各种不容易消化的物质。

唐代刘恂《岭表录异》对海洋滩涂生物牡蛎的习性和开采有所记载：“蚝即牡蛎也。其初，生海岛也，如拳石，四面渐长，有高一二丈者，巉岩如山。每一房内有蚝肉一片，随其所生，前后大小不等。每潮来，诸蚝皆开房，见人即合。”牡蛎的肉细嫩纯软，味道鲜美，营养丰富，素有“海中牛奶”之称。打捞到的牡蛎肉送到商号，商号再转卖给顾客。商号收购牡蛎肉，一般不付现金，而以小竹筒或饭碗量米量面为代价，因此俗称这些赶海的人是“打升打碗儿”。

所谓滩涂，为沙滩、泥涂滩和半沙半泥滩的总称，统称“海滩”。沙滩，全滩为沙。泥涂滩，全滩为泥。半沙半泥滩，则为上半截靠岸的为沙，下半截入海的为泥。

滩涂采集的品种较为单一，主要是贝类。采集的主要对象为四大类。一是缢蛏，俗称蛏子。长在沙滩中的称为沙蛏，个头大，肉肥，无泥腥气；而长在泥涂中的，俗呼泥蛏，个体较小。还有一种小蛏，形似竹节，俗称“竹蛏”。二是泥螺，为泥涂滩中的产物。三是蚶。蚶有两种，一种为泥蚶，生长于浅海泥滩中。另一种为毛蚶，幼贝以足丝附在砂壳上，多生长在砂石或砾壳底质海底里。四是蛤，又称蛤蜊。蛤的品种较多，有文蛤，生长在低潮带下的沙质海底，为沙滩的产物。有青蛤，俗称“蛤皮”，生长在泥涂滩内。有砂蛤，一种壳表面具瓷质光泽，棕色、白色、淡黄色不等，另一种为灰褐色并有不规则深色花斑的，都生长在浅海沙滩或沙砾质海底。还有黄蛤，栖息于中低潮带的泥、沙质滩涂中，形似瓜子，体小量多。

固在礁岩上的牡蛎

在长期赶海活动中，沿海人根据经验，形成了一些谚语，可谓是赶海指南。如：“麦子上场，辣肉上床”，意思是说，麦收季节，被称为“辣肉”的海螺会聚集在礁石上。“八月二十三，‘瓦屋楼子’上山”，意思是说，农历八月二十三日左右，大海螺即会爬到礁山上。“刮起东北风，十个篓子九个空”，意思是说，刮东北风时赶海是不会有多大收获的。

牡蛎

9. 海水水产养殖习俗

沿海除了有广阔的浅海、滩涂水域可供水产养殖以外，人们还充分利用港湾、废河道和盐碱低洼荒地及盐田蓄水池养殖水产。沿海不仅有丰富的海水资源，又有大量的丰年虫（丰年虫是盐场水面的低级甲壳浮游生物，其蛋白质含量极高）及虫卵，发展海水养殖具有得天独厚的自然条件。新中国成立初以来很长一段时间，在“以农为一”，“以粮为纲”计划经济经营方针指引下，沿海兴起海水养殖高潮，主要养殖对虾、鲈鱼、牡蛎、贻贝、珍珠贝、泥蚶、文蛤、紫菜、麒麟菜、江蓠菜、海参、海胆、星虫、海兔等。

如利用盐田蓄水池养殖对虾成为沿海水产品生产的特色。捕捞对虾一般在中秋节前后。捕捞时，根据对虾喜欢夜间活动的特点，进行夜间捕捞。

沿海人很早就对滩涂生物的习性有所了解，据新编《广东省志·科学技术志·水产科学技术》介绍，1952年起在部分地区采用“筏式”（可移垂下式）和“栅式”（固定垂下式）养殖牡蛎生长率最高，可充分利用水体，单位面积产量高，被视为一种技术革新。1956年以后，使用水泥条附着器养牡蛎，比原来投石养牡蛎增产6~8倍。20世纪80年代，这一技术普遍推广，牡蛎田大面积增加，产品源源供应市场。差不多在此前后，采用人工孵化育苗方法，养殖贻贝、扇贝、鲍鱼获得成功，并采取基地养殖形式，取得良好经济效益。特别是70年代，成功创造出马氏珍珠母贝从天然采苗到室内人工育苗，插核育珠一套比较完整的人工育珠技术，培养出大型珍珠。1981年收获一颗珍珠直径达19mm×15.5mm，重6g。

鱼塭，俗称“鱼池”，是一种传统海水养殖方式，利用港湾或滩涂，经过筑堤、开沟、建闸，利用潮汐涨落引纳鱼、虾进入内蓄养，受自然条件制约，这种方式产量低而不稳定。

鱼塭养虾在20世纪60年代主要依靠纳苗，产量有限。70年代，采用人工孵化育苗养殖技术，有所收效，但产量较低，未能普遍推广。80年代，市场对虾需求大增，沿海广泛利用滩涂养虾，并形成热潮。由于全人工虾类繁殖技术已经过关、成熟，并配合人工饲料使用，虾类产量节节上升，市场供应非常充裕，不但进入大小食肆，而且是千家万户的常见食物。

20世纪60年代，发明海水网箱养鱼，使不少名贵海产如赤点石斑、鲑点石斑、真鲷、尖吻鲈等产量大增。至今网箱养鱼已遍及沿海大小港湾，成为一项巨大的海洋生产方式。由此生产各式海鲜，供应全国内地以及日本、中国台湾等地市场，极大地改变人们的饮食和消费习惯。

沿海滩涂藻类资源十分丰富，但过去靠天然采集，产量很低。20世纪50—60年代，采用孢子培养幼苗技术栽培江蓠获得成功，并普遍推广。1982年湛江水产学院科研人员将海南岛细江蓠移到大陆沿海非常有效，同时进行江蓠与鱼、虾混养，可充分利用水体资源和海洋空间，取得良好经济效益。这一进步技术，1986年获中国科学院科技进步三等奖。

网箱养鱼

麒麟菜和江蓠一样是制琼脂的主要原料，人工采集产量低微，商业价值有限。新中国成立后，麒麟菜人工养殖获得成功，70年代，利用其提取卡拉胶，并投入工业生产阶段。1986年，有关单位从菲律宾引进良种“卡帕藻”，产量比本地增加2倍多，生长期快4~5倍。

紫菜附生于岩礁陡壁，采集困难，产量很少。新中国成立初，人工移植紫菜栽培获得成功。

20世纪90年代以后，沿海海水养殖业发展为沿海的一项支柱产业，呈现规模化、集约化、立体化发展格局，形成耕海致富热潮。从海洋文化层面而言，实为海洋经济与海洋文化相结合产生的硕果。

10. 滩涂围垦农业习俗

耕作必须依赖土地，沿海有不少三角洲平原和海岸平原台地，都是主要的农耕区。在沿海，围垦滩涂也是取得耕地的方式之一。沿海围垦滩涂历史悠久，自宋代以来即有大规模围垦滩涂之举，明清沿海滩涂围垦达到高潮。

被围垦而得的土地，称为沙田。这种与海争地而来的土地不仅是新的粮仓，而且是经济作物的重要基地。明清发达的商品性农业，包括桑基、蔗基、果基鱼塘等，即建立在沙田开垦基础上。如1934年广东沙田面积约250万亩，占广东全省耕地面积的10%左右。沙田产生巨大的物质财富，这是不言而喻的。这是海洋对沿海人民的一种赐予。在地狭人稠的沿海地区，与海争地是减轻人口对土地压力的重要途径，故围垦滩涂是当地一种至为触目的海洋文化景观。明清围垦海滩事例在沿海不胜枚举，这成为增加耕地、缓解清中叶以后日益增长的人口对环境压力的一个重要方式。

新中国成立后，滩涂围垦在沿海得到普遍重视，并常与沿海水利建设事业相结合，解决防海潮、引淡脱盐去卤等问题，使大片荒滩化为沃壤，遍地荆棒化为稻粱，有效地解决了这些地区的粮食和生态环境等问题，同时昭示海洋农业在这方面达到一个新的发展高度。

改革开放以来，沿海经济建设迅速发展，城市建设、交通建设，以及扩大工业加工区、经济技术开发区等开发项目大量占用耕地，使各地区各部门普遍重视滩涂围垦，以缓和用地矛盾。而随着外向型经济的发展，沿海地区不断引进外资开发滩涂，使围垦速度不断加快。围垦滩涂成为海岸带资源开发的重要内容。

这些围垦滩涂主要种植水稻、甘蔗和其他作物，多呈集中连片分布，堪为稻作、经济文化景观范例。著名作家陈残云在《沙田水秀》一文中写道："沙田的景色是迷人的。丰收后一望无际的田野，显得特别宽广和美丽，纵横交错的小河涌，小艇穿梭如织；一排排翠绿的蕉林相映着乌黑的牛群。这仿佛是一幅色彩鲜明的织锦画。"展示出沙田景观是那样的自然和秀美。

沙田形成历史悠久，而围垦时间短，多在近几十年的则为咸田。咸田高度在海平面以下或稍高于海平面，所以高大坚固的海堤不可或缺。咸田水稻产量低而不稳定。田内底部常埋藏着红树林残体，腐烂分解出对农作物有毒害作用的强酸物质，故又有咸酸田、矶田之称。但不管这些滩涂围垦特色如何，溯本追源，它们都是由大海的伟力造成的，从这个意义上说，都属海洋文化的范畴。

滩涂围垦一方面创造巨大的物质文化财富，另一方面又改变当地生态环

西江、北江和东江入海时冲击沉淀而成的珠江三角洲是一个主要农耕区

境，带来负面效应。围垦过度，危及港湾功能。过去很长一段时间，片面强调“与海争地”，结果围垦过量，港湾纳潮量大为减少，引起港湾动力改变，导致一些港湾功能下降，甚至废弃。围垦失时，失其地利。滩涂围垦时间必须恰当，过早围垦，围后淤沙不足，难以成田，成为积水洼地；过晚围垦，滩面高程过高，难以自流灌溉，所以围垦贵在适时。围而不垦，浪费资源。近几十年，一些地方滩涂围垦一哄而起不顾环境和条件，形成盲目或片面围垦现象，不是经济效益一般就是经济效益差，甚至无法利用。也有围后欠缺水利配套工程，未能进一步改造成围田，使大片滩涂地弃荒，既浪费土地资源，也损失不少人力物力，可谓劳民伤财。围垦后经营项目单一，经济效益低下，这主要是围后各项工程未配套，只能单一化种植水稻，未能综合利用，发挥地利，因而收益甚低，达不到围垦目的。

11. 疍民生产风俗

疍民即水上居民，自古以来即生活在南海沿岸各港湾和大小江河，是由唯一的水上族群组成的海上社会。生活在海洋上的俗称“咸水疍”，生活在江河上的称“淡水疍”。因族源、生产生活环境、方式，以及历史发展进程等与陆上居民有很大不同，疍民文化具有许多独有的文化特质、风格和景观。疍民作为海洋文化的一个特殊载体，从古到今都活跃在南海周边甚至腹地，保留了许多古老的文化传统，被称为海洋文化的一个“活化石”，非常值得考察和研究。不过，囿于研究对象，这里说的主要是“咸水疍”，有时也涉及“淡水疍”。实际上，基于中国不少地区江海一体的地理格局，这两类疍民流动性很大，河流和海洋都可以是他们活动的空间，故疍民文化也兼具江河和海洋文化特征，难以划出截然分明的界限。

疍民主要分布在福建、广东、广西、海南四省区。

疍民主要以浅海作业为主，疍民使用的生产工具主要是渔船，俗称“疍家艇”。疍家艇主要以杉木制成，拼缝填以桐油灰，漆上厚厚一层桐油，盖上蒲葵叶扎成雨篷，可自由开合移动，方便打鱼和水上起居。疍家艇竣工下水，要举行隆重仪式，点燃线香、烧纸钱，向土地神、水神祈祷平安。疍家艇结构特殊，没有舵，没有锚，以人力泛起双桨作为动力，吃水浅，在海滨水面上轻巧地前进，再加上一支篙杆，离靠岸自如。以前鱼类繁多，捕获鱼类多，数量也大，作业时一人操桨，一人撒网，相互配合得默契，很适于以家庭为单位的个体劳动，即传统的疍民经济方式。海上风大流急，疍家艇虽有良好的适应性能，但也难逃劫难，所以常有舟覆人亡惨剧。

因海上作业多险风恶浪，疍民在生产习俗上男女分工较明显，具有男渔女农的特征。出海渔作大多由男人承担，老年男人在家中帮忙织网。妇女则大多在家中料理家务，负责从事农作业，以及清网解鱼、洗网等，也有一小部分在业余帮男人织网，且手艺还不错。

疍家艇虽小，但空间利用十分讲究，白天作业于斯，晚上睡觉于斯，各种生产工具、生活用具都放置在固定位置，没有空置之处，有些还在艇尾养鸡养鸭，人畜共处，可谓缩龙成寸，精细之至。

随着时代进步，疍家艇也大部分装上机动装置，使用传统双桨的只限于少数河口或港湾小艇。

少数富有的疍民经营的疍家艇的主要功能不是捕鱼，而是饮食和娱乐，所以艇的造型别致，船体巨大，还很豪华，沿海边一线摆开，专供达官贵人、富商等饮宴、游玩使用，当然也有不少歌伎、皮条客混迹其中。这是旧社会沿海一些城市畸形繁荣的缩影。

历史上疍民长期受陆上豪绅、地痞等邪恶势力欺负，不能陆居，也不准拥有土地，所以他们的生产是“以海为田”，只能限于水上。清雍正七年（1729

疍艇云集广东汕尾港
（李宁利　摄）

年）清政府正式颁布《恩恤广东疍户》令，准予广东各地疍民移居陆地，并准其务农耕种，同时通告全省豪绅、地主及其他地方势力，不得欺凌、驱逐疍民。这样疍民可以开发滨海滩涂，转变为农民。

疍家艇模型

19世纪80年代以后，海洋渔业资源日渐衰竭，获鱼量越来越少，大批渔船改为运输船，许多疍民改行搞起鱼排养殖，随着海港船舶修造业的雄风兴起，部分疍民也加入了该行业的从业大军。

疍民长年漂泊在海上，一条小艇，既是个流动的家，又是唯一所依赖的生产工具，正如宋代范成大《桂海虞衡志》中云："疍，海上水居蛮也。以舟楫为家，采海物为生，且生食之。"风浪一来，毫无抵御的能力，只有祈祷神明的保佑，为此，迷信思想十分深厚。疍民敬畏鬼怪的习俗很多，并且由此派生出许多禁忌。如疍民对水鬼甚为畏惧，他们认为人死水中遂为"水鬼"。溺水身亡者都是该死之人，系水鬼"讨替"，而水鬼只有完成了"讨替"才能转世为人，故此认为不应该搭救落水者，以免妨碍水鬼讨得替身而迁怒搭救者。疍民的这种观念和行为与陆上居民的观念常常发生冲突。因为按照佛家说法，"救人一命，胜造七级浮屠"，而疍民却见死不救，被视为有悖伦常，这也常常成为陆上邪恶势力欺压疍民的借口。但是落水而死者一旦浮出水面漂流，疍民就要设法将尸体打捞上岸，因为他们认为如果不这样，死者的魂魄就会依附到船上，从而祸及己身[13]。随着疍民生活改善，受教育程度提高，这种水鬼崇拜已日见淡化，但每逢农历十四盂兰节（鬼节），疍民与陆上居民一样在水边烧纸钱拜水鬼。

参考文献：
[1]刘志文，严三九主编. 广东民俗. 兰州：甘肃人民出版社， 2004 ：24-28
[2]王全吉，周航主编. 浙江民俗故事. 杭州：浙江文艺出版社，2009：151-152
[3]尚洁主编. 天津民俗. 兰州：甘肃人民出版社，2004：13-15
[4]孙寿荫编著. 祖国的海洋. 上海：新知识出版社，1955：89-90、95-101
[5]过伟主编. 广西民俗. 兰州：甘肃人民出版社，2002：29
[6]依众选辑. 舟山渔谚. 杭州：浙江人民出版社，1963：74-87
[7]姜彬主编. 东海岛屿文化与民俗. 上海：上海文艺出版社，2005：158-168、202、288-293
[8]林蔚文主编. 福建民俗. 兰州：甘肃人民出版社，2003：173
[9]叶涛主编. 山东民俗. 兰州：甘肃人民出版社，2003：325
[10]司徒尚纪. 中国南海海洋文化. 广州：中山大学出版社，2009： 42、70-76、84-92
[11]吴小玲，陆露著. 南国珠城——北海. 西安：三秦出版社，2003：39-40
[12]http：//www.exam8.com/zige/daoyou/gongju/diangu/200710/326777.html合浦珠还
[13]李健民. 闽东疍民的习俗与文化. 宁德师专学报：哲学社会科学版，2009（04）：19-28

图片来源：
[1]古代造船 http://baike.baidu.com/albums/977136/977136.html#2712809$a6c7d717da0e6561c93d6dbd
[2]中国古代渔船 http://baike.baidu.com/albums/977136/977136.html#2712809$245e8bca73f8a5eec91768bd
[3]渔民用渔网捕鱼 http://baike.baidu.com/albums/1186929/1186929.html#331691$3b6833f59b42916bbd31092f
[4]渔民捕鱼场景 http://sznews.com/zhuanti/content/2009-09/14/content_4052067_2.htm
[5]渔民织补网具 http://www.93jieli.com/jd_show/249.html
[6]渔民出海前需要观测天气 图见：http://baike.baidu.com/albums/2860/5033210.html#0$aa59892bd160f2bbe6cd408d
[7]船在海上航行经常会受到风浪的袭击，导致船沉人亡 http://baike.baidu.com/albums/2860/5033210.html#0$808a27db49989527d0164e8
[8]海螺http://www.nipic.com/show/1/77/3749009k170ec23e.html
[9]河北海盐博物馆 http://heb.hebei.com.cn/xwzx/hbpd/zt/2010qgzdwlmthbx100707hb/zxbd100707hb/201007/t20100716_1858795.shtml
[10]晒盐 http://heb.hebei.com.cn/xwzx/hbpd/zt/2010qgzdwlmthbx100707hb/zxbd100707hb/201007/t20100716_1858795.shtml
[11]煎盐 http://heb.hebei.com.cn/xwzx/hbpd/zt/2010qgzdwlmthbx100707hb/zxbd100707hb/201007/t20100716_1858795.shtml
[12]固在礁岩上的牡蛎 http://library.ouc.edu.cn/oceanbio/zhanguan/beilei.html?content=beilei_01_01_02.html
[13]牡蛎 http://tupian.hudong.com/s/%E7%89%A1%E8%9B%8E/xgtupian/2/1
[14]网箱养鱼 http://www.ynszxc.gov.cn/szxc/model/channel.aspx?departmentid=548&classid=1781417
[15]西江、北江和东江入海时冲击沉淀而成的珠江三角洲是一个主要农耕区 http://baike.baidu.com/albums/33354/33354.html#0$79b1e936c80305700b55a927
[16]疍家艇模型 http://image.baidu.com/i?ct=503316480&z=&tn=baiduimagedetail&word=%AFD%BC%D2%CD%A7&in=6273&cl=2&lm=-1&pn=0&rn=1&di=45356289945&ln=1834&fr=&fmq=&ic=0&s=0&se=1&sme=0&tab=-&width=&height=&face=0&is=&istype=2#pn0&-1&di45356289945&objURLhttp%3A%2F%2Fimages.sun0769.com%2Fsns_attachments%2Fmonth_1011%2F10112823214543cd781f021dc5.jpg&fromURLhttp%3A%2F%2Fwww.chinahengchuan.com%2Fviewthread.php%3Ftid%3D827863%26extra%3Dpage%253D1%2526amp%253Borderby%253Dviews&W1824&H1028

第四章
海洋服饰风俗

广义的服饰是指穿戴在人们身上的服装与饰物的全部，狭义的服饰指服装。这里所阐述的服饰以服装为主，兼及其余。《汉书·王吉传》说，“百里不同风，千里不同俗，户异政，人殊服”，显见服饰的地域性很强，需与地理环境相适应。一方面，平原、山区、海陆、冷热、城乡、汉族和少数民族等自然和人文地理环境差异，致使服饰的料质、式样、色彩、审美观念等有很大不同；另一方面，服饰又有鲜明的历时性，即每因时代而变迁，古今易服几毫无例外。时至今日，服饰又成为最能体现时代风气的标志之一，时装尤为青年男女狂热追求。这种社会风气之盛行，在沿海地区又远胜于内陆，可以说是海洋因素的作用力大于内陆。在中国海洋各省区，无论在哪个特定的历史时空背景下，海洋服饰文化的内涵及其变迁始终居中国服饰文化的主流，这可从中国海洋服饰文化历史演变过程和景观替代中加以考察。

1. 短衣短裤

服饰是一个人地位身份的外在标志。旧时绝大多数劳动人民都穿短衣，如种田的农民，长衫大褂式的穿着是不适宜的，必须穿短装，才便于田间地头劳作。唐代著名诗人李商隐《杂纂》说：“仆子著鞋袜，衣裳宽长，失仆子样。”照当时规矩，各阶层的成员，从衣食住行到穿衣戴帽，都有严格的等级规定，不可随便逾越。“衣裳宽长”是有身份的人的服装，仆人是不能宽衣博带的，只能一身短打扮，稍稍穿得不同些，就要被讽刺为失体。且这种现象在其他地区也较为普遍，如鲁迅笔下咸亨酒店里的顾客就分成两等：上等人是穿长衫的，下等人是穿短衣的。衣着不同，待遇也不同：穿长衫的是坐着喝酒，“只有穿长衫的，才踱进店面隔壁的房子里，要酒要菜，慢慢地坐喝”；穿短衣的则是站着喝酒。旧时，穿长衣是斯文的象征，一般的书香门第，经商的老板、先生都穿长衣。沿海渔民常年在海上劳动，属劳动人民，因此服饰也不例外，多穿短衣短裤。

广州出土的西汉俑上着短衣、下穿露膝短裤，是沿海人服饰形象

沿海渔民服饰特点与海洋性环境和海上的劳作方式有关。如钟敬文主编的《民俗学概论》中所言："海产渔民多穿短衣短裤，便于撒网捕鱼。"[1]《淮南子·原道训》亦曰："九嶷之南……短绻不裤，以便涉游；短裤攘卷，以便刺舟。"即沿海渔民常年在海边和海上劳动，喜穿短衣和短裤，袖见肘，裤露膝，便于撒网捕鱼。此俗世代相传。

2. 断发文身

文身（或者纹身），也就是用工具在身上刺出各种图案。文身是一种重要的人身装饰。

现在海南黎族还有文身的民俗。居住在热带海岸附近的海南黎族妇女为何文身，有各种说法，如：

模仿鸟羽传说：在远古之时，有一位母亲，生一女，不久母亲故去，无人养活女儿，有一只"约加西拉"鸟，每天都口含谷子来喂女孩，逐渐把女孩养大，繁衍了黎族中的本地黎。人们为了感激这只鸟，就在身上涂上彩色，模仿鸟，后来发展为文身。[2]

抗婚传说：民间流传的《绣脸的传说》。在很久以前，有一户贫苦人家，生下一个非常漂亮的小姑娘，名叫乌娜。乌娜不满九个月的时候，父亲便死了，因此，母女俩相依为命，过着孤苦的日子。小乌娜很聪明，六岁就会绣花，八岁就会帮助母亲下田种地。乌娜唱的歌，天上的云彩也会停下来细听，水中的鱼儿听了也欢喜得浮在水面上，不愿离去。村里的人个个都说乌娜是个好姑娘，姑娘们特别喜欢和乌娜在一起种地、唱歌和绣花。

乌娜十三岁了，长得和天仙一样美丽，不少年轻小伙子都来向她求婚。每天傍晚乌娜的家门口总是热热闹闹的，可是乌娜早已看上了邻居劳可哥哥。劳可的家也和乌娜一样穷苦，家里年老的父母已不能劳动，全家靠劳可一人上山砍柴和狩猎过着苦日子。十五岁的劳可已经长得很剽悍、健壮，一肩能挑五百斤，一拳能打死一只老豹。村里的人都说劳可是个勇敢、勤劳的好青年。劳可打来的野兽常常送给村里的人家和乌娜的家，乌娜打下来的粮食也帮助劳可家。乌娜的母亲常常夸奖劳可，劳可的母亲也常常夸起乌娜这位好姑娘。后来村里的人都知道乌娜和劳可相爱了，都称赞他们是天生的一对。每当明月晴朗的夜晚，姑娘们都伴着乌娜，小伙子们都围着劳可在村前跳舞、唱歌。

有一年，皇帝要在民间挑选美女，派人到处巡视和访查，乌娜姑娘的美丽早已传闻四方，终于也被皇帝知道了。皇帝下了命令，令她七天之内要到皇后那里去。乌娜抱着母亲哭了三天三夜，母亲也哭得死去活来。劳可拿起弓箭说要去找皇帝拼命去。村里人为劳可和乌娜的不幸遭遇而担忧，对皇帝的专横很愤慨。五天过去了，皇帝的期限快到了。村里的老人对乌娜的母亲说："乌娜妹妹是我们的，我们不能让她投入火海，让劳可和乌娜马上结婚吧。"

劳可的父母和乌娜的母亲立即给他们办喜事。第六天晚上，村里的人都热热闹闹来祝贺劳可和乌娜成亲。但不幸的是他们结婚的消息被皇帝知道了，皇帝连夜派了兵丁赶来抢亲。劳可拿起弓箭与兵丁拼命。全村的人也拿起刀枪、弓箭和皇帝的兵丁在村头抵抗，杀死了不少兵丁。最后，因村民寡不敌众，终于被兵丁冲进村去，村里的老人和青年都劝劳可和乌娜赶快逃走，就这样，劳可和乌娜离开了父母和村子里的人。黑夜茫茫，他们翻山越岭，爬越深沟，走过一山又一山。乌娜走不动了，劳可便把她抱起来，继续奔跑。劳可跑得飞快，皇帝的兵丁在后面紧紧追赶。

天亮了，劳可和乌娜跑到了海边，前面去路被大海阻拦住了，后面的追兵还在向他们赶来。这时劳可和乌娜紧紧地拥抱在一起。乌娜泪流满面，哭得非常悲伤。劳可心疼地对她说："乌娜妹，莫担心，死活也要成双成对，同生同死不分离！"

"哥呀！莫担心，要死不做分离鬼，凶皇追婚宁死不从。"乌娜拭了眼泪，两眼凝望着劳可。说着，后面的追兵已经追赶上来了，劳可与乌娜手拉着手奔向海边悬崖，要双双跳下海去！正在这危急的时刻，忽然天昏地暗，狂风呼呼，海浪滚滚，海上漂来了一块大木头。劳可和乌娜不顾一切赶忙跳下海去，抓住木头，随波漂流。当皇帝的兵丁赶到海边时，只见他们已经扶着木头远离海岸了。兵丁们气喘喘的，眼巴巴地看着劳可和乌娜随波一起一伏地越漂越远，只好垂头丧气地回去告诉皇帝。

劳可与乌娜在海上漂呀，漂呀，漂流了三天三夜，才到了一个孤岛上。这个岛便是今天的海南岛，他们怕皇帝再来追赶，就到山上去居住。他们用草和树枝，盖成船形的房子，表示他们是从别处漂流过来的。劳可和乌娜在山上安下了家，就靠着狩猎度日子。有一天乌娜对劳可哥哥说：“如果有谷种、瓜种和各种种子就好了，我们可以在这里种地。”话刚说完，忽然有一只斑鸠飞来停在树上，叫着说：“咕咕咕！你说的我肚子里都有。”他们感到奇怪，劳可马上拿起弓箭，把斑鸠射下来，果然不错，斑鸠肚子里各种种子都有。劳可和乌娜便在山上烧山种地了，他们的生活过得很好。

隔了一年，不幸的事情又发生了，乌娜的下落又给皇帝打探到了。皇帝带着兵丁亲自渡海来要抢乌娜。兵丁把劳可和乌娜住的地方层层围住，劳可和乌娜拿起弓箭进行抵抗，利箭射死了很多兵丁。可是兵丁越来越多，劳可被打伤了，劳可忙叫乌娜赶快往深山里逃跑，乌娜翻过了高山，爬过了峻岭，穿过了茂密的森林，她的衣服全被荆藤撕破了，胸脯、手臂和大腿也被刺得一道道伤痕，鲜血淋淋。最后，乌娜精疲力竭了，再没有力气往前跑了，她想起劳可哥哥不知生死怎样，心如刀割。眼看皇帝的兵丁又快追赶上来，乌娜忙伸手在树上拔下一根很尖利的荆刺往自己的脸上刺，把脸刺成花花点点，血流满面，两眼放射着仇恨的怒火，怒视着赶上来的兵丁。当兵丁要上前去抓她的时候，见此情况，大吃一惊，倒退了几步。最后，一群兵丁像饿狼一样扑向乌娜，将她抬起来去见皇帝。皇帝一见乌娜的脸部变成这个样子，血迹斑斑，伤痕道道，连忙说：“不要了，赶快给我滚开去！”说完狂笑一声，收兵回去。

后来，劳可找到了乌娜。他们对皇帝的凶横残暴非常愤恨。为了躲开皇帝的迫害，他俩便到更荒凉的深山里去居住，仍旧种地、狩猎，用他们的勤劳和智慧又开辟了一个新的家园，日子过得很愉快。不久他们生育了子女，为了不再遭受皇帝的抢劫，乌娜要女儿也在脸上刺上一道道的疤痕。一代传一代，直到现在，黎族妇女还绣脸。[3]

保护说：海南黎族人为适应水居生活需要，突出的一个服饰特征是“断发文身”，即截短头发，身刺花纹。文身有利于在水中作业和游泳，有利于防止水中生物伤害，西汉刘安《淮南子·原道训》中记载：“九嶷之南，陆事寡而水事众，于是人民断发文身，以像鳞虫。”《汉书·地理志》更明确指出沿海人“文身断发，以避蛟龙之害”、“以象龙子”，即文身的主要原因是因为“南海龙之都会，古时入水采贝者皆绣身，面为龙子，使龙认为己类，不吞噬”。这是沿海居民适应生态环境、保护自己的一种方式。海南黎族继承了这种习俗，从远古一直保持到20世纪五六十年代，已经有两千多年历史，至今仍有残余。

文身是一个极其痛苦的活动，因此在文身前夕要对少女灌输传统教育，规劝少女接受文身。文身时少女疼痛不止，多数少女要挣扎，因此女伴要紧紧抱住，有的甚至要用绳子捆起来，强制文身，如果一次不成功，就进行二次三次，最长者达五年之久。文身后伤口红肿，必须安静休息，尽量防止发炎。伤口脱痂后，就出现了纹饰。这时要煮龙眼水，进行清洗。父母要杀猪宰鸡，祭祀祖先，宴请亲友，庆祝女儿文身成功。并且给文婆送酬礼，通常是大米、光洋，富有之家则以一头牛相谢。在文身期间，受文者不洗澡，不外出，不同外人讲话，这是重要的禁忌。

文身年龄一般小的12岁，大的16岁。文身是人生礼仪中的大事，必须选择在吉日进行。主持人是精通文身的妇女。文身必须杀鸡摆酒，祭祀祖先，报告家庭又增加了一个成年人，报告受文者的姓名，祈求祖先保佑。参加文身者除文婆、受文者外，还有当事人的母亲以及2名或3名已经文身的妇女，她们是作为文师的助手出现的，也为被文者壮胆。

文身要在一定的时间。在一年四季中，春天是最繁忙的季节，无暇过问文身，夏天是炎热季节，伤口容易发炎，冬天又是寒冷之时，都不宜进行文身。秋天比较凉爽，而雨水渐少，农活不多，是文身的好季节。但是究竟在哪一天文身也有讲究，必选择良辰吉日。黎族以十二属相记日，有吉凶之分，如虫日文身容易伤口干裂；火日文身像火烧伤口，痛苦不已；猴日文身纹路紊乱，都不利于文身。所以一般选择在牛日、猪日、龙日文身。一天内何时文身，也有一定讲究。黎族认为上午至中午时人的精神最好，光线明亮，多在此时文身，下午天暗，人又忙了一天，不适于文身。文身是一项严肃而又神秘的活动，由于文身时少女需脱掉衣服裸身，所以禁止男人观看。文身者又要集中力量，一丝不苟，必须在僻静之处。民族学家刘咸1934年到海南岛考察黎族文身图案，得面纹有37种式样，手纹有14种式样，脚纹有10种式样，共61种式样；他还分析图案纹式有斜纹、横纹、圈纹、字纹四类。

海南黎族文身妇女

文身具有民族、祖宗、婚姻识别，美学追求等意义，是海洋或海岛民族的一种标记。台湾等地居民也有文身习俗，很多海员也文身。现在一些赶潮流、追时髦的青年，也以文身为荣，图案少不了龙蛇等水族，是海洋文化的一种彰显。

3. 帽

渔民的帽子也与渔业生产有关。为了遮阳挡风避雨，帽子在沿海和海上很实用。

所谓“大雪大捕，小雪小捕”，冬天，尤其是捕带鱼季节，渔民们常常冒着七至八级大风出海，雪花飘飘，寒风刺骨。渔民们为御寒，就戴一种棕色呢绒制成的帽子，这种帽子的外帽壳可上下翻动，后沿翻下来可遮住双耳和后头颈，十分暖和。有的把前帽壳挖两个洞，作为眼孔，这样可把整个外帽壳罩住整个脸部，只露两个眼孔作为观察，就可保暖和遮风雪了。

夏天，渔民们喜戴凉帽，也就是蒲帽或草帽，凉爽透风，较为舒适。但是，海上风大，为防帽子被风吹走，往往在帽边上系一条有伸缩性的橡皮绳，套住下巴，较为牢固。至于雨天，当然是身穿蓑衣，头戴箬帽或笠帽了。竹子编织的笠帽，帽边比一般的帽子宽大得多，帽状形似小伞，可挡风雨。帽身很紧，套住上额不易摇动，还有一条帽绳套住下巴。原因是船上作业风大浪急，船身摇晃幅度大，弄得不好帽子就要掉到海里去了。这样的帽式也是与海洋性生产相适应。沿海渔民习惯戴铜鼓帽。在海上和海边，日照强，不戴帽的话眼睛都睁不开，但戴大檐帽掌篙撑船又有诸多不便，且海风很大，故使用的帽子尽量做成圆形或椭圆形。于是渔家妇女便编织了一种形状特别的铜鼓帽。铜鼓

适应海洋风大环境的阳江铜鼓帽

（司徒尚纪　摄）

帽是用细竹篾编成的，双层细篾编织的帽坯中间夹着一层竹叶，这种帽织得密而结实，放在地上，上面站上一个大人也压它不扁，高高的帽，戴在头上，像倒扣着一只铜盆，或简直就像一个铜鼓，所以由此而得名。其制作精巧，油光锃亮，造价较高。对渔民来说，铜鼓帽是非常实用的，能遮阳光，挡风雨；由于帽檐深，容积大，买东西时可用它装；还可以当凳子坐；当扇子扇风；当枕头睡觉；当篮子装菜；出海遇到船漏，海水灌进船舱来，可用它戽水。由于它很有实用价值，所以一直沿用至今。[4]

渔民女孩多戴船帽、鱼帽。船帽前大后小似小船形，帽盖上绣梅花、桃花、石榴花等，帽围用一束束线挂起。鱼帽帽圈前面两个鲤鱼头相对，鱼尾巴顺帽圈编在后面，鱼用红缎做成，鱼鳞用金线绣成，一般在夏天戴用。

沿海人喜用海贝壳（即一种如同虎斑贝的小形贝壳，其形如杨梅核般大小）作为小儿帽坠用，认为可以使小儿胆大，辟鬼邪；也有人认为给孩子戴贝壳，可以增强记忆力。

沿海人还有给孩子戴虎帽的习俗。虎帽作虎头状，帽的四周钉以银或铜片制作的“八仙过海”立像，象征孩子长大后具有闹海弄潮的本领。而且满月这一天婴儿还要穿虎头鞋，腰系绣花红肚兜，红兜上绣着“哪吒闹海”等图案。满月时，习惯给婴儿剃光头，脖颈上要挂长命线或长命锁、长命袋、银项圈等装饰物。长命锁多为银质，也有碧玉制的。长命线是五色丝线扎成，取阴阳五行学说。长命袋是只小小的黄布袋，内装一枚“洪武”皇帝的钱币，也有装着小贝壳的。项圈除了银质外，还有用海贝壳串成的贝壳项圈，为沿海特有装饰。[5]

4. 戴金耳环

潮汕渔民有出海捕鱼左耳戴金耳环的习俗。渔民出海捕捞，如遇风浪生命无保障，葬身鱼腹是常有的事，故有“今天我吃鱼，明天鱼吃我”的俗话。有一次，台风过后，一具渔民死尸漂至异乡，被成群的乌鸦、海鸟啄吃，乡民目不忍睹，想把那残缺的死尸收埋却因没钱买棺木或草席，只得在沙滩上挖了一个窟窿将尸首草草埋下。后来渔民为了避免死后碰到类似遭遇，出海时左耳朵别上一只金或银做的耳环，以防一旦遭遇不测，不论漂到哪里，谁打捞到，凭着良心，根据尸体身上留下的东西的价值，去换取棺木，或草席将其掩埋。

5. 海水珍珠

早在远古时期，沿海人在海边觅食时就发现了具有彩色晕光的洁白珍珠，并被它的晶莹瑰丽所吸引，从那时起珍珠就成了人们喜爱的饰物，并流传至今。

在沿海水域，滋生大量贝类，为采集珍珠饰物提供可能。珍珠全年皆有，通常以十二月较多，合浦是珍珠（海水珍珠）的一个主要产地。合浦珠池即在南海北部海湾。驰名中外的“南珠”产于合浦，清代屈大均《广东新语·货语》载：“合浦珠名曰南珠。其出西洋者曰西珠，出东洋者曰东珠，东珠豆青白色，其光润不如西珠，西珠又不如南珠。”可见南珠作为首饰更负盛名。据《后汉书》载，合浦郡“郡不产谷，而海出珠宝，与交趾比境，常通商贩，贸籴粮食”[6]。南海为什么有那么多珍珠，在民间有一个叫“鲛人泪”（鲛人，即美人鱼）的传说：

明朝有一个皇帝，听说广东沿海盛产蚌珠，就派了一个叫毛量深的钦差大臣来广东，专门征集珍珠。毛量深是个贪婪出名的太监，他一到广东，立即下了一道命令，把海面封锁起来，严禁渔民出海打鱼，凡违禁者一律以“海贼”论罪，杀无赦。渔民不出海，当然打不到鱼，饭也就没得吃啦。因此逼得渔民卖儿卖女，家散人亡，真是民不聊生，怨声四起。渔民恨透了这个钦差大臣，都不叫他毛量深，而给他起了个绰号，叫他做“无良心”。

“无良心”不准渔民出海，自己却特制了十艘巨型官船，整天在海上游来荡去。他把渔民当中年轻力壮的，全都扣押起来，组成采珠队，乘官船出海去采珍珠。

人们都说：“出海采珠的，十去九不回。”当时产珠最多的珠母海（珠母海在合浦县），正是鲨鱼、海怪出没的地方，“无良心”强迫渔民潜水摸蚌，先是用大缆缚着一块大石，然后将人系在石上，抛入海中，大石沉重，连人带石直沉到海底。假如在海里遇到鲨鱼，渔民就会被鲨鱼咬死，只剩下一缕缕血丝漂上水面；假如碰上海怪，渔民被海怪的毒须所触，即使拉上来，也会浑身浮肿而死，倘若侥幸能安全回到水面，也必须先煮热一块大牛皮毳衲，一出水就赶快裹住全身，否则，就会寒栗而死。所以说，这是一种极残酷的营生，九死一生，谁都不愿去干，谁愿意葬身鱼腹、冤沉海底呢？于是，渔民都成批成批地逃亡。

“无良心”怕渔民逃跑，便在他们的额上烙一个印子，标明他们是采珠奴，要是逃走给抓回来了，不是打死，就是用麻绳紧缚手脚，抛落大海去喂鲨鱼、海怪。渔民忍无可忍，就起来反抗，组织了船队，四处劫富济贫，专与官府作对。这个起义队伍为首的人，叫做义兴大哥。涠洲（涠洲岛在雷州半岛附近）有一个小村，住着一个渔民，姓林名元，是个很好的后生仔，家里只有一个母亲，父亲早已因采珠死在“无良心”手里了。母子俩生活十分困难，既不能出海，陆上又无半分田地，只好去给人打杂工。可是打杂工的活也不容易找到。有一天，林元正在四处找零工做，路上遇见差役陈七，陈七把他骗到海边，一招手，走过来几个彪形大汉，把林元按倒在地，也不由他分辩，就把他五花大绑捆个结实。那陈七对他说：“老弟，如果想回家，那么就得请饮茶，五两白银少不得一分。”林元穷得无米落锅，哪里有五两白银贿赂陈七呢？于是，林元含冤受屈地给拉上了官船，额头被加上了一个血印子，成了采珠奴了。

林元被关在船舱里，每天只有一顿臭咸鱼和霉米饭吃。船舱只有一个小天窗，碗口大小，舱里又黑又臭，挤满了被捉来的渔民。大家昏昏沉沉不知日夜地过了好多天，直到有一天，舱门打开了，渔民一个个被叫出去。林元一跨出舱门，就睁不开眼睛，只好头昏目眩地跟着走出去。

渔民一个一个地被缚上大石坠入海中，最后轮到林元。“扑通”一声，林元连人带石落入海中，气都喘不过来。好在林元自幼熟习水性，他用力挣脱了大石，拼命向黑处游去（据渔民说，沉船或落水人宜向黑暗处游，因为暗处近水面，光亮处是水底。不识水性者向光处游，越陷越深），忽然看见前面几线亮光，透过深绿色的海水，把海底照得五彩缤纷，还有红的白的珊瑚树，黄的绿的水草海带，加上五光十色的小鱼，游来蹿去，真是美极了。林元向前游去，发现前面发光的地方有一个石洞，洞口足有四尺高三尺宽。林元被一股水流冲击，直冲入洞中，一头碰在石壁上，就昏迷过去了。

不知过了多久，当他醒过来时，发觉自己睡在一张水晶床上，上面挂着蛛丝网一样的纱帐，床前坐着一个像天仙一样美丽的姑娘，她拿着一大碗琼浆玉液，正在喂他吃。他一骨碌爬起来，吓了那姑娘一跳。那姑娘对他说：

“少年哥哥，你不用怕，在这儿只有我们两个。我在洞口看到你，将你救醒，以后你就在这里住下吧！”

林元把自己的遭遇，详详细细地告诉她，引起了她的同情。原来这姑娘是个鲛人，生在水里。鲛人跟人没有两样。林元见她救了自己，心里很感激她。鲛人的洞中，石壁镶满了珠宝，地上铺着细沙，洞中央挂着一颗拳头般大小的夜明珠，把全洞照得光亮异常，石壁上的钻石也反射出五彩的光辉来。林元饿了，鲛人就做饭给他吃；渴了，鲛人又送来琼浆美酒，生活倒也过得很愉快。日子一天一天过去了，林元和鲛人相爱起来，并结成了夫妻，林元给她起了一个名字叫做珠娘。

不知不觉一年过去了。俗语说得好："乐时光阴似箭，苦时度日如年。"有一天，林元想起家有老母，分别了一年，现在不知生死，不觉流下泪来。珠娘瞅见了，问他为什么哭，他把思亲的事说了，珠娘很是同情，说："按理我嫁了给你为妻，也该回去侍奉家姑的，不如我们明天一起回去吧！"

"我们困在海底又怎能回去呢？"

"那很容易，只要一闭眼工夫就能回去。在海里鲛人的行动是快如闪电的，只是在陆地行走就不行了。"

第二天，他们果然回到了家乡的海边，林元又看到蓝天和阳光了。他带了珠娘向自己的小茅寮走去，只见那茅寮已破烂不堪了。屋里空无一人，可把林元夫妻急坏了。他们向邻居打听，才知道老母亲因林元被拉去当采珠奴，哭瞎了眼睛，现在拄着根拐杖，四处行乞度日，十分困苦。林元听了，就和珠娘四处寻母，好不容易才找到了。林元上前把她扶回家去，母子俩抱头痛哭了一场。珠娘见老母眼瞎，就用自己的唾沫涂在她的眼里，老母的眼睛立即复明了。当她看到儿子和美丽的儿媳妇时，她又抚摸又疼爱，笑得心都醉了。经过了一场苦难，林元一家才享到了天伦之乐，他们三人快快乐乐地生活了一年，最后老母含笑地死在媳妇怀中。

有一天，林元被官差陈七碰见了，陈七起了疑心，就尾随林元回家。这狗腿子在林元的门口画了个圆圈作记号，然后赶快回去报告"无良心"。

"无良心"一听说发现了一个逃走的采珠奴，立即派了一队兵马，由陈七带领去捕捉林元，将林元夫妻捉到官府。

"无良心"严刑拷打林元，林元忍受住酷刑，不将实情供出，"无良心"就将他关入水牢里去，将珠娘捉到官船，要她出海采珠。林元在水牢里游来游去摸索，终于摸到一个水闸。这个水闸是水牢放水换水用的。他用尽平生的力气，扭断了一根生锈的水闸铁栏，从水闸钻了出去。林元出去一打听，知道"无良心"将珠娘捉到官船，出海去了。林元悲愤交集，最后下决心去找义兴大哥，投奔海上的起义军。

再说珠娘被"无良心"捉上官船，一直劫持到珠母海去。到了珠母海，"无良心"要珠娘下海采珠，并用铁链锁住她然后才放她下海，怕她逃走。珠娘拒绝下海，这可把"无良心"气坏了，于是他便将珠娘锁在船舱里。

入夜，月亮圆圆升起，海面泛起了粼粼银光。珠娘在船舱里想到不幸遭遇时，不觉流出泪来，大滴大滴的泪珠从面颊上滚落在地上，成了大粒大粒的珍珠。珠娘伤心地哭着，"无良心"提了鞭子和油灯来鞭打她。当他举起皮鞭正

北部湾出产的珍珠

要往珠娘身上抽下去时，骤然，他的手停住了，皮鞭也落在脚下，他瞠目结舌，眼睁睁地看着满地的珍珠说不出话来。最后他弄明白了，地上的珍珠原来是珠娘的眼泪变的。他高兴得发狂了，急不可待地把地上的珍珠捡起来，放进自己的珠宝箱里。他想：现在我可有宝了！以后每天只要狠狠地折磨一顿这贱骨头，她就会哭出更多的珍珠！她哭得越多越好。哈哈！哈哈！

第二天，他把珠娘拉到自己的舱房里，关起门，拿出了皮鞭，正要鞭打她，忽然，外面传来几声炮声，吓了他一跳，只见几个官兵面无人色地跑来报告：

“不好了！大老爷！海贼把我们围困起来啦！”

“无良心”大惊失色，立即下令各船准备迎战，可是四周都被义兴大哥的船只围住了。正在这时候，一艘小艇飞也似的靠拢过来。林元从小艇跳上官船，一手捉住“无良心”就问：“快说，珠娘在哪儿？不说就杀了你！”

“无良心”连忙跪下，一面叩头，一面指着自己的舱房。林元放了他，走进舱房，救起了珠娘。正当他们想出来时，糟了，船上起火了。这时起义军正和官兵激烈战斗，谁也没顾上救火。渐渐地，火越烧越大，最后，烧坏的船沉入海底，“无良心”也被大海吞没。

义兴大哥率领着八千弟兄，把官兵杀得七零八落，救出了船舱里的渔民兄弟——采珠奴，万恶的钦差大臣和他的采珠队就这样给义军一举消灭了。可是，他们找遍了各处，也找不到林元和珠娘。

有人说，当时他俩被火困在船上，双双抱着，跳进水中，变成了出双入对的比目鱼；又有人说，林元为了救珠娘，自己给烧死了，以后每逢月明星稀的夜深时刻，在珊瑚岛上，就有一个美丽的鲛人在凄切地哭泣，她的眼泪，变成了一粒粒珍珠，落入海的深处，所以南海多珠；但更多的人说，他俩都没死，又回到水底的洞府去了，过着长生不老的幸福生活。[7]

6. 肚兜

肚兜是护胸腹的贴身内衣。在沿海妇女的昔日劳动服饰中，肚兜很重要。这是因为渔汛旺季，妇女特别忙碌，尤其是洗鱼、剖鱼、晒鱼和翻鱼都由妇女担任。此时坐在滩头，头顶骄阳，脚踩热沙，弯腰起身，挥刀杀鱼，忙个不停，必定是热汗直淌。为此，渔妇多以肚兜护体，一是为了护住乳房，减少摆动，劳作时感到利索轻快；二是为了体内的汗水逐渐被肚兜所吸收，一时间不使汗水流淌直下。

肚兜的制作是红棱上端两角钉上红绒线或银链子，系在颈上，垂于胸前，腋下两端腰带结于背后，从而起到遮胸露背的作用。其形状和制作大致与内地的江南风俗相似，但肚兜上的花纹图案，则就大不相同，如内地绣的一般是“鸳鸯戏水”、“牡丹”花卉之类，但沿海人所绣的图案往往与大海和鱼文化有关联，更具海洋特色。肚兜形状及其图案大多有鱼。如肚兜内有个小口袋，小口袋的周围画着海蜇和乌贼鱼，而小口袋则是只大海螺。若是孕妇肚兜，肚兜的形状为婆籽鱼，即怀孕的大鲳鱼，意味着产子多多，多子多福。若是出嫁的新娘，肚兜上绣的是比目鱼，意为“比目鱼儿双双游”，夫妻恩爱和谐相亲。“鱼”、“余”谐音，含有日日有鱼，年年有余之意，显示出一种求吉的功能和愿望。

肚兜不仅为劳动所需，也是姑娘出嫁和婴儿出生的必备之物。现今妇女多用绣花胸罩。

7. 草袖

袖是套在胳膊上的圆筒状部分。草袖是由海滩上的咸水草晒干经过挑选编织而成。据说编织草袖的咸水草是十分讲究的，沿海人在许许多多的咸水草中挑选一些大小均匀，光泽鲜艳，强度、韧度良好的咸水草，然后晒干，再按照一个木头的模子，一根根一条条地编织。它跟头巾、围裙一样可以把花纹图案编织进去，但都是以线条图案为主，如三角、斜纹等，使本来最普通不过的草袖被赋予一种别致的灵气。草袖不仅是装饰物，它还有着独特的保护手部和衣袖的功能。出海打鱼和插秧割禾时，沿海妇女都会带上草袖，就如同武士出征戴上护袖一样，格外显得英姿飒爽。[8]

8. 水布

潮汕人多地少，劳动力充裕。潮汕女性一般只从事家务劳动或者是女红，男性在外劳作，这种自然分工跟别的地方有很大的差异。

古代交通不便，木材要载运，方法是将其缚成排，顺流漂下，而操此业者俗称为“撑杉排”。潮汕男子因撑排和下水推排的关系，为省衣着和便于水中活动，往往都是赤身露体的。又有那些“担鱼崽（即赶路鱼贩）”的，既要下水数鱼崽，又要汗流浃背地挑鱼急行，也往往都是赤身露体。据说韩文公被贬来潮州时，见到这情况，认为赤身露体招摇过市有伤风化，需一块长布包裹身体且作汗巾使用，遂以一长布条要“撑杉排”和“担鱼崽”者把下身围起来。

这条长布即水布。水布为长约1.7米，宽约0.6米的薄棉布。水布既实用又价廉，成为潮汕人不可或缺的随身之物。水布尤为船工、渔民乐用。水布除了上面所说的代替短裤“遮羞”以外，夏天下溪河洗澡时，既可代替面巾，也可围下身以便换衣服。水布又可以作为袋子使用，如以前出门打工，几件衣服和零碎日用品，用水布一包一结，提在手中或甩向肩后背上，非常方便，俨然是旅行袋。而当人们打工归来顺路买东西时，水布又可代替筐篮包东西回家。古时使用铜钱，水布则可代替钱袋，即将钱币用水布一包，折成小长条，往腰间一勒，既方便又安全，就如现在勒在腰间的钱袋一样。假如遇到搬运重物时，则将水布叠成厚厚一小块垫在肩上代替肩垫，以减轻重物与肩头的摩擦，又防止重物滑动。至于盛夏季节，在村口树荫下乘凉小憩，把水布往地上展开，无疑是很好的“草席”。水布还可以当头饰、当帽子，特别是在端午节赛龙舟时，参赛者用水布包在头上，既可遮阳，又增加了几分阳刚之气。

因为水布有无穷的妙用，以前潮汕体力劳动者总离不开它。可以说，水布在潮汕男人世界中是出尽风头的。至于潮汕妇女，则往往用水布把小孩斜背在胸前，这使用起来比正规的“背兜”还方便。所以，从前潮汕的平民百姓家，至少都有一条或两条水布。

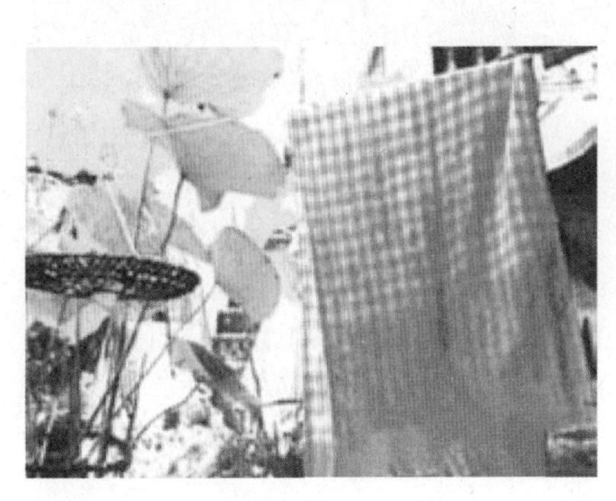

水布

潮汕是侨乡，早期许多潮汕人漂洋过海谋生，也携带水布，用它包着几块硬邦邦的干粮和零碎日用品。水布到了异国他乡也照用不误。这已成为沿海人海洋文化的一个标志。[9]

9. 银质腰带

海水中有盐因此有很强的腐蚀性，耐盐成为对水中作业器物的一个要求。腰带是系裤不可少的工具，沿海渔民的腰带用的是银质腰带，用银元或银条串成，银质腰带不藏水，不因水浸而变色，同时也是一种财富标记。因为银腰带片刻不离腰，窃贼也难得光顾。沿海多见系银腰带这种风习。渔民出海遇到风暴灾难时，船毁人散，万一大难不死，流落他乡，有银腰带在身，也算还有点盘缠可以回来。如若丧命，只盼遇得好心人发现他们的尸身后，把腰上这些值钱的东西变卖了，买口棺材埋葬他们。但近年随着尼龙等化纤物件的出现，银元昂贵等原因，银质腰带已越来越远离他们的主人了。

10. 腰巾

腰巾是沿海劳动妇女的又一服饰特征。因为沿海妇女的劳动场所主要在滩头，系上腰巾可保暖。另因妇女的劳作方式，多为织网拣鱼或晒鱼，若将腰巾的两角扎起，可当盛器，有时手脏了还可当揩布，更多的是保护衣裤免受磨损和玷污。由于腰巾有众多的实用功能，所以沿海妇女几乎从早到晚都系着腰巾，腰巾成为沿海妇女服饰的一大标志。腰巾制作较为简单，一块方布，上系两条带子，围在腰间，在背后打个活结就行。但腰巾的布料和色彩花样较多，如布料，有龙头细布、印花蓝布、绸缎、油布、皮货、塑胶布等，就沿海而言，大多以纯色为主，年轻的系花腰巾，中年的系蓝腰巾，老年的系黑腰巾，各得其所。捕鱼的渔民在海上作业时也要系腰巾，但因起网或捉鱼时常常是带水操作，故而腰巾上要染上桐油，称之“油腰巾”，或系上防潮、防水的塑胶腰巾或羊皮腰巾，这就与妇女所系的腰巾有所区别。橡胶和塑制品问世后，逐步改用橡胶或塑料腰巾、裤、袖套和手套，渔民服饰大为改观。

11. 笼裤

浙江定海渔民一直流传有“下海穿龙裤”的习俗。笼裤的特点是裤子一般较短，裤身宽大，裤腿肥大，裆也大。因裤管前后两片对称，成直筒式，穿时又罩在便裤之外，穿起来好像提着两只大灯笼，故笼裤又称“灯笼裤”。笼裤裤裆宽大，很适合下蹲、起立和跨越等幅度较大的动作，有利于渔船上起网、捕捞、跨越船帮、上下码头。笼裤肥大还有其特殊的作用，过去渔船上没有救生衣，万一渔民落水，笼裤鼓起会产生较大的浮力，起了增强抗风浪的自救能力。手冷了往裤腰衩口里一塞，又可以挡风御寒。笼裤一般为深蓝色和玄青色，少数也用栲胶染成酱黄色，不但质地更加牢固，而且不沾水，便于海上作业。渔民在节日或做客时也有穿笼裤的，但考究一点的，一般用黑色布制作，在裤的下摆处以及腰腿侧斜兜处，还精心绣有龙凤鱼虫、花卉以及八仙、金钱等吉祥图案。

笼裤

渔民喜欢穿笼裤是有来历的。

从前，有户人家，一家八口：阿爹、阿妈、三个儿子和三个媳妇。人多脚手多，三个儿子个个身强力壮，阿爹当老大，下海捕鱼，总要比别人捕的鱼多。可是，人多嘴也多，你要吃咸，他要吃甜。阿妈是个老实人，多一事不如少一事，遇事忍着三分，她起早摸黑，忙忙碌碌。

三个媳妇当中，要算三媳妇聪明能干，手脚勤快，和阿妈也讲得来。老阿爹想让三媳妇帮阿妈当家，可是老太婆担心另外两个儿子和媳妇不服，一时拿不定主意。

阿爹想出个办法。一日，他把三个儿子和三个媳妇统统叫来，说："我年纪大了，冬汛出海捕鱼，虽说穿着棉袄棉裤，西北风一刮，还是冻得骨头发抖。你们想想办法，每家媳妇给我做件冬衣，要保暖、省钱，又要轻便。限你们一个月做好，看谁心灵手巧！"

很快一个月过去了，大媳妇送上一件丝棉袄，二媳妇捧来一件大棉袄，都想在阿爹面前献殷勤，只有三媳妇坐在旁边，闷声不响。公婆一看，心里有点急了，问儿子："老三，你媳妇做的衣裳呢？"老三眯眯笑笑，递过去一只小布包。阿爹打开一看，原来是一件土布做的单裤，大裤脚，宽裤腰，裤腰左右开了档，档口两边绣着八仙过海图。哟，这种裤还是头一次看到，真稀奇！

三媳妇讲了："阿爹，你试试，合身不？"

阿爹一试，正好合身，他把棉袄塞进裤腰里，四条裤带一束紧，两只脚管一扎，又舒服又暖和。两个阿嫂都看呆了，公婆"啧啧"称赞，问："这叫啥裤？"

三媳妇想了想说：“就叫笼裤吧！”

老大老二都夸弟媳妇心灵手巧，笼裤做得好，叫自己老婆跟弟媳妇学做笼裤。两个阿嫂自知不如弟媳妇，也心服口服了。

这年冬汛，父子四人出海，个个穿上崭新的笼裤。捕鱼人一看，笼裤又实用又时髦，都想做件穿穿。慢慢地穿笼裤的渔民就越来越多了。直到今天，好多上了岁数的老渔民，还是喜欢穿笼裤。后来，定海渔村形成了一个规矩，新媳妇到夫家后的头一件事，就得为自己的丈夫和公爹做一条合身的笼裤，这等于是考一考新媳妇的手艺。[10]

12. 包阳布（夹屎片）

居住在热带海岸附近的海南黎人衣服式样以裤式最为特殊。不少黎族支系下身穿“包阳布”，类似今日男性三角裤（用来固定阳具的小裤）。侾族是以包阳布为主要裤式的黎族支系，因此，汉族人用“包阳黎”称呼侾人。

海南炎热，劳动时男子平常不穿上衣，因为衣服反而会成为身体散热的障碍。包阳布把所穿衣服减少到最低限度，只用布片包裹阳具，古书称为“黎包”或“包卵布”，黎语则曰“夹屎片”，乍看起来，很像没有裤子穿，加上上身常裸，每被视为没衣穿的人，如清张庆长《黎岐纪闻》（1833年）载：“余黎，并无下衣……或用布一片，通前后包之，名曰‘黎包’。”

清代海南黎族人身穿包阳布

包阳布布料主要有两种，一为用木棉花织出的粗布，一为用买自汉族的棉布。包阳布缝制时分两片，上片梯形，下片方形。梯形部分是扎在腰间，把下面方形布（长30~60厘米）包阳具过屁股后，和腰带束紧。小孩6~7岁开始束包阳布。少女也喜欢制包阳布赠送爱人。

新中国成立后，由于经济水平迅速提高，包阳布已日渐改为短裤及长裤。但是由于包阳布适应海南岛的热带气候，所以不少人仍然穿包阳布从事劳动。

13. 鞋

沿海人上山砍柴、下田耕地、挑担驮物不能赤脚，但也穿不起鞋，草制的鞋便成为沿海人日常穿用的一种鞋。

由于渔民常年在船上行走，并且是带水作业，船甲板上往往是潮湿和沾水的日子多。为此，渔民多赤脚。渔民出海原本是不分春夏秋冬都打赤脚，后来条件稍作改善，夏天一般就穿草拖鞋或蒲拖鞋，春、秋两季穿草鞋或蒲鞋，冬天下雪结冰就穿一种用稻草和蒲草织成的芦花蒲鞋，又称“龙花蒲鞋”，鞋厚，鞋身大，又暖和又舒适，并且不会在带水作业中滑跌。还有一种棕鞋，俗称“笋鞋”，用笋箬叠为鞋底，这种鞋干燥，暑天能吸脚汗。

草鞋的制作材料一般为糯稻草、棕榈、麻绳、碎布条等。在收割稻谷时，选择优质的未淋过雨的糯稻草晒干，去壳、理整齐后在根头处扎紧，一个人握住根头不断翻动，两个人用木制榔头轮番敲打，使糯稻草逐渐变软、变韧、不易断裂。有一个木头做的耙，耙上有九个齿，中间长三寸左右，两边各四个约一寸长，下边有个大木钩，钩在长凳的一端，制作草鞋者跨坐于长凳上，腰上系一个模，先将糯稻草搓编成草绳，将草绳垫在屁股上便于操作。用一条一人长（两手左右平伸时，两手掌间的距离称“一人”）的糯草绳对折套在草鞋耙的中齿上，用几根草拧紧做出鞋鼻子，然后调过头来把鞋鼻子系在木制弓形的腰带上，将原来对折的两条细绳再对折变成四股，作鞋筋，分别套在草鞋耙的其余方形木齿上，半上半下来回编织，逐层编织出草鞋的耳朵、鞋底、后跟。用糯稻草编成的草鞋走路、挑担、上山劳动不易打滑，穿旧了还可以翻过来再穿。为使草鞋经久耐穿，还可以用棕榈丝、麻、破布之类的东西来编织。

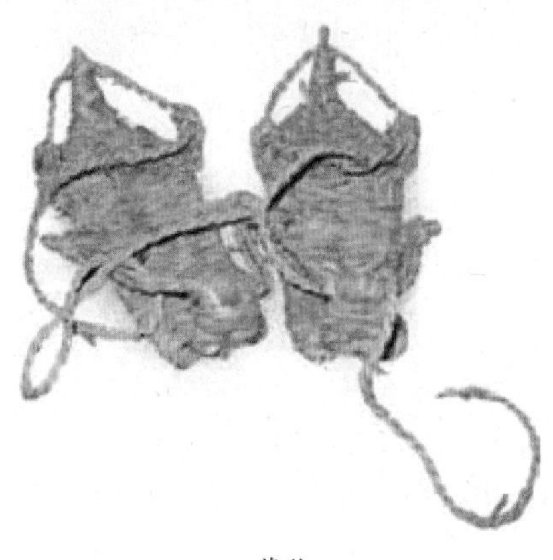
草鞋

芦花蒲鞋（龙花蒲鞋）的鞋底用稻草编制，鞋面用蒲草编制。蒲草是生长在大水塘田里的一种多年生草本植物，长得细长滑圆，晒干后又韧又柔。编制芦花蒲鞋要预先把蒲草割来晒干备用，编好的芦花蒲鞋既美观又结实，深受渔民欢迎。

因舱板湿水，船上作业的渔民一般不穿布鞋。上礁拾螺更非草鞋或蒲鞋不可，这是因为礁岩多青苔，只有柔软并有吸水性的鞋才适应，否则将会带来种种的不幸。

沿海妇女虽说也有类似习俗，但她们毕竟主要生活和劳动在岸上，日常生活中还是赤脚的少，穿鞋的多。过去她们喜欢穿自制的布鞋，还在鞋头上绣上各种图案，称之为“绣花鞋”。如渔妇喜在鞋头上绣色彩斑斓的鱼和水波纹，还有白头翁之类，意味着鱼水千秋、白头偕老。

20世纪六七十年代以后，渔民逐步改穿“半截靴”、“长筒靴”，均为橡胶制。现在也有穿连裤带靴的。

14. 木屐

沿海气候潮湿，多雨，路面泥泞，人们常穿一种木头制成的鞋子——木屐来防水、防滑。木屐本是中原之物，后传入沿海为当地人乐用，清孟亮《潮州上元竹枝词》曰：

从入新年便踏春，青郊十里扑香尘。

怪他风俗由来异，裙屐翩翩学晋人。

晋人即晋代大诗人谢灵运，他喜穿木屐游山玩水，在文学史上传为美谈。

唐代沿海已有木屐制作技术，唐刘恂《岭表录异》载：“枹木产江溪中，叶细如桧，身坚类柏，惟根软不胜刀锯。今潮、循人多用其根，刳而为履。当未干时，刻削易如割瓜，既干之后，柔韧不可理也。或油或漆，其轻如通草。暑月著之，隔卑湿地气，有力如杉木。”

沿海人普遍使用木屐，屈大均《广东新语·器语·屐》曰：“今粤中婢媵，多着红皮木屐。士大夫亦皆尚屐。沐浴乘凉时，散足着之，名之曰散屐。散屐以潮州所制拖皮为雅，或以枹木为之，枹木附水松根而生，香而柔韧，可作履，曰‘枹香屐’。潮人刳之为屐，轻便而软，是曰‘潮屐’。或以黄桑、苦楝亦良。”并指出香山、新会、东莞等地区，土地卑湿（卑湿：地势低下潮湿），尤宜用屐。木屐以潮州生产的最为著名，这与潮州的近海洋环境有很大关系。

潮州人以穿红皮屐为好兆头。传说明嘉靖状元林大钦（潮州潮安县金石镇人）少时家境贫寒，初入学时无钱买鞋，只穿红皮屐，后来林大钦中了状元，潮人因此认为穿红皮屐能带来好运。故潮州少年15岁举行出花园成人礼时要穿新红木屐，寄意长大读书成才，获取功名，此俗唯潮州独有，无怪宋代以来，潮州有“海滨邹鲁”之称。

木屐有很多优点，如清代《潮阳县志》指出：“屐有五便：南方地卑，屐高远湿，一也；炎缴虐暑，赤脚纳凉，二也；所费无几，贫子省屐，三也；澡身濡足，顷刻遂燥，四也；夜行有声，不便为奸，五也。”因此木屐很快风靡沿海广大城乡。

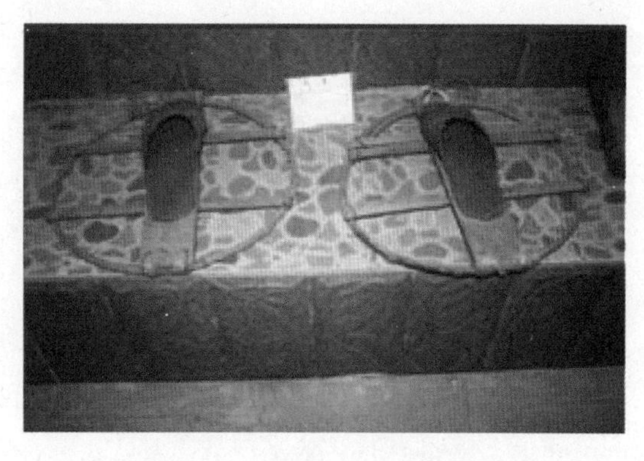

雷州半岛人们为适应淤泥环境使用木屐

（司徒尚纪　摄）

随着塑料工业的兴起，塑料拖鞋取代了木屐，但塑料拖鞋不适于皮肤敏感的人穿，也不易干，而木屐却没有这些缺点，近年随着“回归自然”潮流兴起，木屐又重新被重视，经过彩绘和消除嘈音处理的木屐，不仅是一种足饰和用具，而且还有美学欣赏功能，已堂而皇之地进入服饰时装店。[11]

15. 香云纱衣

香云纱俗称薯莨绸。薯莨是多年生草本植物，地下具有块茎，块茎含有胶质，可作染料用来染棉、麻等织品。香云纱是用蚕丝织物涂以薯莨液汁，再用佛山地区（主要是顺德）特有的河涌淤泥覆盖，日晒加工而成。因蚕丝织物撕声较响，穿着走路会沙沙作响，故称“响云纱”，后取谐音“香云纱”。

薯莨

香云纱的起源传说是珠三角渔民用薯莨浸泡渔网使渔网变得坚挺耐用，渔民在浸泡渔网时衣服上也染上了薯莨汁，后来渔民发现衣服浸泡了薯莨汁后也像渔网那样坚挺，如再沾染了河泥则能使衣服发出黑色的光亮，且衣服越穿越柔软耐用。因此渔民在浸泡渔网时也开始浸泡自己日常生活的衣服。当时珠三角到处都是桑基鱼塘，盛产蚕丝和蚕丝织物，因丝绸面料用久了较易发黄，并易皱，不耐穿，因此生产丝绸的农户便将这种渔民浸泡织物的方法，用于浸泡丝绸面料，这就是香云纱染整的前身。[12]

在当时，香云纱的价格相当于3倍左右的棉布售价，属于那个年代的中高档产品。香云纱衣有质地轻薄、凉爽宜人、易洗快干、色深耐脏、耐水、耐盐、挺直且不沾肌肤的特点，故深为富贵人家青睐，后普及到平民百姓，为常见衣服，一般渔民也买得起，男女老少皆宜。明清时沿海盐民、渔民、船民以及城乡居民，都喜穿香云纱衣。清冯询那首《珠江消夏竹枝词》即描写了一个卖荔枝疍民少女穿薯莨衣、戴斗笠的可人装束：

薯莨衫窄笠丝堆，装束随宜笑口开。

午睡乍醒魂梦脆，绝清三字荔枝来。

这幅惟妙惟肖的画图，是珠江上疍民生活的一个写照。

新中国成立前渔民喜用香云纱衣，新中国成立后渐见减少。

身着黑色香云纱的自梳女

16. 栲汁衣

栲，为常绿大乔木，其树皮含单宁，可提供栲胶，作为染色之用。栲胶具

栲

有防腐性，耐海水侵蚀，故多用于染渔网，使之牢固，不易断破；同时，又用于染衣料，衣衫放在盛满栲树皮煎煮的大锅汁液中熬煮，至色呈深褐色时，捞起晒干则成，俗称"栲汁衣"，又称"栲衫"，栲过的衣服牢固、耐穿。

渔民大多数时间是在海上生活，衣着易被海水打湿而腐蚀，穿着寿命短，为了耐穿，渔民喜穿栲汁衣。渔民栲汁衣襟口必须左衽。旧时，陆上人的大襟衣和女子的斜襟衣，其襟口都是开在右面。但渔民在海上要摇橹，摇橹是右手，如果衣襟开在右方，会吃风，故而开在左面。

沿海渔民服饰不论是染栲汁耐腐，还是衣襟左衽都由海洋性环境所决定。

17. 树皮布衣

"树皮布"是利用树皮为原料，经过拍打技术加工制成无纺织布。树皮布的历史非常悠久，但由于树皮布本身容易腐烂，难以作为历史证据久远留存，唯有制作树皮布的工具之一石拍被遗留了下来。

树皮布衣是热带沿海岛国居民穿用的衣服。海南岛黎族及其先民是树皮布的制作能手。宋乐史《太平寰宇记》说："琼州黎，织木皮为布。"又曰：

海南黎族男子扒树皮

“儋州黎人，绩木皮为布。”清代张庆长《黎岐纪闻》载：“生黎，隆冬时取树皮捶软，用以蔽体，夜间即以代被，其树名加布皮，黎产也。”古代的黎族人民多用楮树树皮捶成布来制作衣物，“楮树”意指：“落叶乔木，叶子卵形，叶子和茎上有硬毛，花淡绿色，雌雄异株。楮树树皮是制造桑皮纸和宣纸的原料。”事实上，可以用于加工树皮布的树皮有很多种，如楮树（即构树）、厚皮树、黄久树、见血封喉树（即箭毒树）等。

树皮布衣的制作有一套很烦琐的工序，包括扒树皮、修整、将树皮放在水中浸泡脱胶、漂洗、晒干、拍打成片状和缝制。人们利用加工好的树皮布剪裁缝制帽子、上衣、裙子、兜卵布等。尽管这一技艺分为若干工序，但所用工具并不多，其中以锤打工具石拍最为重要，石拍是树皮布文化的标志。

因为树皮原料丰富且易采集，黎族对制作树皮布的技艺已相当娴熟，又因其成品十分耐用，时至今日，海南黎族仍保留制作树皮布衣的工艺，承载着这种沿海服饰文化历史的树皮布衣现仍陈列在海南民族博物馆中。[13] 2011年4月在深圳文博会上，海南见血封喉树皮布开价一万元，价格不菲。

海南黎族树皮衣

海南黎族树皮衣

18. 洋服

沿海地区处在海上航运枢纽位置上，因此沿海人早就迈出国门，走上与世界各地交往的道路，在服饰上留下了许多外来文化的深刻印记，且也是后世服饰风习的一个来源和外在表现。我国与海外的交通要地，首在广东。

秦汉以来海上丝绸之路开通，海外服饰传入。广州南越王墓出土文物中，即有较多串珠饰物，包括玛瑙、鸡血石、水晶、硬玉、琥珀和玻璃珠等质料。还有迭嵌眼圈式玻璃珠，均与中国传统工艺迥异，显示域外服饰文化在沿海地区立足。东汉时，大秦国进贡“火烷布”，经火烧不坏，是用石棉制成的衣料。新中国成立后，广州、徐闻、合浦、贵县、梧州等发现不少汉墓，内有许多托灯陶俑和侍俑，皆缠头、绾髻、上身裸露或披纱，侍俑下体着长裙如纱笼，与今印度尼西亚等地一些岛上土著服饰风习相似。从这些陶俑高鼻深目这一特征判断，他们很有可能来自东南亚、西亚或者东非。

唐代，广州兴起为世界性贸易大港，是“广州通海夷道”起点，大量来自中亚、西亚的阿拉伯商人聚居在为他们专设的侨民区——蕃坊。这些外国人保持其伊斯兰衣着服饰。同时许多“镳耳贯胸之类，殊琛绝赆之人”往来于各交通大道，歇息于邸店驿站之中，为沿海特有一道外来服饰风景线。到宋代，广州城外仍然有“蕃汉数万家”。他们不但保持自己的民族服饰，也影响到当地服饰取向。史称宋政和年间（1111—1117年）“广东之民多用白巾，习夷风”。白巾成为广东人的服饰时尚，这是前所未有的服饰景观。

清代（1854年）广州的葡萄牙妇女入时、华丽打扮

明末以来，揭开了西风东渐的新时代。沿海地区首先接受西方文化，澳门、香港、广州等城市最早成为西方服饰登陆城市。明嘉靖三十二年（1553年）葡萄牙人取得在澳门的赁居权。此后，澳门很快崛起为世界性贸易巨港和国际公共留居地，汇集着来自不同国度、种族、民族以及肤色各异的人群。他们带来不同地域的民族文化，遂使澳门成为中西文化接触、交流的中心和向内地传播西方文化的基地。葡萄牙人首先在这里移植西方文艺复

兴时代的文化，包括西洋服饰、技艺、仪器等，使当地居民“集染已深、语言习尚渐化为夷”[14]。他们带来的异国服饰风情和城市繁荣景象反映在汤显祖咏澳门诗作中，他写葡萄牙商人诗曰：“不住田园不树桑，峨珂衣锦下云樯。”展示了当年澳门葡人华丽的服饰景观。另一首《听香山译者》，写的是葡国少女，诗曰：“花面蛮姬十五强，蔷薇露水拂朝妆。”西方女子打扮入时，穿着珠光宝气，喷洒香水，与内地女子服饰迥异。

清代一位身着洋服的外国人在广州街市选购物品

鸦片战争后，中西文化交流进入一个新阶段。西方服饰通过外交、商贸、留学、华侨进出等途径大举进入沿海地区。1859年一位英国人曾描写广州姑娘的洋式打扮：“我在街上散步，看见很多中国姑娘的天足上穿着欧式鞋，头上包着鲜艳的曼彻斯特式的头巾，作手帕形，对角折叠，在颏下打一个结子，两角整整齐齐的向两边伸出。我觉得广州姑娘的欧化癖是颇引人注目的。”[15]19世纪80年代，有人记载天津因受广东人的影响而流行使用卷烟及其他西洋服饰饰品的情形：

“紫竹林通商埠头，粤人处此者颇多。原广东通商最早，得洋气在先，类多效泰西所为。尝以纸卷烟叶，衔于口吸食之。有如衣襟下每用布兜，装置零物，取其便也。近则津人习染，衣襟无不作兜，凡成衣店、估衣店所制新衣，亦莫不然。更有洋人之侍童马夫辈，率多短衫窄绔，头戴小草帽，口衔烟卷，时辰表链，特挂胸前，顾影自怜，唯恐不肖。”[16]

19世纪末期，沿海地区城市开始有西式皮鞋的制作。西装、革履、领带、燕尾服、“是的棍”（手杖）等经常见于各种隆重场合和上流社会，后又流行于城市坊间，成为与传统服装并行的服饰。这以香港最为典型，20世纪30年代王礼锡《香港竹枝词》云：

欧美新装各自矜，旗袍过市亦婷婷。

短衫右衽腊肠裤，标准差符生活新。

这幅多彩衣装图，呈现了香港多元服饰文化和而不同、各自发展的和谐景观。

自20世纪80年代起，中国采取了改革开放、搞活经济的方针政策，在较短的时间内就收到了显著的成效。沿海服装行业得到了空前繁荣。改革开放的政策使沿海人对于多年一贯的老款式感到厌倦，穿西式服装的要求随着时代而兴起。西装、牛仔裤、夹克重新从海外一起涌来，改变了我国的服装潮流，沿海城市更是首当其冲，领先一步，成为全国时装的橱窗，女士们穿起了五颜六色、多姿多彩的“时装”。英国西装、夹克，香港羽绒服，美国花花公子，韩国的尼龙裙等各式服装琳琅满目，充斥沿海城乡各个市场。沿海近年服饰潮流的变化，可谓节奏快，花样多，潮流新，似市场的万花筒，令人目不暇接，难以追赶。沿海地区一向对外交往频繁，各种奇装异服过去已有所接触，见惯不怪，能冷静批判地吸收，服饰文化呈现出善变、兼容的海洋文化风格。[17]

19. 疍民服饰

在我国沿海江河上世代生活的水上的居民，俗称“疍民”。

疍民生活贫困，很难有能力添置新衣。一些穷苦疍民一年四季总是衣衫褴褛，所着衣裤十分破旧，补丁加补丁。过去疍民妇女通常穿蓝、青黑色衣裤，上衣较宽大，且长可及膝，裤则较短。上衣作大襟式，镶以深色大边。疍民妇女过去喜穿两色衣，疍民自己也说不清两色衣的来源，有说是祖上世代相沿下来的习俗，有说是一种受歧视的表现，有说是经济困难，可节省布料，也有说在茫茫大海上容易识别，更有说是美观。新中国成立初期，疍民曾被动员改装，不穿两色衣，但疍民认为这是他们的固有服饰，不愿改变。现在随时代变迁，以时装为主。

冬天疍民妇女喜欢包一条黑色头巾，沿海称之为“包头布”，其式样很特别，前面边缘用一块硬物衬托，称为“头布拱”，“包头布”为疍民妇女一个特有的标志。疍民用来背小孩的背带，上面绣有花纹或用碎布拼成图案，背带上端又附上一块“盖头布”，这是陆上居民所没有的。疍民全家老小长年住在船上，为防止小孩落水，小孩身上系一条绳子，胸前背后还绑浮木块或背系大葫芦作救生圈。

疍民喜欢的首饰与汉族基本相同，但更偏爱于玉器。玉为湿润而有光泽的美石，是洁白美好的象征。疍家姑娘偏爱的是碧玉和翡翠，它们象征着纯洁、美好、富有、幸福、吉祥如意。用碧玉或翡翠雕成直径为2厘米左右大小的单孔圆环，然后配上3克左右的细金链作为别具一格的耳坠。金光闪闪的细链条耳坠别在双耳上方，耳朵下方悬吊着绿光闪耀的碧玉或翡翠环，给飒爽英姿的疍家姑娘增添了媚人的光彩。

疍家姑娘除了偏爱碧玉、翡翠之外，所戴的竹笠也很讲究。她们一般很喜欢筒式竹笠，这种竹笠做工考究，纺织目细，外部要刷上一层金黄色的海棠油。这层油金光闪闪，既是竹笠的保护层，又增加了一分光彩。笠带则为疍家姑娘的杰作，是以红、橙、黄、白、紫、蓝、黑等胶丝配上闪闪发亮的贝类小珠编织成的彩色笠带。戴上这种精工制作的竹笠，在骄阳下，她们显得更美丽。[18]

过去疍民男子虽与陆上居民男子一样，都穿普通唐装，但疍民上衣多不扣钮，敞开前胸走路。且男子不管在船上或者陆上，上身打赤膊，下身穿短裤，这是因为常在水上作业，身上弄湿了容易干。疍民出海作业时常穿一种特殊的裙子，这种裙子用咸水草打织而成，可防海浪的咸水侵蚀。

疍民男女老少皆跣足，一年到头不穿鞋，疍家女全部天足。疍女天足与疍民历史上长期延续内部婚嫁制的习俗有很大的关系，因为崇尚“三寸金莲”的岸上人家是不欢迎疍女的天足的。

20. 惠安女服饰风俗

惠安女为福建惠安一带女性。惠安女为汉族，然而惠安女的奇异服饰却明显有别于汉民族的服饰，形成独特鲜明的个性特色，成为一个特殊的族群，她们以奇特的服饰闻名海内外。

惠安女传统服饰主要是：头披鲜艳的小朵花巾，捂住双颊下颌，上身穿斜襟衫，又短又狭，露出肚皮，下穿黑裤，又宽又大。这种服饰在全国独具一格，尤引人注目。新中国成立初留传至今的一首打油诗形象地勾画出了惠东女传统服饰的特征：“封建头，民主肚，节约衣，浪费裤”。

惠安女的头部被头巾包裹得仅露出一张脸——“封建”；而腰、腹部却暴露无遗——“民主”；大筒裤的裤脚宽达0.4米——“浪费”；上衣却短得连肚脐也遮不住——“节约”。于是，所谓“封建”与“民主”，“节约”与“浪费”，在惠东女的身上有机地结合在一起，表达了一种既矛盾又统一和谐的审美观。

惠安女服饰，历来以头饰最为突出，且头饰花样繁多。据说一个惠安女有花头巾近百条。花头巾为四方形，花头巾夏则白底浅花，冬则蓝底白花，惠安女又在其上加绣花边，使之更加艳丽多彩。花头巾一般折成三角形严严实实地包系在头上，仅露眼、鼻、嘴和部分脸庞，巾前还饰有彩色丝带等物。花头巾

惠安女服饰——“封建头，民主肚，节约衣，浪费裤”

有挡风防沙、御寒保暖和保护发型等作用。

在花头巾之上，惠安女还习惯戴一顶以细竹篾编织的金黄色尖顶小斗笠。这种斗笠较小，适合于身材娇小的惠安女使用。斗笠做工精细，斗笠上涂上黄漆，金黄耀眼。笠沿及系带上往往饰有精美的图案和丝带。斗笠形状别致，起着挡风遮阳和装饰的双重作用。

惠安女服装，以短上衣和宽裤子为主要特点。上衣尚蓝色、白色或红色，一般以蓝色为多见。衣为右衽大襟。夏季多着浅白色、蓝色或浅色碎花布衣，秋冬季多在短外衣上套上无袖褂子。上衣多短窄，胸围紧，袖管短小，袖子一般仅长及臂腕之上，衣长不超过肚脐，一般都裸露一圈肚皮至肚脐，此即所谓的“民主肚”。

惠安女裤子一般为黑色，裤管肥大，裤筒宽一尺有余。裤头宽大，其上缝接一块数寸宽的蓝色布边，穿时将裤头叠套于腰腹，然后再系上裤带。惠安女的腰部往往戴有宽五六寸的银腰带，这种银腰带均以纯银打制而成，有的多股银链穿结而成，一般重量在一斤以上。银腰带是惠安女另一颇具特色的装饰物，在裸露的肚脐下方，扎着耀眼的银腰带，摇曳行来，风姿绰约。[19]惠安女为何偏偏要穿短上衣，露出肚皮来呢？这里有个传说：有一次皇帝南巡要路过此地，地方官吏为显其所辖庶民十分富足，于是下令打制银腰带系于女人裤腰上，同时弄短上衣以便让银腰带显露出来。此后，佩戴银腰带作为一种财富的象征一直流传了下来。

如今时代进步了，外界文化的影响使惠安女的着装已悄悄发生了变化。年轻的惠安女上衣不再是短到露出肚脐，裤子也不再是宽大的灯笼状，只是金黄色斗笠和五彩缤纷的头巾依然如故，仍是一道独特的风景。新一代的惠安女，多数已上过学，接受了新思想、新事物，不少的年轻妇女从渔村走向都市经商、从事运输、外出打工等。

21. 自梳女服饰风俗

过去未婚女子都有一条又粗又大的长辫，梳头都要由别人帮忙。有钱人家的小姐由妹仔（婢女）梳头，穷苦人家的姑娘则是由母亲或嫂嫂帮忙梳头，直至出嫁。出嫁女子不再梳长辫，出嫁前一天把长发盘起来梳成发髻。

明中叶开始，特别是鸦片战争以后，珠江三角洲蚕丝业发展起来，需要大量女工。这些女工收入很高，经济上能够独立。一些女子为了独立谋生和摆脱封建婚姻的束缚而宣告自梳，终身不嫁。以顺德“自梳女”为主体的自梳不嫁服饰风俗出现。如果女子立意终身不嫁，就要举行“梳起”仪式。首先，择好日子，祭过祖先，叩拜双亲，然后梳起发髻。较富裕的人家，还要摆上几席酒，请父老姊妹饮梳起酒。梳起仪式后，再不能在娘家梳头，要另找庵堂，或到“姊妹屋”去自己梳理发髻，因此，称为“自梳女”。[20] 即使被迫下嫁，也坚决不落夫家，保留有名无实的夫妻关系。

她们把头发梳成高高的发髻，夏天穿着黑胶绸衣，被称为“乌衣队”，她们是珠江三角洲地区特有的一个群体性服饰队伍，具有重要文化人类学、社会学、性社会学等研究意义。据叶春生《岭南民间文化》一书引近人邬庆时1903年调查材料，番禺县南村数千名女子仅有数人出嫁，到1909年全部自梳，居然无一人出嫁。顺德县容奇缫丝厂1000名女工中竟有800名是自梳女。而据广东省妇联调查，1953年番禺第四区大龙乡2023名妇女中，仍有自梳女245名，占12%。[21] 这支独身终老、束髻、黑衣队伍的服饰习俗，主要是近代产业在珠江三角洲兴起的产物，与西方工业技术传入，生丝及其纺织品贸易高涨是分不开的，所以它是海洋文化发展的一个表征，也是海洋文化所具有的兼容性背景下才能存在的一种婚俗和服饰现象。

22. 红头巾

海洋风波险恶，变幻莫测，历被视为畏途。近现代虽然航海技术进步，但要超越海洋，仍有许多风险，包括狂风恶浪和海盗的剽杀等。在这种海洋环境下创造的海洋风俗文化，冒险是它的一个最普遍、最显著的特征。在海上活动要有冒险心态，不惜以生命为代价的价值观，以及敢于面对大海、挑战大海的大无畏精神。沿海地区的华侨漂洋过海在侨居地开拓、拼搏，即冒着极大的海洋自然和人为艰险。广东三水“红头巾”远涉鲸波，远走南洋谋生，其冒险性丝毫不让须眉。

头戴红头巾的三水妇女

红头巾是侨居新加坡的广东三水妇女的代称。广东北江河畔的三水市，历史上水灾成患、土地贫瘠，人民生活困苦。不少人为了寻找一条生路，背井离乡漂洋过海到东南亚谋生。许多三水妇女只身来到新加坡，她们为养家糊口而辛勤劳作，干的是最艰苦、最劳累、最没有技术、收入最低的工作。她们大都是建筑工地的帮工，从事运土、运砖、和泥等无技术工作，不但露天作业，还要爬上爬下，工作既苦又累。她们戴着从家乡带来的竹帽遮太阳，但干起活来十分不方便，加上工地上尘土飞扬，汗水和沙尘进到眼睛里，痛得睁不开。后来改用既可遮太阳，保护头发，又可以做汗巾的头巾代替竹帽，且用象征如意吉祥的大红布料做头巾。红头巾不但轻便实用，而且可作为同是三水乡里人的标志，可以互相照应。这样一来，流落在新加坡做建筑业的三水妇女，全都戴上了红头巾。以后即使不是从事建筑业的三水妇女，也戴上了红头巾。久而久之红头巾就成了侨居在新加坡的三水妇女的标志，形成了侨居地华人服饰板块或小岛，为

新加坡三水妇女雕像

沿海地区服饰文化在海外的延伸，人们干脆就称她们为“红头巾”。她们在与当地人接触、交往中，也会直接或间接地影响侨居地的文化风貌。她们以自己的勤劳不仅养活了家庭，而且促进了新加坡的经济发展。她们因勤劳和对新加坡城市建设的贡献，受到新加坡人的尊重，其塑像立于新加坡博物馆。

参考文献：

[1]冯盈之著. 宁波服饰文化. 杭州：浙江大学出版社，2010：39、41-43

[2]李露露著. 热带雨林的开拓者 海南黎寨调查纪实. 昆明：云南人民出版社，2003：183-194

[3]http：//www.hkwb.net/nrpd/content/2010-09/14/content_65397.htm? node=688绣脸的传说

[4]叶春生. 岭南风俗录. 广州：广东旅游出版社. 1988：171

[5]郑松辉. 文化传承视野中潮汕海洋文化习俗探微. 汕头大学学报：人文社会科学版，2009（6）：86-90

[6]范晔. 后汉书：卷76，北京：中华书局，2007年

[7]关汉，韦轩. 广东民间故事选. 广州：花城出版社，1982：262-267

[8]吴竞龙著. 水上情歌——中山咸水歌. 广州：广东教育出版社，2008：15-16

[9]http：//www.gd.gov.cn/gdgk/gdms/yszx/200709/t20070924_20725.htm水布

[10]http：//www.dongjidao.com/travel/Culture/C2003123043.shtml渔民穿笼裤的来历

[11]司徒尚纪. 中国南海海洋文化. 广州：中山大学出版社， 2009：247-260

[12]印光任，张汝霖. 澳门纪略（卷上）：官守篇. 广州：广东高等教育出版社，1988.29.

[13]［英］呤利著. 太平天国革命亲历记（上册）. 王维周，译. 上海：上海古籍出版社，1985：7

[14]张焘. 津门杂记（卷下）：衣兜烟卷.

[15]许桂香. 岭南服饰历史文化地理. 北京：民族出版社，2010

[16]王志艳，杨庆茹主编. “南海明珠”的神话 走进海南文明. 哈尔滨：黑龙江人民出版社，2006：29-30

[17]林蔚文主编. 福建民俗. 兰州：甘肃人民出版社. 2003：158-160

[18]刘志文，严三九主编. 广东民俗. 兰州：甘肃人民出版社，2004：58、63

[19]司徒尚纪. 广东文化地理. 广州：广东人民出版社，2001：234

[20]http://news.artxun.com/minzugong-1543-7714257.shtml 民族工艺品黎族树皮布制作技艺

[21]http://baike.baidu.com/view/402812.htm 香云纱

图片来源：

[1]广州出土的西汉俑上着短衣、下穿露膝短裤，是沿海人服饰形象（图见：广州市文化局编.广州秦汉考古三大发现.广州：广州出版社，1999：303）

[2]海南黎族文身妇女 http://szb.gdzjdaily.com.cn/zjwb/html/2009-11/23/content_1349502.htm

[3]北部湾出产的珍珠 http://www.77985.com/view/product10027699172/

[4]水布 http://image.baidu.com/i?ct=503316480&z=&tn=baiduimagedetail&word=%B3%B1%D6%DD%CB%AE%B2%BC&in=15896&cl=2&lm=-1&pn=21&rn=1&di=28933453545&ln=2000&fr=&fmq=&ic=0&s=0&se=1&sme=0&tab=&width=&height=&face=0&is=&istype=2#pn21&-1&di28933453545&objURLhttp%3A%2F%2Fimg.blog.163.com%2Fphoto%2FAFL262jt5kFTCnPylt1jKg%3D%3D%2F3682537120306186192.jpg&fromURLhttp%3A%2F%2Fblog.163.com%2Fzyzwanghongqing%2F&W478&H361

[5]笼裤 http://dhnews.zjol.com.cn/dhnews/system/2010/08/23/012548453.shtml

[6]清代海南黎族人身穿包阳布 http://image.baidu.com/i?ct=503316480&z=&tn=baiduimagedetail&word=%C7%ED%D6%DD%BA%A3%C0%E8%CD%BC&in=27324&cl=2&lm=-1&pn=63&rn=1&di=7298641095&ln=121&f

r=&fmq=&ic=0&s=&se=1&sme=0&tab=&width=&height=&face=0&is=&istype=2#pn63&-1&di7298641095&objURLhttp%3A%2F%2Fimage4.club.sohu.com%2Fpic%2F7a%2F51%2Fbfe259b82417363778205 0c0c03e517a.jpg&fromURLhttp%3A%2F%2Fclub.sohu.com%2Fread_elite.php%3Fb%3Dzz1115%26a%3D9432340&W414&H527

[7]草鞋 http://dhnews.zjol.com.cn/dhnews/system/2010/08/23/012548453.shtml

[8]薯莨 http://image.baidu.com/i?ct=503316480&z=&tn=baiduimagedetail&word=%CA%ED%DD%B9&in=27297&cl=2&lm=-1&pn=1&rn=1&di=41958456705&ln=847&fr=&fmq=&ic=&s=&se=&sme=0&tab=&width=&height=&face=&is=&istype=#pn1&-1

[9]身着黑色香云纱的自梳女 http://www.sancaiart.com/photo_view.asp?urlid=1&photoid=662

[10]栲 http://image.baidu.com/i?ct=503316480&z=0&tn=baiduimagedetail&word=%E8%E0&in=13714&cl=2&lm=-1&pn=5&rn=1&di=21066215700&ln=2000&fr=&fmq=&ic=&s=0&se=&sme=0&tab=&width=&height=&face=&is=&istype=2#pn5&-1

[11]海南黎族男子扒树皮 http://baike.baidu.com/albums/2737843/2737843.html#0$dbf554ed9fdfc1feb21cb17c

[12]海南黎族树皮衣 http://baike.baidu.com/albums/2737843/2737843.html#0$43e6c733430c9b69ac4b5f60

[13]海南黎族树皮衣 http://www.yyyou.cn/destination/show.aspx?infoid=1468

[14]清代一位身着洋服的外国人在广州街市选购物品 http://www.oilpainting-china.com/wxh/image171.jpg

[15]清代（1854年）广州的葡萄牙妇女入时、华丽打扮（图见：黄时鉴，[美]沙进.十九世纪中国市井风情——三百六十行.上海：上海古籍出版社，1999：9）

[16]惠安女服饰——“封建头，民主肚，节约衣，浪费裤”http://image.baidu.com/i?ct=503316480&z=&tn=baiduimagedetail&word=%BB%DD%B0%B2%C5%AE&in=12593&cl=2&lm=-1&pn=6&rn=1&di=2855362188&ln=2000&fr=bk&fmq=&ic=&s=&se=&sme=0&tab=&width=&height=&face=&is=&istype=

[17]新加坡三水妇女雕像 http://www.sgwritings.com/index.php?action/viewspace/itemid/5103

[18]头戴红头巾的三水妇女 http://www.google.com.hk/imgres?q=%E4%B8%89%E6%B0%B4%E5%A6%87%E5%A5%B3%E7%BA%A2%E5%A4%B4%E5%B7%BE&hl=zh-CN&newwindow=1&safe=strict&sa=G&gbv=2&tbm=isch&tbnid=uIhLplEFqN4L9M:&imgrefurl=http://art.people.com.cn/GB/41387/10408090.html&docid=ntJSCwWAioVC3M&w=300&h=390&ei=anI3TqOfC6HhiALNzOD5Dg&zoom=1&biw=853&bih=453&iact=rc&dur=375&page=4&tbnh=139&tbnw=83&start=19&ndsp=7&ved=1t:429,r:0,s:19&tx=33&ty=65

第五章

海洋饮食风俗

谚曰："靠山吃山，靠海吃海"，中国海洋周边地区食俗恰是"吃海"的一个典范，从中反映了海洋周边地区食料来自于海洋，食物结构受制于海洋，以及饮食文化风格源于海洋等丰富的文化内涵。千百年来，中国海洋饮食风俗不断推陈出新，在国内外享有盛誉，是中国海洋文化一朵永不凋谢的奇葩。

1. 海产品食用风俗

沿海地区居民食物原料多取之于海洋，四季海产品不断，晋张华《博物志》曰："东南之人食水产，西北之人食陆畜。食水产者，龟、蚌、蛤、螺以为珍味，不觉其腥臊。"海产品是沿海地区居民最大的一项食物来源。唐代韩愈被贬至潮州时，见当地人嗜食蚝、鳖、章鱼等异物，大为惊异，害怕得"腥臊始发越，咀吞面汗骍"，简直无法忍受，但当地人吃得津津有味。宋代，海鲜仍为饮食中的主要成分，周去非《岭外代答》卷六载："鲟鱼之唇，活而脔之，谓之鱼魂，此其珍者也。蛤蚧之可畏，取而燎食之。天虾之翼，鲊而食之。"明清以来，沿海经济日渐繁荣，海鲜成为生活富裕的一种追求和标志，明人林熙春《感时诗》云，"珍馐每自海洋来"。俗语亦云："坐书斋，哈烧茶（喝热茶），鲍鱼猪肉鸡，海参龙虾蟹。"沿海人食俗日趋新奇，其中不乏"鲨鱼之翅，海蛇之皮"，"咸蟹、龙虾"。[1]由于海鲜制作讲究，工艺精湛，味道鲜美，故无论朝野、权贵、平民都以吃海鲜为人生一大乐事。谚云："卖田卖地，想食鲮鱼箭鱼鼻"，"鲢鱼肚、鳙鱼头、草鱼尾、鲤鲇喉"，即各种鱼哪个部位最好吃，人们十分清楚。近年沿海一些地区还举办全鱼宴，与内地一些地方"百鸡宴"、"全羊宴"一样，成为招牌菜。这种全鱼宴，包括冷盘、热炒、炒炸、羹汤、主菜、点心等花样品种，完全用鱼的不同部位

牡蛎

制作，其名目之多，令人叹为观止。这种海洋饮食风俗魅力，也传入内地。山区人也为之动容，兴起吃海鲜风俗，梅人黄香铁《石窟一征》云，梅州“海味皆从惠潮来，非土产也”，这包括墨鱼、鱿鱼、带鱼、马鲛鱼、海乌、海带、蚶、紫菜以及用小鱼腌制的“鱼露”等，这些海味早已进入梅州千家万户，成为日常菜肴。

在海产品的食用口味上，以清蒸、清炖为主，讲究的是鲜味醇正。沿海人善于对海产品深度加工，他们使用各种烹调配料和烹调方法，对海产品加工，既保持或衬托出鲜、甜味道，又无腥味；酱碟有咸、甜、辣等多种口味，做到去腥、杀菌、满足胃口、促进食欲目的。刘恂《岭表录异》记，烹蟹，“水蟹，螯壳内皆咸水，自有味。淡煮，吸其成汁下酒”；烹水母，“须以草木灰点生油，再三洗之，莹净如水晶紫玉。肉厚可二寸，薄处亦寸余。先煮椒桂或豆蔻生姜，缕切而炸之，或以五辣肉醋或以虾醋，如脍食之，最宜”；烹乌贼，“炸熟，以姜醋食之，极脆美。或入盐浑腌为干，捶为脯，亦美”；烹蚝，“大者腌为炙，小者炒食”；烹鲍鱼，“治之以姜葱，缹（缹：即蒸）之粳米，其骨自软，食者无所弃”[2]。清炊海鲜，生炊龙虾，必配橘油；生炊螃蟹，必备姜末和醋；卤鹅，生滚鲤鱼，需有蒜泥和醋；烧海螺，定配梅膏、芥末；清炖白鳝、水鱼，必配红豉油。这些酱碟味道配对恰到好处，令人口齿生津，流连忘返。红烧大明翅、什锦乌石参、大鱼丸、焗蟹塔、生烤龙虾、生烧海螺、红烧海螺、干炸虾枣、生炒日月蚝、油爆鱿鱼、白切螺片、清炖鳗鱼、清蒸膏蟹、蚝烙等，均风味独特，蜚声海内外。

沿海人讲究养生，依季节不同选择海产品饮食方式和食物种类。以鱼类为例，“凡之鱼有鳞，喜游水上，阳类也。冬至一阳生，生食之所以助阳也；无鳞之鱼，喜伏泥中，阴类也，不可以为脍，必熟食之，所以滋阴也”[3]。以鱼之生态特点分阴阳，确定其食用方式和时间，这其中充满中医辨证施治道理。沿海人食俗，可谓至精至透，深入到哲理层面。

蒸食

清蒸是一种熟食制作方法，食物配上佐料及辅料置于碗等容器内，直接放于锅中将锅盖盖好蒸熟即可。清蒸海产品即将海产品保持原貌原状，剖肚取肠等，洗涤后放置于盘上，可以略加淡盐和姜，在锅里蒸煮，待蒸熟时再放葱

清蒸带鱼

花。如清蒸鳓鱼、清蒸鲥鱼、清蒸沙鳗、清蒸带鱼、清蒸黄鱼、清蒸比目、清蒸银鲷、清蒸鲳鱼等，均为清蒸的海鲜名肴。

把海鱼剖开腌制后晒干，然后切成块状，用米糟或酒拌和入瓮，而后用泥封口，数月后打开瓮，取出鱼蒸熟而食，的确另有一番滋味。

冬天，渔民习惯把新鲜海产品如带鱼、鲳鱼、虾潺、海鳗等鱼品剖开洗净，吊在风口处晾干，即风干，食用时蒸熟食之。这种鱼品的特点是未经太阳照晒，未经盐卤腌制，保持原汁原味，其味特美。[4]

水煮

水煮虾

海产品用水煮熟后剥壳去污，用酱油、麻油蘸之食用，原汁原味，为下饭或饮酒者之佳肴。如水煮海螺、水煮虾、水煮蟹、水煮牡蛎、水煮淡菜、水煮蛏子、水煮泥蚶等。水煮也要掌握火候，如水煮泥蚶，泥蚶俗称“花蚶”，又称“血蚶”，洗净后，放入开水中煮，但要掌握好火候，不要煮得太熟使之张开口，这样味道不佳；也不要煮得太生，这样食用时无法剥开。要煮得口既不开而用手一剥即开，这样才味道鲜美。水煮也要讲究方法，如水煮鱼肉丸，用鲜鱼肉加少许老酒，打进鸡蛋，将其搅捣碎成糊状，制成鸽蛋形丸子，水开时，放丸子入水，煮沸后又要投注冷水止沸，以防漂丸变老，待现白色，即熟。吃时质地柔韧、口感清爽。

炖汤（煮汤）

用各种海产品久熬而成的汤，营养丰富、开胃，为常用菜。汤的品种很多，四时不同，都以鲜美见称。比较流行的有肉蟹炖生地、薏米甲鱼汤、冬瓜水蟹汤、干贝萝卜汤、白菜鱼头汤、空心菜煮螃蟹等。沿海普通家庭妇女都擅长做海鲜汤。清人丘京《潮州竹枝词》云：

十八女儿唤珠娘，潮纱裁剪试轻裳。

依心偏爱西施舌（一种贝），洗手临厨自作汤。[5]

鱼汤

汤艺高低，是一个家庭妇女不可或缺的修养，做姑娘时就要学会。用新鲜海产品稍作加工后煮汤，味道也很鲜美。如用鲜鱼肉或剥掉壳的大鲜虾，蘸番薯粉，用木槌敲成薄薄的片，再切成条状或菱形状，煮汤，嫩滑爽口，味道鲜美。将新鲜海产品略为加工，晒干后煮汤，味道同样很鲜，如刮取黄鱼、鳗鱼等色白质细的鱼肉，剔刺去皮，稍蘸番薯粉或散粉用棒敲打成薄片，烤熟后或切成细丝面状，晒干收存，食用时入汤中煮，则柔滑如面，味鲜爽口。通常用鱼圆与之合煮，称“鱼圆面”。

生食

吃生肉，饮生血是古人饮食风俗。如唐代刘恂《岭表录异》卷下载，鲎（鱼），“腹中有子如绿豆，取之，碎其肉脚，和以为酱，食之”。清代屈大均《广东新语·鳞语》说，沿海人“嗜鱼生，以鲈以鲠、以鳢、以黄鱼、以青鲚、以雪鲈、以鲩为上，鲩又以白鲩为上”，具体做法是“去其皮剑，洗其鱼腥，细剑之为片，红肌白理，轻可吹起，薄如蝉翼，两两相比，沃以老醪，和以椒芷，入口冰融，至甘旨矣”，又说不是沿海人则“不知此味，不足与之言也”。自古时起沿海人就嗜食鱼生。这种吃法虽易患多种疾病，但鱼生味道鲜美，仍使许多人敢冒这个风险，至今仍乐此不疲。如活红虾，鲜蹦活跳，用花生酱、麻油、米醋等调料蘸之即食，味极鲜美。鲜牡蛎，蘸醋等调料生食，也很鲜美。还有鲜河豚、生鱼片等，均为生制鱼品。把蟹、虾放在盐卤中浸泡，一昼夜后从卤器中取出洗净即可食用。时至今日，吃鱼生之风仍不减，所用多为深海鱼类，如鳕鱼、象鼻蚌等。

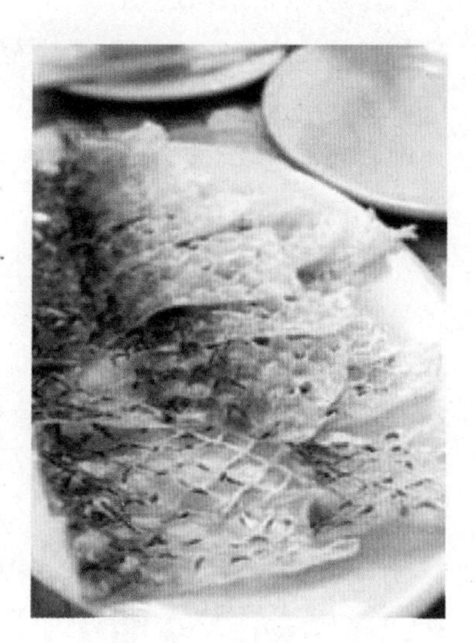
吃鱼生

烤食

烤这种食俗的烹调方式是把海产品，如对虾、红虾、凤鲚鱼、梅童鱼等小鱼小虾放在锅里用盐拌匀后清烤，待烤熟时放葱花。此时，再加以姜、桂、椒等佐料趁热食之，则有“入口舌沾鲜，味熟香浮鼻”之美感。

烤鱼

煎炸

煎，做法是以新鲜的海产品为主料，平底热锅中放油少许，海产品放在锅中平平地铺开，用小火慢烧，在铁锅四周添加适量花生油，多次回煎至熟，这种海产品配上佐料，味道更美。

炸是用油炸，做法是以海产品为主料，淀粉、青葱和红萝卜丝等混合搅拌匀后放入海产品中，捞出海产品后放入滚熟的花生油中去炸，直至海产品浮上油面，成金黄色才捞起。这种炸过的海产品香脆细腻，味美可口，可以存放一星期左右，且还能冷食。

煮粥

鱼与粥配伍，也是饮俗一绝。清代陈微言《粤东笔记》有载：“岭南人喜取草鱼活者，剖割成屑，佐以瓜子、落花生、萝卜、木耳、芹菜、油煎面饵、粉丝、腐干汇而食之，名曰‘鱼生’，以沸汤炙酒下之，所以祛其寒气也。复有鱼生粥，其中所有皆鱼生诸品，因鱼生之名而名之，特鱼脍在粥内，固皆煨熟与食。”[6]

2. 海产品储藏加工习俗

我国海域辽阔，海产品资源丰富。品种繁多的海产动、植物生产大多具有一定的季节性和集中性。渔民通过辛勤的劳作，把海产品捕捞上船之后，面临着一个十分紧迫的问题：船在大海中，不可能即刻进海港等地投售，但渔获物不及时处理加工，极容易变质，甚至腐烂，造成经济损失。如何妥善储藏和加工这些新鲜海产品？为了保存海产品，提高利用价值，只有经过适当处理加工，才能达到目的。因此只能在船上或在附近岛屿上进行储藏或加工处理。这是关系到渔业捕捞的经济效益问题，也是整个渔业捕捞链中的重要一环。从前没有大规模的冷藏设施，海产品除鲜食之外，为长时间存放，多半制为腌品与干品等，由此产生了许多与捕捞相关的鱼类储藏与加工习俗。

干制

干制，又称干鱼习俗。这是我国古代最原始、最古老的制鱼方式。《周礼》曰：“干制之法，最古。”干制习俗中又因鱼类盐渍与否，分为淡干和咸干。

风干鱼

淡干是通过剖割把鱼体变薄变小而又不用盐渍成干的加工方法，具体的产品有螟蜅鲞、鳗鲞、生虾皮、鲳鱼鲞等，尤以螟蜅鲞、鳗鲞为代表。

咸干是鱼类经盐渍后，晒干而成，它的特点是盐渍，具体的产品有黄鱼鲞、虎鱼鲞、河豚鱼鲞、龙头鲓、鲚鱼鲓、墨枣即乌贼混子等，尤以大黄鱼鲞、龙头鲓为代表。

因鱼类生熟与否，又分生干和熟干。另因鱼类成干的方式之异，又可分晒干、风干和蒸干三类。

腌制

腌制，又称腌鱼习俗。腌鱼与咸干的区别，在于咸干盐渍后还要晒干，而腌鱼盐渍后则不再曝晒。腌制的操作方法是将大批量小鱼放在腌货板上，鱼与盐按比例拌抄，俗称“抄成”；若鱼形较大者，剖开鱼体腌制的，俗呼“卤片”；保留鱼的原形逐尾精制者，俗呼“抱”；盐卤浸渍者谓之“抢”；置鲜鱼于盐堆下者谓之“棚”；虾蟹类经粉碎后腌制的谓之“酱”。其中各以卤鳗、三抱鳓鱼、咸带鱼、抢蟹、虾酱、棚冬黄鱼为最佳。

沿海渔民家一般均备有腌鱼池、鱼缸。男人出海打鱼，女人在家用几口大缸腌鱼。这时候，女人最忌打破器物，因为那象征海上打鱼的人要出事。一旦遇到在旁的小孩不小心打破了东西，女人就用传统的方法破解，不吵也不闹，面带笑容，拾起被打破的器物的残片，放在腌鱼的缸里，口称：“你能打，我就能腌！”把打破器物的“打”字，变成了打鱼丰收的“打”字。渔民如果出海多日，则携带食盐，边捕捞边拌盐入舱。[7]

冰制

冰制，又称冰鱼习俗。这是用冰使鱼降温从而达到长时间储藏的一种古老传统的加工方式。应该说，从古老的“一把刀，一把盐，一只桶”，进而到土法冰鱼，是鱼类加工方式中的一大进步。远在2500—3000年之前，我国先民的冰鱼之术就已经诞生了。据古文献记载，周朝王室中有专管冰藏的人员近百人，还有一些冰具和设备，每年12月砍冰，并以全年所需用冰量的3倍藏之于冰室，到了第二年2月份后放在大口冰缶里冰藏以备用。当时各诸侯国都有冰室，如据《越绝书》所载，越王勾践也有冰室在今绍兴东门外。周王朝时的冰鱼习俗已很普遍。到了明代，沿海等地设有众多天然冰厂。但天然冰随天气变化而定，冰源得不到保证，为此，20世纪50年代随着制冰业的兴起，沿海各地陆续出现了众多机制冰的工厂，渔船上专设冰舱，后又用隔热舱和塑料鱼箱保鲜，边捕捞，边整理，分门别类，按质分档，先加冰进塑料鱼箱再入舱，使海上海产品保鲜水平明显提高。从而在冰源上克服了“断冰”的危机，确保冰鱼加工的顺利进行。

从利用地窖储存天然冰块保鲜，到制冰保鲜，并在运输上采用冷藏车（船），大大提高了保鲜效果。冷藏业兴起后，冰制加工鱼类的种类增多，并出现了精巧的小包装、方便食品等新产品。[8]

糟制与醉制

糟制与醉制，又称糟鱼和醉鱼习俗。糟制和醉制鱼品的特点是入口绵软，醇香醉人。

糟鱼与醉鱼的产品很多，几乎各种鱼类、蟹类均可糟之醉之。比较有名的有糟乌贼、糟鳓鱼、糟鲳鱼、糟带鱼、醉小黄鱼、醉虾等。尽管鱼的种类不同，但糟鱼与醉鱼的方法大致相似，即把鲜鱼剖开晾干后，再用酒糟或白酒腌

醉鱼

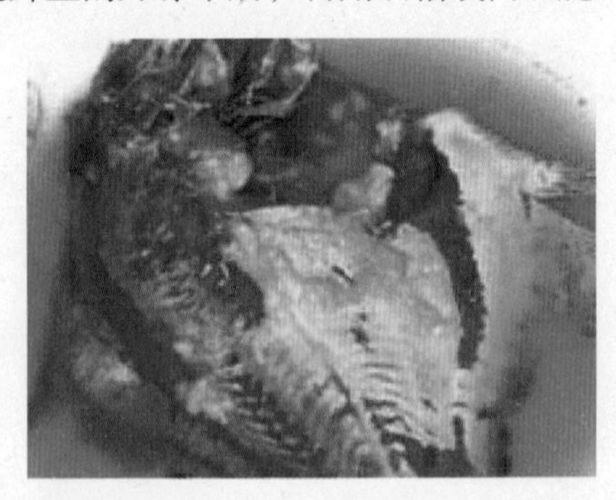

糟鱼

制而成的一种加工方式。只是“糟”以酒糟或酒酿糟之，“醉”则以白酒或黄酒醉之。

以糟鱼为例，具体的方法是在糟鱼前，先把容器洗净、晾干。同时，要把待糟的鱼去污、洗净，晒至七成干。个头大的鱼，要切头去尾切成块。个头小的杂鱼，可不切块。另外，要备好质优的酒糟或酒酿。把鱼与酒糟和食盐相拌和。鱼、糟、盐的比例尺度要掌握，一般是50公斤鱼，需酒糟4公斤，食盐1.5公斤，此为最佳搭配。否则咸淡不宜或糟度不够，都会直接影响糟鱼的质和味。拌后装入容器内，加以密封。经过1~2月后，即可食用。糟鱼在平潮时进行最佳。渔民说涨潮糟的鱼，弄不好酒酿要涨溢而出，落潮，怕酒酿要退潮而涸，只有平潮最稳妥。糟鱼时，习惯在盛鱼的器皿上放把菜刀，目的是为了驱邪。

矾制

矾制，又称矾蜇习俗，俗称“矾制品”，是用矾和盐腌制海蜇的一种加工方式。在众多的鱼类加工习俗中，只有海蜇和其他水母类是用盐矾加工的。因为海蜇的含水量在95%以上，又加上产在温度较高的夏秋季节，不及时处理，很易发生腐烂变质，加工方法不妥，也会造成质量差和出成率低。

海蜇汛是个大的渔汛，其加工后的产品享有盛名，明清年间就远销东南亚和日、韩诸国。海蜇的加工习俗沿海各地不一，比较科学的主要是三道工序，俗称头矾、二矾和三矾。海蜇加工过程中为了除出水分和防止腐烂，需要用矾。所谓头矾，即为渔船捞上新鲜海蜇后，首先用竹刀把海蜇的头和皮割开，俗呼“开膛”。继而用竹刀将头和皮边接处的颈根肉割掉，然后刮去顶部红衣，俗称“开顶”。尔后，擦去蜇皮背部的黏膜，俗称“揩皮子”。后经海水洗净后，撒明矾粉于蜇皮，并平摊于船舱内。而海蜇头则要另放一舱，经4~5小时后，待头内血污排出，用海水洗涤干净，再倒入舱内矾渍。这个过程量7~8小时，全过程用矾不用盐，故称头矾海蜇，又称“水泡头”。其中，用矾量，海蜇皮是0.25%，海蜇头是4%左右。所谓二矾，是渔船回港后，先将头矾海蜇盛入竹箩，沥去水分，然后放入盐卤桶内浸泡，俗称“调卤”。调卤2~3次，浸泡一昼夜，再次取出盛于竹箩，1~2小时后，待水分沥去，将蜇皮逐个平摊在盐货板上，肉面朝上，用盐矾混合渍之，然后层层平摊于桶内，再用盐矾封顶。而蜇头则是用明矾捋去污水，经调卤后依次排列于桶内，一层蜇头，一层盐矾。这样，在桶内腌渍7天左右，蜇头和蜇皮即为二矾海蜇，就可食用。其中，盐矾比例是100公斤盐加0.2公斤的矾。而100公斤的头矾蜇皮和蜇头，则需盐矾混合物18公斤左右。

所谓三矾，是在二矾的基础上继续加工。其加工方法与二矾同。其中，三矾蜇皮的用盐率为9%，矾0.25%。蜇头的用盐率稍低于蜇皮，为盐8%，矾0.2%。如此腌渍一月以后，则三矾海蜇的加工程序全部完成了，此时的海蜇就称为三矾海蜇。

3. 食粥习俗

食粥是沿海一种很风行的饮食习惯，粥是沿海人的主食之一。沿海人一日三餐中常有一餐是粥。粥风行的原因，一是沿海炎热时间长，流汗消耗大，需要及时补充水分及易被吸收的养料，各类肉粥是既理想又方便的食品；二是沿海人多地少，历史上经常缺粮，食粥是疗饥、救荒办法之一。粥品名目很多，广东可居全国榜首。

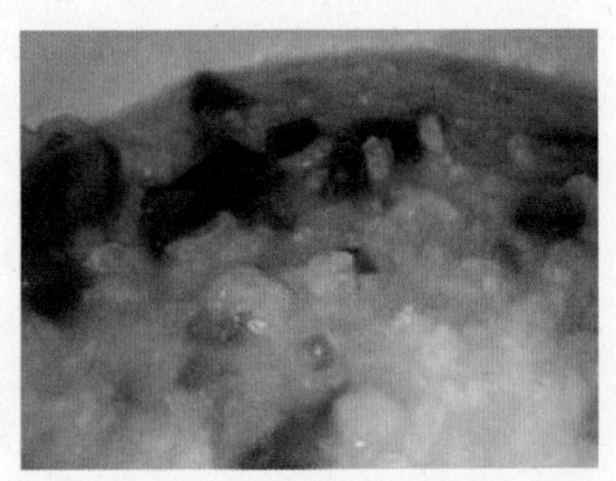

皮蛋粥

粥除了家常白粥，富有地方风味的还有各种肉粥。苏东坡在海南食过黄鸡粥。现在粥品一般以老母鸡、猪骨、干贝、腐竹等熬成底粥，即味粥，再用鱼、虾、蟹、田鸡（蛙）、牛肉、猪肉、鸡肉，以及各类禽畜内脏等为配料生滚而成，食时佐以姜、葱、芫荽、胡椒粉等，鲜美异常。1956年在全国名菜美食展览会上，广州粥品有84种之多，比较常见的有及第粥（用猪瘦肉丸、猪肝片、猪粉肠加入粥中煮熟而成）、牛杂粥、皮蛋粥、鱼片粥、猪红（血）粥、柴鱼花生粥、白果粥、鸡粥以及糖粥、绿豆粥等，举凡一切可以为菜者，皆可熬粥。传说“及第粥”得名与明代广东才子伦文叙有关，伦文叙幼时家境贫寒，以卖菜为生，有一卖粥的可怜他，让他每天给自己送一担菜，送完菜，卖粥的就用猪肉丸、猪肝、猪粉肠加入白粥煮熟招待他。后来，伦文叙考中状元，感念粥贩赠粥，为粥题名“及第”，“及第粥”由此广为流传。如今，为图吉利，不少望子成龙的父母给子女吃及第粥，中考、高考前后尤甚。

食粥还有季节、早午晚之别。冬春粥要稠，夏秋粥要稀；早上一般只食白粥、猪红粥、及第粥；下午食豆粥或糖粥；夜晚食鱼鸡肉粥、牛肉粥或艇仔粥

（一种在小艇上摆卖的粥品）。早粥要稀，午粥、晚粥要稠。还很讲究刀功、火候、调色、炉具等，例如熬粥一般要用瓦煲，而不用铜锅或铁锅，宜用炭火少用煤火，配料以熟为度而不能烂，如此等等，光从粥品一项，反映沿海饮食风味之异之精。外地人先以为奇，后入乡随俗，至少成为半个沿海人。沿海人食粥，以潮汕地区至为时尚。潮汕过去常以粥混番薯为主食，每顿无粥便感到欠缺，且粥还上宴席。

4. 食番薯习俗

明万历年间，番薯由海外传入我国东南沿海的闽广两省，后向其他省扩展，带来巨大的社会经济效益，被誉为我国粮食生产史上的第二次革命。番薯惧湿，怕冻，在北方不易生长，而沿海多山，多阳，有大面积热带亚热带土壤、海滨沙土等适宜番薯生长，番薯在沿海长年可种。因稻作受坡度、灌溉限制，多局限于河谷、盆地上，而沿海地区缺少平地和水源，多丘陵山地和沙地，土地贫瘠，且沿海每年台风频繁，风灾严重，水稻种植深受影响，番薯却能植根于干旱土壤，一般不需要灌溉，可以粗放经营。由于番薯有不畏瘠土和风害，易于种植且生产期短、产量高等优点，这样，番薯渐次广种于沿海台地、丘陵，以及山地下坡。番薯是一种高产救荒作物，能满足沿海广大贫苦大众需要，在饥荒年份救活大批人口，保护了劳动力。番薯还可作为饲料，带动养猪等家庭副业发展，后世有粮多——猪多——肥多之说，这粮多离不开番薯。因此番薯成为沿海地区重要的粮食来源。番薯作为一种海洋文化形态，不但占有广大地域空间，而且深入人们的观念文化中，形成一种文化景观。

番薯的传入有很多种说法。如清代周工亮《闽小记》卷下则载："番薯，万历中闽人（即福建人）得之外国，瘠土砂砾之地，皆可以种，初种于漳郡，渐及泉州，渐及莆田。"清代陈世元《金薯传习录》说，万历二十一年（1593年）夏，福建长乐商人陈振龙将番薯从菲律宾带回家乡试种，翌年由福建巡抚金学曾加以推广。以上是番薯从海外传入福建之说。此外，也有番薯从海外传入广东的说法，如电白传入说。光绪《电白县志》卷三十载：明朝万历年间，吴川（位于广东省西南部）有位医生叫林怀兰，他医术精，交游广，常在粤西、桂南一带行医。有一次，经朋友介绍，他医好了交趾国（即越南）守关大将的病，两人就成了好朋友。交趾国王有位公主，久病不愈，守关大将就介绍林怀兰医生为公主治病，几服药公主就痊愈了。国王非常高兴，为了答谢林医生，国王设盛宴招待。席间有熟番薯，林医生第一次吃番薯，觉得很好吃。

他听说番薯生熟都能吃，就要了一个生番薯，吃了几口，剩下半截就放在衣袋里了。林医生出关时，半截番薯被查出来了。当时交趾国规定，番薯是严禁出境的，违者要杀头。这件事使守关大将左右为难，放医生出关是对国王不忠，依法办事是对老朋友不义，他毅然送走林医生之后就自杀了。后来林医生顺利回到了家乡，番薯就在吴川、电白一带安家落户了。番薯耐旱耐瘠，产量高，很适合粤西地区种植，从此，粤西人民再不挨饥受饿了。[9]乾隆年间，电白人怀着崇敬的心情，在电白建立了“番薯林公庙”，以纪念林怀兰医生引种番薯的功绩。每年收获番薯时，当地人挑选薯体硕大、结实最多的一株挂于庙前，以感激林怀兰的恩德，祈祷林公保佑风调雨顺、五谷丰登。“番薯林公庙”见证了海外作物品种作为一种海洋文化对我国的深远影响，也是广东纪念新作物传入的唯一庙宇，有非同寻常的海洋文化意义，很值得珍重和保护。[10]

番薯

不管何种说法，番薯来自海外是不争的事实，也是一次文化输入。闽广作为海上交通门户，也是番薯首途之区。

番薯是沿海人的主要杂粮。鲜番薯可以生吃、蒸煮、烤食。鲜番薯可以掺入大米煮成地瓜干饭，或加入适当的水煮成地瓜稀饭，吃时佐以海鲜小菜。鲜番薯也可以加工成干薯片或干薯条，以备长期食用。将鲜番薯切磨成薯渣，经过沉淀，得到的白色淀粉就是番薯淀粉，薯渣可以人食或猪食，番薯淀粉可以用来勾芡肉类，使肉鲜嫩爽口，如以番薯淀粉勾芡海蛏可以煮成味道鲜美的滑蛏汤。番薯淀粉还可以再加工成番薯粉条。鲜番薯还可以用来酿酒，家喻户晓的“地瓜烧”因其价格低廉曾是沿海人常喝的一种白酒。食番薯在广大沿海地区已成为一种生活习惯。[11]番薯被制成多种食物和有多种食法，显示番薯饮食文化内涵的丰富，折射出海洋文化的风格。

5. 吃槟榔习俗

槟榔属棕榈科常绿乔木，在海南已有一千多年的栽培历史。每逢阳春三月，槟榔树就开花，含苞时靠近树叶的树干上隆起大包，不久绿色的苞衣开始剥裂，露出金色的槟榔花，然后结出一串串的槟榔果来。吃槟榔是居住在热带海岸附近的海南黎人的传统习俗。槟榔可鲜吃，也可干吃。鲜吃的槟榔，一般是比较嫩小的，从树上摘下来后用刀切成若干小片（大的如小拇指），然后每片槟榔配上一块蒌叶，一撮螺灰，卷成一束后放进嘴里嚼（算吃一口槟榔）。干吃的槟榔一般都是成熟的槟榔，先将槟榔放在锅里煮热，然后用刀切成四片，用藤片将它们穿成一串串吊着晾干，这样可以留着长期吃用。吃干槟榔同吃鲜槟榔一样，初嚼时口水是黄色的，味道有些苦辣，要边嚼边把苦辣水吐掉，边嚼边吐，不久就会嚼出又香又甜又辣的味道来，越嚼口水越红，嘴唇也就被染得红红的。一口槟榔可嚼半个小时左右。槟榔不是每个人都能或都会吃的，初吃者要有一个适应的过程，开始往往会被槟榔醉得两颊红潮如喝酒。但一旦醉意过去，又会觉得嘴嚼槟榔甜在心头。所以，吃槟榔者越吃瘾越大，越吃尝到的甜头越多。槟榔是一种药用植物，含多种生物碱，嚼食槟榔有解闷，下水肿，除瘴气的功效。夏天吃槟榔可以解渴，冬天吃槟榔全身温暖，长期吃槟榔可防龋齿，提神健肠胃。无怪明代药圣李时珍说槟榔“醒能使之醉，醉能使之醒，饥能使之饱”。故自古以来，食槟榔在海南蔚为风气，世代相传。

在海南，家家户户都有槟榔盛具，如竹编的小篓即俗称的槟榔篓，只有10厘米左右大，15厘米左右长。又如以木和竹制成的槟榔盘（筐），20厘米左右大。槟榔盛具方便要吃槟榔的人随手取槟榔，也便于用这些盛具装槟榔招待客人，没有上述盛具的也可用米升来代替。盛具内装有槟榔片、蒌叶和蚌灰。在海南黎寨，男子爱抽竹烟筒，女子爱吃槟榔。几乎每个中老年妇女的腰间都系着一个装槟榔的小袋子，小袋子是用布缝成的三角袋，只有手掌大，俗称槟榔袋。惯吃槟榔的人外出时常随身带上槟榔和用具，如牙齿咀嚼有困难的人则带有打槟榔用的小刀、砧板，吃时先用刀在砧板上把槟榔打烂才嚼，带有槟榔外出的人，遇见同伴就掏出请同伴吃。

黎族妇女不论是探亲、闲谈、劳动还是日常的一切活动，嘴里都爱嚼槟榔。槟榔不仅是黎族妇女日常生活的嗜好品，也是她们社交的见面礼，清代周去非《岭外代答》里，就叙述：“自福建下四川与广东西路，皆食槟榔者。客至不设茶，惟以槟榔为礼。”当有人到黎家做客时，主人先是捧出备好的槟榔来招待；途中遇着相熟的人也会掏出一口请吃。每逢宴宾、过节、订婚娶嫁等喜事，她们都要备好槟榔，由主人或新郎新娘毕恭毕敬地双手捧着送到客人的手中，请客人吃槟榔。槟榔还用于平民调解等事宜。槟榔是黎族的吉祥物品，还因有这样一段优美动听的故事：相传古时候，五指山下居住着一家人，父亲早年去世，只剩下母女俩

海南槟榔果

相依为命。母亲长年累月卧床不起，只靠女儿灵巧的双手劳动度日。姑娘织的桶裙如孔雀开屏，姑娘唱的歌赛过百灵鸟。为了寻找药物为母亲治病，姑娘跋山涉水，尝尽百草。一天夜里，山神托梦给姑娘，说五指山的顶峰有棵树，树上的花果就是治病的良药。第二天拂晓，姑娘开始登山，一路上驱散了成群的蚂蟥，战胜了野兽的袭击，最后终于在峰顶找到了一棵亭亭玉立、笔挺高耸的槟榔树。她按山神的嘱咐采下槟榔花熬水给母亲喝，切开槟榔果放进母亲的口里嚼，母亲的嘴唇上抹上了淡淡的红晕。不久，母亲的病渐渐好了起来。从此，姑娘的名声传遍五指山区，前来求婚者络绎不绝。姑娘说，谁真心爱我，就到五指山上把槟榔移下来种植，为更多的人造福。许多求婚者听了都畏怯了，只有一位年轻的猎手勇敢地接受她的挑战。猎手不畏千辛万苦的行动和一片真诚的心感动了山神，在山神的帮助下，他终于把槟榔移下山。就这样，姑娘和猎手结为夫妻，他们互赠槟榔表示情谊。[12]后来，黎族为了纪念这对好夫妻，就把槟榔花作为吉祥的象征，把槟榔果作为定亲的礼物，槟榔果就成为黎族人世世代代缔结良缘、结婚庆典的礼品。海南《崖州志》有这样的记载："男方用锡盒盛槟榔，送至女家，尊者先开盒，即为定礼。"

海南槟榔树

黎族按不同的目的使用不同颜色的布来包槟榔，求婚的一般用红布，探亲访友多是花布或彩色布，丧事用的是蓝布或黑布。吃了布包的槟榔有不同的意义，如初次说亲，男方派出的人要带布包的槟榔，按照本族的规例，女方的父母打开布吃了槟榔，表示同意这门亲事了。吃了布包的拜年槟榔要给对方一个红封。平民百姓为调解事宜用布包槟榔见调解人，调解人吃了槟榔也要为其讲句公道话。其他情况下吃了别人的槟榔的也要表示谢意。[13]

黎族喜食槟榔的习俗也深刻影响了海南的汉族和其他民族，在海南随处可见槟榔出售，也不时可见正在咀嚼槟榔的本地人。

6. 饮茶风俗

广州饮茶风气浓厚

我国是茶的故乡，茶是我国的著名特产，茶文化是中华文化瑰宝之一。俗话说：“开下门来七件事，油盐柴米酱醋茶。”饮茶有清神止渴、消食解腻、明目益思等功效，是人们常用的生活必需品，也是节日馈赠亲友的佳品。饮茶各地皆然，似乏善可陈。但对沿海，则另当别论。沿海饮茶之风甚浓，饮茶者极为普遍。沿海饮茶成为一种社会风气，主要是近百年之事。广州是其兴起中心，且与海上丝绸之路发展有密切关系，属海洋文化的一部分。

鸦片战争之前，沿海茶叶贸易甚为发达，在广州河南岛（海珠岛）还加工出口茶叶，称“河南茶”，名噪一时。在近年出版的一部反映1844年中美《望厦条约》签订以前外商在广州口岸活动的《广州番鬼录》一书中，就描写了广州茶叶的加工状况：“你熟悉这片土地吗，满地是南京布和茶箱……他们包装武夷茶的方法会使人大为吃惊……再见了，茶箱，迎风扬帆。”[14]这些茶叶大量输往欧洲，也促进了沿海地区的社会饮茶时尚。光绪年间，沿海华洋贸易进一步兴旺，洽谈生意、政治交易和其他礼俗往来被转到茶楼酒馆里进行，饮茶也时兴起来，并渐渐改变单纯喝茶的旧习，而增加各式精美点心和菜色，使饮茶成为社交礼仪的一种重要方式，茶楼遂变成这种活动的重要场所。自此饮茶之风在沿海城市大盛，并逐渐扩展到周边各城镇，海岸的重要交通口岸。改革开放以来兴起音乐茶座，在广州、佛山、深圳、珠海等城市如雨后春笋般出现，使饮茶与音乐、艺术欣赏相结合，具有更深一层的文化意义。现在，饮茶之风已吹遍大小城镇，在商品经济发达地区和城市郊区，饮茶已成为人们的一种嗜好。而海外华侨，港澳台同胞回乡探亲、访友、旅游，少不了到茶楼把盏迎送。一些文艺团体也在茶楼举办各种演唱会，招来更多茶客。

沿海饮茶风俗，固然有其深厚的自然基础，但成为社会风气在于人文地理环境，其中尤其是商品经济，主要是海外贸易的发展，带动了人际交往、市井文化兴旺，改变了一般意义上的饮茶文化特质，而与商业文化相联系，在大多数情况下还是海外贸易兴盛产物。从这个意义上说，沿海饮茶风俗，归属海洋文化范畴。

广东茶楼

沿海城市一般都设有茶楼，人们来茶楼除了喝茶，同时也吃些点心，此即所谓“早茶”“晚茶”。

环境优雅的茶楼

茶楼的室内装饰多是古色古香的，室内间隔多采用满洲窗、彩色玻璃图案或人物山水花鸟画，有些画上还写上唐诗宋词，诗画相配。茶楼外部建筑比较豪华，浮雕彩门，鲜花盆景相伴。茶楼院内有几间小凉亭，有几处弯弯小桥。总之，茶楼设计颇具有园林特色，且建筑、装饰、陈设布局都是一流的。

茶楼伙计，俗称“茶博士”。茶客进门，伙计手提茶壶，将茶壶嘴对准客人，意思是请客人吩咐。如果一张桌上有两个人在喝茶，必有互相谦让，先替对方斟茶的习惯，斟茶时连断三次，俗称“凤凰三点头”，表示对对方的尊敬。斟完后，茶壶嘴要对准自己，如果对准别人，则被认为不礼貌。在为对方斟茶时，对方要用手指在桌上叩击，表示客气。民间传说这个习俗来自乾隆皇帝下江南，乾隆在茶馆里为太监斟茶，太监不敢当，行礼，又怕暴露乾隆身份，只好用手指在桌面叩击，代替叩头。这个动作相沿成习，至今仍在民间流传。

到20世纪二三十年代，沿海城市兴建的茶楼越来越多，为一般市民和劳动群众提供了活动天地。他们天明即起，先上茶楼，沏上一壶茶，要两样点心，聊当早餐，所费无多，既可稍事休息又可交朋友，无论相识与否，都以喝早茶相叙或相互传递各种社会新闻和信息为乐，既富有情趣又打发时光，深受各界欢迎。一些人上茶楼习以为常，风雨不改，成为老茶客。

广东茶楼为招揽茶客竞相出新，在食谱设计上讲求精美，讲求新意。大师傅做出来的点心集中西点心所长，制作工艺也不断改进、创新。现在茶楼供应的点心品种有：星期点心，四季点心，席上点心，旅行点心，节日点心，早、午、夜中西茶点等。

总之，茶楼环境优雅、空气清新、食品精美、丰俭由人。无论是富裕之人，还是普通百姓，都喜欢花点时间到茶楼饮茶，享受饮茶的乐趣，且茶楼也可作为他们交朋结友的好场所。据统计，广州现有大小茶楼380多间，共设座位18万多个。广州的茶楼一般是清晨五六点开市，晚上十一二点仍有夜宵供应，几乎是昼夜营业。近几年，广州的茶叶年消费量达400万公斤，仅次于北京，而人均消费量居全国各大城市之首。[15]

特色茶

浙江风味茶

风味茶流行于浙江。风味茶是用橙子皮切成细片，盐腌，拌以芝麻，与茶叶相泡饮，是农家的常用茶。有烘熟的青豆时，再加上一撮，就叫“烘豆茶”，是请客的上品茶。橙、芝麻、茶、豆各有其味，各有其香，加上咸味，诸味调和，清香满口。有些地方还加些姜末、丁香、萝卜干丝，山区也有加放细嫩笋干的，城镇有加橄榄的，称橄榄茶（元宝茶）。喝了几杯后，把杯中诸物细嚼吞食，所以饮风味茶俗称“吃茶”。[16]

潮汕功夫茶

功夫茶原是因泡茶过程精湛复杂，颇费功夫，故得名，它是一种饮茶程式。

在潮汕，饮茶历史很久远，至少在宋代已在上层社会中成为食俗。到明代，随着潮州精耕细作农业的形成，经济发展，饮茶成为潮人民间生活不可或缺的内容，从殷实人家到普通人家，莫不如此，明代潮籍状元林大钦《斋夜诗》曰：“扫叶烹茶坐复行，孤吟照月又三更。”想见当时饮茶相当普遍。汕头开埠以后，茶叶是汕头对外贸易的项目之一，如1885—1890年，从汕头海关出口的茶叶，每年接近1万司马担，是该关销往海外价值最高的货物。潮汕商人也采购茶叶供出口，民国《建瓯县志》称：“近年内广潮帮来采办者，不下数十号。……出产年以数万箱计。”[17]茶叶贸易扩大，带动潮汕饮茶风气进一步兴起，除了商贾、仕宦、文人学士以外，教书匠、手工艺人、乡镇闲散人员等都纷纷加入饮茶行列，饮茶之风遂刮遍潮汕大地，成为最负盛名风俗。潮汕人所饮的功夫茶成为潮汕茶文化代表。如今，饮功夫茶在潮汕地区已形成习俗，仅经济颇发达的潮阳市功夫茶馆就有110多家，民间饮功夫茶更是千家万户。家家都有功夫茶座的陈设。无怪当代著名潮籍作家秦牧说：“敝乡茶事甲天下。”饭余酒后，工闲假日，家人团聚，亲友来访，随时冲起功夫茶，慢斟细品，在氤氲的茶香中，人情物理，家事国事，轻言笑语，构成了一幅幅幸福生活的图画。

潮汕功夫茶

功夫茶从茶具、用水到沏茶方式和饮用环境等都极为讲究，并有一套专用器具和技巧，体现了高雅的文化品位，故能蜚声海内外，成为我国茶文化的一项瑰宝。

潮汕功夫茶茶具玲珑精致，烹茶功夫讲究入微，茶汤酽厚浓郁，让人在饮完功夫茶后，难以忘怀。

饮功夫茶，先得有一套合格的茶具。茶壶（潮州人称“冲罐”）是陶制的，以紫砂陶为最优。陶制茶具传热均匀温和，陶壶能在冲泡后的一段时间里保持水温恒定，有助于茶叶充分吸水回软，其茶汤味道因之而醇厚。壶为扁圆鼓形，长嘴长柄，很是古雅。根据壶纳水多少，有两杯壶、三杯壶、四杯壶之分。将壶倒置桌上，其口、嘴、柄均匀着地，中心成直线的，为茶壶之优者。壶优者若置水中，平稳不沉。饮功夫茶的杯为精巧别致、洁白如玉的小茶杯，直径不过五厘米、高两厘米，分寒暑两款，寒杯口微收，取其保温，暑杯口略翻飞，易散热。盛放壶、杯的茶盘名曰“茶船”（也叫“茶鼓”），凹盖有漏孔，可蓄废茶水约半升。功夫茶整套茶具本身就是一套工艺品。茶杯、茶船有釉上彩绘或釉下彩绘。茶壶最贵重，一把古老名贵的茶壶，就是一件可供鉴赏的古玩，有的嵌镶一层镂刻精美的白银或黄金花纹图案，成了传家宝。茶壶里的茶锈不可洗去，越多越珍贵，可以保持茶的韵味。

功夫茶采用乌龙茶，如铁观音、水仙和凤凰茶等。乌龙茶介于红茶、绿茶之间，为半发酵茶，只有这类茶才能冲成功夫茶所要求的色、香、味。功夫茶以浓度高著称，初喝略觉味苦，习惯后则嫌其他茶不够滋味了。

功夫茶

冲（泡）功夫茶，是一种带有科学性和礼节性的艺术表演。先将直柄长嘴的陶质薄锅仔盛上水放在小木炭炉上烧滚（水质以泉水为上，江水为中，井水为下），烫洗茶壶、茶杯。然后装茶叶入壶，以足六成为度。装茶时，先将碎茶置于壶底心，周围及近壶嘴处放叶茶，这样茶汤清澈耐冲泡。

冲茶时要高举薄锅仔，使水有力地直注入壶，是谓“高冲”。首次冲，要环绕茶壶口的边快速淋冲两三圈，让茶叶全面均匀地吸水，并立即将茶汤倒掉不饮。从第二次起，才冲饮用茶，但每次只冲一边，依次四边冲齐后，才冲壶心。每次沏出茶汤，务必点滴净尽，不可留些许茶汤浸渍茶叶。斟茶汤时要缓，持壶要低，以不触及茶杯为度，要循环往复地匀添，不可独杯一次添满。这样能使各杯茶的量色均匀，不起泡沫，称“低筛”。高冲低筛是冲功夫茶的要领。

饮茶也是很有讲究的。要先将茶杯小心地端及上唇边轻闻一下，继而呷一点细细地品，品后一饮而下，但要留些汤底顺手倒于茶盘中，然后把茶杯轻轻放下，最后还要翕口轻啖两三下，以回味清香。

江苏阿婆茶

阿婆茶流行于江苏吴江、昆山一带，近似茶道。吃茶方式十分讲究，茶具古朴小巧，沏茶用密封性较好的盖碗。上午，东道主四出邀客，备茶点。旧时茶点都为咸菜、萝卜干、酥豆，20世纪80年代茶点多为各式软糖、话梅、桃片、杨梅干、酱瓜、火腿肉丝、苹果等。下午1时，客人到齐，寒暄入座，边饮边聊天。结束时，约定下次喝茶地点，一般轮流做东。因参加者都是老年妇女，故名阿婆茶。现在年轻人亦时兴吃阿婆茶，一般在晚上，人多气氛热烈，相互交谈，唱歌听曲，十分热闹。[18]

闽粤赣客家擂茶

别有风味的擂茶

擂茶在闽粤赣客家人中广泛流行。擂茶的制作与擂茶的风味别具特色。

制作擂茶的用具是擂棒和擂钵。擂棒为一根粗的樟、楠、枫、茶等杂木，长短2~4尺，上端刻环沟系绳悬挂，下端刨圆便于擂转。擂钵内壁布满辐射状沟纹而形成细牙的特制陶盆，有大有小，呈倒圆台状。

擂茶的配料十分丰富，制作并不太复杂。擂茶的具体制法是将茶叶、生姜、芝麻、爆米、花生、猪油、盐，乃至一些中草药等混合，经水浸后放入擂钵内，然后用擂棒反复擂成糊状，即成擂茶。擂茶擂好后，放在茶碗里拌匀，再冲入沸水，就成了一碗集香甜苦辣于一体的擂茶了。喝擂茶与吃早茶一样，往往也有茶配，如配花生、瓜子、炒黄豆和笋干等食品。

擂茶不但可口开胃，而且别有风味。盛夏酷暑，人们劳动过后，常常不思饮食，桌上若有一钵擂茶，饮上一碗，顿觉口舌生津，香溢齿龈。夏秋季节，可以用擂茶当午餐。长期以来，沿海人养成了喝擂茶的习俗。凡走亲串戚，朋友聚首，婚丧喜庆等都要喝擂茶。喝擂茶还成为联络感情的一种活动，妇女们往往三五成群聚集喝擂茶。擂茶亦成了最隆重的待客礼节，如有客人路过，主妇们总会客气地招呼“喝碗擂茶再上路”。在一些地方，喝擂茶还是喜庆的象征，凡生男育女、孩子过周岁、初次接岳母、接姐夫、接新妇、女儿订婚等喜庆日子，都要请全村人喝擂茶以示庆贺。

广东客家咸茶

在广东惠东县客家地区，人们喜欢食用咸茶。

咸茶，既可当茶，又可代饭。咸茶的主要原料是爆米花（用米饭干炒而成或用生米在爆米机中爆成），配料有红豆、黄豆、乌豆、花生粉、麻油、香菜等。配料中豆类可多可少，也可用其他豆类代替，如蚕豆、豌豆等，但花生粉、麻油、香菜必不可少。

咸茶的制作是先将爆米花和豆类煮熟，然后放入花生粉、麻油、香菜，也可按个人口味再放入少许胡椒粉、碎茶叶，将味道调好，这样咸茶便制成了。还有一种制法，即将爆米花、花生粉、麻油、香菜同时放入碗里，用开水冲泡，泡出味后便可饮用，这叫“泡茶”。凡吃过咸茶的人，都觉得其风味独特。

咸茶

沿海人除了用咸茶招待客人外，还在喜庆的日子里食用咸茶。按照习俗，谁家媳妇生了孩子，第三天早上，主人家便要煮一桶咸茶，宴请亲戚、朋友和邻居，这称为“三朝茶”；孩子满月时，要煮“满月茶”；建新屋上梁，要煮“上梁茶”；住进新屋，要煮“新居茶”；男女婚事议定后，姑娘的母亲第一次到男方家里，男方要请“亲家茶”等。吃咸茶，除了喜爱咸茶独特的风味外，更重要的是咸茶可作为一种礼节食品，表达一种热闹、吉利的气氛。

广东凉茶

在广东，凉茶是一种特有的饮料。历史上，广东是多雨潮湿，多瘴疠之地。广东先民为了适应环境，于是就采集一些清热解毒、消暑祛湿的草药，经过一些具有中医药知识的人长期实践配制，创造出了各式各样的凉茶。凉茶以金银花、菊花、鸡蛋花、穿心莲等中草药炮制而成，具有清凉散热、解暑祛湿功效和保健止渴的作用。不论盛夏隆冬，凉茶四时可饮。饮凉茶是广东饮茶的另一风尚，长期以来凉茶成为广东社会各界人士喜爱的饮料，历久不衰。

广东凉茶，要数王老吉凉茶最为有名。关于王老吉凉茶，还有一段很有意思的来历。据说清代道光年间，广州有一个叫王吉（原名王泽邦）的医生，他在现在文化公园东边的一条当时叫正远街的地方开了一间店铺，一边帮人看病，一边煲凉茶卖给过往的客人。一年夏秋之交，广州天气特别湿热，街上行人口干喉痛，燥热烦闷，王吉医生针对这一天气特点配制了一种清热去湿的凉茶，大家喝了之后果然有效。因此王吉的生意特别好，凉茶每天都供不应求。

可是热闹了没几天，顾客忽然少了起来，王吉一问，原来是大家觉得喝多了凉茶太过寒凉，身子虚弱的人有些支持不住。王吉听了，决心改进配方，他亲自带着儿子上山采药，重新配制了一种凉茶方，煎出来的凉茶先苦后甜，凉而不寒，既让大家解了酷暑的热气，又不会有什么副作用。新的凉茶配出来后，王吉在店里煲了几大锅，凡前来看病的病人免费喝一杯。大家一试，果

凉茶店

然又好喝又有疗效，而且喝了也不觉寒凉。这样一来，王吉凉茶店名声大振，来喝凉茶的人越来越多。后来，王吉将自己的凉茶店进行了改建，临街店面继续卖凉茶，店后面又租了间大屋按配方配制凉茶材料外卖，以便人们带回家煎煮饮用。

过了几年，南洋一带爆发流行性感冒，许多人都病倒了。一些在广州喝过王吉凉茶的华侨，纷纷写信给在广州的亲友，指名要买王吉医生的凉茶。也有人直接写信给王吉医生，希望可以邮寄凉茶配料给他们。王吉是个热心肠的人，收到信后，马上让店里的伙计们将一包包凉茶配料包装好，然后寄到南洋。他还另外开出一些偏方，让病人自己在当地配制。这样，王吉医生的名声迅速传遍海内外。人们开始把王吉配制的凉茶称为“王吉凉茶”。后来，王吉医生去世，为了纪念这位好心的医生，大家开始将“王吉凉茶”称为“王老吉凉茶”。这种凉茶在外地通常也称为“广东凉茶”，可是念旧的广州人还是喜欢亲切地称它为“王老吉凉茶”。

以前，制售凉茶是在药店、凉茶店、凉茶档：一是专门制造凉茶的大小包的干品成药店号。这些成药店号生产的产品属于半成品性质，他们专门批发给中药店经销。顾客买回凉茶包后煎服。二是凉茶店，凉茶店除了销售干品的大茶包以外，还在大路旁出售已经煲好的现成凉茶，供应过客和街坊饮用。三是凉茶档，多是个体摊档。凉茶档一般是从药店购回凉茶包，经过加工煎制，然后盛于瓷碗或水杯出售。也有的凉茶档自购草药来配制凉茶，于是出现了“十八味凉茶”、“二十四味凉茶”等。

随着科学的进步，凉茶业也发生了很大变化。现在，不少老字号凉茶企业把药茶浓缩为颗粒状小包装，顾客买回后用开水冲饮；或改为用易拉罐或盒装的液体清凉饮料，顾客买回后可随时开罐或开盒饮用。这样一来就更加方便顾客饮用了。

福建斗茶

斗茶是有输赢的，胜者飘飘然，似乎高不可攀，输者垂头丧气，像个战场上的败将。

斗茶

斗茶，是以沸水冲茶，以茶色（即茶水的颜色）和泡沫（即冲茶时茶水表面泛起的泡沫）颜色分出好坏和高低，茶色和泡沫颜色均以白色为上。

斗茶取胜的关键在于茶的质量和水质的纯净程度。茶多选择各种乌龙茶，如安溪铁观音、毛蟹、梅占、黄旦、水仙等上等茶。水一般以清澄的泉水为佳，民间有“山泉泡茶碗碗甜”之说。天落水亦较好，江河水稍次，一般的井水因咸苦不宜泡茶。无论哪种水，若用于泡茶，必须烧得滚开，因烧得滚开的水的水面中间隆起，俗称“宝塔水”，或曰“元宝水”，而隔日的开水，叫做“停汤水”，乃泡茶所大忌。

斗茶多选在清明节期间，因为此时新茶初出，最适合参斗。

斗茶的场所，一般多选在比较有规模的茶叶店。这些店大都分前后二厅，前厅阔大，是店面；后厅狭小，兼有小厨房，便于煮茶。有些人家有较雅洁的内室或花木扶疏的古旧庭院的，都是斗茶的好场所。当然，一些好此道者，几个人小聚谈到茶道，也有说斗就斗的。

斗茶的参加者都是饮茶爱好者的自由组合，多的十几人，少的五六人。斗茶时，还有不少看热闹的邻舍。如在茶叶店斗，则附近店铺的老板或伙计都会轮流去看热闹，特别是当时在场欲购茶的顾客，更是一睹为快。

福建分茶

分茶不是寻常的品茗，也不同于斗茶，而是一种独特的烹茶游艺，正如宋代诗人杨万里《澹庵坐上观显上人分茶诗》诗曰：

分茶何似煮茶好，煎茶不似分茶巧。

蒸水老禅弄泉手，龙兴元春新玉爪。

二者相遭兔瓯面，怪怪奇奇真善幻。

纷如擘絮行太空，影落寒江能万变。

银瓶首下仍尻高，注汤作字势嫖姚。

诗人描写显上人分茶艺术的娴熟，几近至巧，分茶时茶末与水在兔毫盏的盏面上呈现出种种幻象，若悠远的寒江倒影，千变万化，银瓶点汤，又令汤面幻化出疾劲的书法，端庄威严，犹若一个个将军。[19]

分茶是以沸水冲茶末，使茶末变幻成花、草、虫、鱼、山、云等图形。分茶在茶盏面上形成一幅幅水墨图画，故分茶也有“水丹青”之称。但画面须臾就散灭。

要使茶末在瞬间显示出瑰丽多变的景象，需要较高的沏茶技艺，一种方法是用“搅”创造出画面形象，另一种方法是直接用“点”使茶末形成图案。

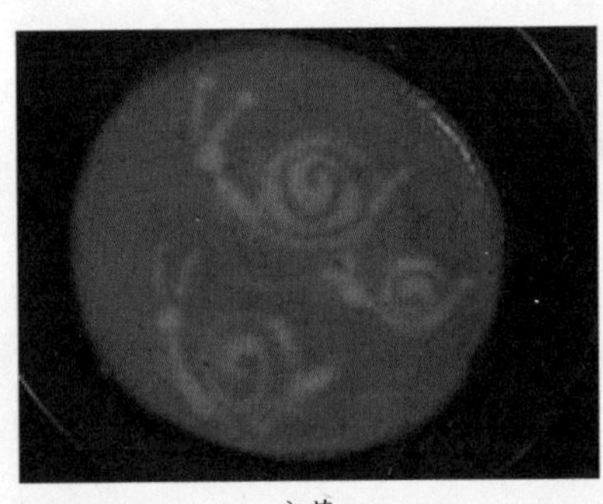

分茶

搅茶是预先将茶饼碾成细末，将茶末置于茶盏内，待水一沸，即提茶壶一点一点往盏内滴注，同时用竹制茶筅（茶筅是古时烹茶时的一种调茶工具，类似现代汤匙的作用）搅动盏内茶末，边点边搅，使水与茶末交融，并在茶盏面上幻变出怪怪奇奇的画面来。

点茶其实就是注茶，即用单手提执壶，使沸水由上而下，直接将沸水注入盛有茶末的茶盏内，使其形成变幻无穷的物象。因此，注水的高低，手势的不同，壶嘴造型的不一，都会使注茶时出现的画面物象不一样，从而形成不同的结果。

颇令人遗憾的是，分茶习俗没有流传下来。

7. 西餐引入和推广

餐饮食俗方式是一个民族历史背景、地理环境和社会文化发展的综合表现。

“西”是西方的意思。一般指欧洲各国。“餐”就是饮食菜肴。清初，沿海除了少数商人和极开明人士以外，一般市民对西餐相当陌生，甚至有所误解。美国人亨特《旧中国杂记》记录了一位广东人对西餐的印象和评价：“他们坐在餐桌旁，吞食着一种流质，按他们的番话叫做苏披（soup，汤），接着大嚼鱼肉。这些鱼肉也是生吃的，生得几乎跟活鱼一样。然后，桌子的各个角都放着一盘盘烧得半生不熟的肉；这些肉都泡在浓汁里，要用一把剑一样形状的用具把肉一片片切下来，放在客人面前。我目睹了这一情景，才证实以前常听人说的是对的：这些‘番鬼’的脾气凶残是因为他们吃这种粗鄙原始的食物。……啃了一些大

西餐

块大块的肉，吃剩的都扔给一群咬来咬去的狗。这些狗被允许在人腿之间走来走去，或者躺在桌子底下。它们还不断地哼叫、打斗着。接着又端上来一味吃起来令嗓子里火辣辣的东西。我旁边的一位用夷语称为‘咖喱’，用来拌着米饭吃。对于我来说，只有这米饭本身，才是唯一合我胃口的东西。然后是一种绿白色的物质，有一股浓烈的气味。他们告诉我，这是一种酸水牛奶的混合物，放在阳光下曝晒，直到长满了虫子；颜色越绿则滋味越浓，吃起来也更滋补。这东西叫乳酪，用来就着一种浑浑的带红色的液体吃，这种液体会冒着泡漫出杯子来，弄脏人的衣服，其名称叫做啤酒。”[20]乾隆年间才子袁枚就在粤东杨中丞家里吃过西洋饼，然后在《随园食单·点心单》中记载了其制作的方法：“用鸡蛋清和飞面作稠水，放碗中。打铜夹剪一把，头上作饼形，如蝶大，上下两面，铜合缝处不到一分。生烈火烘铜夹，撩铜水，一糊一夹一熯，顷刻成饼。白如雪，明如锦纸，微加冰糖、松仁屑子。”

鸦片战争（1840年）后，欧美各国外交使者、商人、教士、游人等纷至沓来，他们把自己国家的饮食文化带入了沿海地区。西餐在沿海通商口岸登陆，西餐的引入和推广令沿海地区饮食风气大为改变。西餐首先在上层社会中流行，成为高级酒楼饭店吸引富绅的招牌菜色，如广州《天趣报》1910年10月18日以《岭南第一楼改良食品广告》为题，自称：“烹调各式西菜，美味无双，并巧制西饼，一切便来往小酌。”以后随着沿海人与外国人交往的增多，西餐逐渐为沿海人所熟悉，并进入一些沿海人的家庭。

中西饮食文化大交流、大碰撞的结果是沿海饮食文化吸收西餐精华，融为自己的一部分，使沿海饮食文化更加丰富多彩。鸦片战争后，大批出国的华侨，在把中国沿海饮食风习带到侨居国的同时，也将国外饮食文化带回了家乡。

8. 疍民食俗

谚曰："靠山吃山，靠水吃水。"疍民食俗正是"吃水"的一个范例。疍民秉承古越人嗜食水产习惯，虽然主粮是稻米，但副食几乎无不以水产为主，绝少蔬菜。南宋杨万里《诚斋集》卷十六所写《疍户》诗说，疍民"煮蟹当粮哪识米"，恰是这种食俗的写照。不过在旧社会，疍民经济地位低下，各种负担甚重，打到上等鱼虾，几乎全部卖给陆上居民，以换取钱财，缴纳各项费用。劣质水产以及卖剩鱼虾，多腌制或晒干，贮备起来作为食用。清初，顾炎武《天下郡国利病书》卷一百零四也曾提到疍民"不事耕织，唯捕鱼、装载以供食"。

疍民出入水中，易受寒，酒是他们一种不可或缺的饮料，除了舒松筋骨，还在于驱寒。另外，水中劳动，体能消耗很大，极需补充热量，所以沿海周边居民，无论陆上或水上的都嗜糖，无论冬夏都有煲糖水习惯，疍民尤甚。

喝生水也是疍民的一种习俗，这是因为船艇上缺乏燃料，且也是贪图方便，信手从水面上打水来饮。因历史上疍民大小便都拉进水中，水体受到污染，痢疾、霍乱病由此流行。19世纪三四十年代，疍民中即发生过这些流行病，有些疍民甚至全家死绝，无人收尸，一时成为社会新闻。新中国成立后，这些流行病已得到有效的控制，疍民生活不断改善，喝生水习惯渐渐减少了。

沿海地区对外交往密切，商业气息浓厚，生活方式染有浓重的商埠色彩。疍民也处于这种生态环境和生活方式中。他们以艇为当地居民和各方来客的生活消费需要提供方便。有专供食客吃喝的艇仔（即小舟），且有驰名至今的"艇仔粥"。黄节的一首《游荔枝湾》赞叹荔枝湾艇仔粥诗曰：

东去珠江水复西，江波无改旧西堤。

画船士女亲操楫，晚粥鱼虾细断齑。

艇仔粥是一种以鱼片、螺肉、花生、芋头等多种配料加入粥中制成的颇有风味的粥品，由小艇划到江面或江边叫卖而得名。还有专供客人高档消费的花艇，花艇是指一种养有艺妓以娱乐宾客的船艇。花艇船舱较为宽敞，可供歌舞。艇仔装饰清雅秀丽，来客身坐艇中，一边临风品茗把酒，一边欣赏色艺双全艇妹的清音。入夜，花艇游弋其间，船火点点，加上那艇仔粥的叫卖声，摇橹声，丝竹弦乐声，歌声，热闹得可以和朱自清笔下的秦淮河媲美。当地人可在此一度闲暇，过往的中外豪商大贾、文人墨客、权贵官吏乃至水手贩夫都会聚在这里一享风华。有人在这里坠入春宵温柔乡，也有真情的男欢女爱的故事发生，留下带着余香流韵的逸事掌故被后人传说。最感人的是那个关于穷书生和苦艺妓的传奇故事，他们可谓同是天涯沦落人，他们相互同情，进而相知、相爱。故事的结局十分悲惨，姑娘为情而殉，只留下一只绣花鞋。书生高中回来，玉人无处可觅，遂把绣鞋下葬并结庐坟旁，相伴终身，自耕而食，终老不复娶妻。闲来便写下数十首竹枝词，重拾当年相爱的欢乐与哀伤。如此至情至性，正是下层人民美好的品质和善良人性的体现和折射。时人哀之感之，把葬花鞋的山冈改名叫“花鞋山”。

1949年以后，疍民逐渐搬到岸上，昔日的水上风情已绝迹了。

参考文献：
[1]戴燮元. 北辕录（不分卷）. 杭州：杭州古籍书店，1985
[2]刘恂. 岭表录异（卷下）. 上海：上海古籍出版社，1987
[3]屈大均. 广东新语（卷22）. 上海：中华书局，1981
[4]金庭竹著.舟山群岛·海岛民俗. 杭州：杭州出版社，2009：31
[5]陈泽泓. 潮汕文化概说. 广州：广东人民出版社，2001：593
[6]陈徽言. 粤东笔记（卷2）. 广州：广东高等教育出版社，1990
[7]山曼，单雯编著. 山东海洋民俗. 济南：济南出版社，2007：96-97
[8]姜彬主编. 东海岛屿文化与民俗. 上海：上海文艺出版社，2005：265-287
[9]司徒尚纪. 中国南海海洋文化. 广州：中山大学出版社，2009：119-134、274-294
[10]林蔚文主编. 福建民俗. 兰州：甘肃人民出版社，2003：112-113、125-129
[11]邢植朝，詹贤武主编. 海南民俗. 兰州：甘肃人民出版社，2004：82-84
[12]http：//www.citsnj.com/attractions/show_info.asp? id=62924槟榔
[13][美]亨特. 广州番鬼录. 广州：广东人民出版社，2001
[14]刘志文，严三九主编. 广东民俗. 兰州：甘肃人民出版社，2004：26-27、82-86、391-392
[15]浙江民俗学会编. 浙江风俗简志. 杭州：浙江人民出版社，1986：352
[16]刘达潜修. 建瓯县志（卷25）. 1929：25
[17]金煦主编. 江苏民俗. 兰州：甘肃人民出版社，2002：136
[18]郭伯南著. 文物鉴赏100讲. 天津：百花文艺出版社，2009：217
[19] [美]亨特著. 旧中国杂记. 沈正邦，译，章文钦，校. 广州：广东人民出版社.2001：41-43
[20]http://www.100md.com/Html/Dir0/18/28/77.htm 番薯的由来

图片来源：
[1]牡蛎 http://image.baidu.com/i?ct=503316480&z=&tn=baiduimagedetail&word=%C4%B5%F2%C3&in=23587&cl=2&lm=-1&pn=2&rn=1&di=13598979573&ln=2000&fr=&fmq=&ic=0&s=0&se=1&sme=0&tab=&width=&height=&face=0&is=&istype=2#pn2&-1
[2]清蒸带鱼 http://www.nipic.com/show/1/55/5e38541bd47ff407.html
[3]水煮虾 http://bbs.xmfish.com/read-htm-tid-852451-ordertype-desc.html
[4]鱼汤 http://image.baidu.com/i?ct=503316480&z=&tn=baiduimagedetail&word=%D3%E3%CD%B7%CC%C0&in=1786&cl=2&lm=-1&pn=0&rn=1&di=59322896430&ln=2000&fr=bk&fmq=&ic=0&s=0&se=1&sme=0&tab=&width=&height=&face=0&is=&istype=2#pn0&-1&di59322896430&objURLhttp%3A%2F%2Fwww.zuocai.org.cn%2Fcaipu%2FUploadFiles_3444%2F201002%2F2010020117460760.jpg&fromURLhttp%3A%2F%2Fwww.zuocai.org.cn%2Fcaipu%2Fshowarticle.asp%3Farticleid%3D6816&W2102&H1590

[5]吃鱼生 http://www.gzmtr.com/xwzx/yxshzx/yxms/t20070530_105737.htm
[6]烤鱼 http://shop26585.liecheng.com/golden/20100717-149092.html
[7]风干鱼 http://www.microfotos.com/?p=home_imgv2&picid=643773
[8]糟鱼 http://www.pydzh.com/2010/0419/1975.html
[9]醉鱼 http://www.nipic.com/show/1/55/0804a5d2362f62d5.html
[10]皮蛋粥 http://image.baidu.com/i?ct=503316480&z=0&tn=baiduimagedetail&word=%C6%A4%B5%B0%D6%E0&in=28743&cl=2&lm=-1&pn=3&rn=1&di=26357807355&ln=1826&fr=&fmq=&ic=0&s=0&se=1&sme=0&tab=&width=&height=&face=0&is=&istype=2#pn3&-1&di26357807355&objURLhttp%3A%2F%2Fimg155.poco.cn%2Fmypoco%2Fmyphoto%2F20090906%2F11%2F53506328200909061126201375037057523_002_640.jpg&fromURLhttp%3A%2F%2Fwww.fsehome.com%2Fshow.aspx%3Fid%3D89487&W750&H562
[11]番薯 http://www.nipic.com/show/1/57/051ae51dca4ac4cc.html
[12]海南槟榔果 http://image.baidu.com/i?ct=503316480&z=&tn=baiduimagedetail&word=%E9%C4%C0%C6&in=11361&cl=2&lm=-1&pn=0&rn=1&di=14584488168&ln=2000&fr=&fmq=&ic=0&s=0&se=1&sme=0&tab=&width=&height=&face=0&is=&istype=2#pn0&-1
[13]海南槟榔树 http://image.baidu.com/i?ct=503316480&z=0&tn=baiduimagedetail&word=%E9%C4%C0%C6%CA%F7&in=23896&cl=2&lm=-1&pn=5&rn=1&di=22578481170&ln=2000&fr=&fmq=&ic=&s=&se=&sme=0&tab=&width=&height=&face=&is=&istype=2#pn5&-1
[14]环境优雅的茶楼 http://www.nipic.com/show/4/130/3548739kc29f6d8c.html
[15]潮汕功夫茶 http://image.baidu.com/i?ct=503316480&z=&tn=baiduimagedetail&word=%B9%A6%B7%F2%B2%E8&in=17803&cl=2&lm=-1&pn=2&rn=1&di=38715602235&ln=2000&fr=bk&fmq=&ic=&s=&se=&sme=0&tab=&width=&height=&face=&is=&istype=#pn2&-1
[16]功夫茶 http://image.baidu.com/i?ct=503316480&z=&tn=baiduimagedetail&word=%B9%A6%B7%F2%B2%E8&in=22194&cl=2&lm=-1&pn=4&rn=1&di=23057376843&ln=2000&fr=bk&fmq=&ic=&s=&se=&sme=0&tab=&width=&height=&face=&is=&istype=#pn4&-1
[17]别有风味的擂茶 http://tupian.hudong.com/a2_70_97_0130000167299121731974985182_jpg.html
[18]咸茶 http://news.hzcom.cn/shownews-56731.shtml
[19]凉茶店 http://cnnews.nmgnews.com.cn/system/2009/05/15/010222036.shtml
[20]斗茶 http://news.cteac.com/cydt/teass/2008-7-31/2008731934453545.htm
[21]分茶 http://www.wystea.com/dq/2010/0813/2671.htm
[22]西餐 http://www.nipic.com/show/1/55/d935483bc433bc51.html

第六章
海洋居住风俗

海洋周边地区常年受海风吹拂，不但风力强，且富含盐分，对建筑物腐蚀强，建筑物必须适应这种海洋自然环境。另外，沿海地区建筑深受海外文化影响，特别是近世西风东渐以来，西方建筑文化不断假道海洋，传入沿海地区，并与当地建筑相融合，形成具有中西建筑文化特点的海洋地域建筑文化，并不断从沿海向内陆传播，蔚为大观。这也是中国海洋风俗文化的一部分，具有强烈的中国海洋风俗文化风格。

1. 草棚和草屋

海岛上最早出现的民居样式应该是“草棚”。大约在唐宋年间，许多离海岸线较远的偏僻小岛大都是无人居住的荒岛，但海洋性鱼类资源特别丰盛，沿海有些渔民去捕鱼，为及时加工鱼虾或休息的需求，临时登岛搭棚暂住，待渔汛过后即离开。草棚为临时性的居住建筑，为此，草棚的构建很简陋。草棚一般以毛竹为支架架成人字形支撑屋顶，四壁没有固定的遮风围墙，或稍加矮墙，或用几张草席作挡风墙，上面覆盖稻草作草棚顶，再用草绳网加固，只要不被风吹掉顶或被暴风雨冲垮即行。在草棚外往往还有一个较大的土灶，又称“炊虾灶”，除了用于起灶烧饭煮鱼食用外，主要还用于鲜小虾的炊煮加工。鲜小虾煮熟后再在岛上晒干，虾汛结束时运回大陆出售。此时，草棚或撤除，或保留，待明年虾汛时备用。应该说，草棚是海岛人创造的最早最原始的人造居住空间。

继草棚之后，海岛上大量的居住方式是“草屋”。草屋是长期居住的民居建筑，四周有固定的遮风围墙。杨志林在《洞头海岛民俗》一书中说：“草屋始于唐宋。明代为土坯和泥垒墙，到了明末，才有石头砌墙的传统，并用海上捕捞的牡蛎粉搽盖石缝。”草屋屋基多选在近山背风朝南坐北处。[1]

2. 海草房

草房是以草为覆被材料而建成的房屋的总称。普通草房只是屋面上覆盖薄薄的一层屋面草。这种草房牢固度和保暖性能很差，虽节约屋面草，用资亦省，但大风常掀去屋面草，下大雨亦易漏，一两年就得重葺一次屋面。

因各地所产不同，用以建房的草也不相同。在草房之中，最有特色的是沿海地区的“海草房”，它以天然石块筑墙，墙体低矮，用浅海生长的海苔草铺设屋顶。海草房主要分布在我国胶东半岛的威海、烟台、青岛等沿海地带，特别是荣成地区更为集中。

用于建造海草房的海草不是一般的海草，而是生长在5~10米浅海的大叶海苔等野生藻类。海草生鲜时颜色翠绿，晒干后变为紫褐色，非常柔韧，沿海生长着许多这样的海草。老的海草要比嫩的耐用，而冬、春的海草要比夏天的结实。一年四季海草春荣秋枯，长到一定高度后，遇到大风大浪，海潮就会将其成团地卷向岸边。

一般沿海的人们谁家要盖房子了，都会提前到海边收集海草。人们将这些海草打捞上来，晒干整理，等到盖房子时使用。

海草房

盖海草房最关键的步骤就是往屋顶上苫海草了，因此当地人盖房又称“苫房”。苫房的原理其实跟建造瓦房安装瓦片有相通之处，只不过是用海草从下往上一层压一层地苫好。海草房必须盖得极厚才能防止漏雨，故苫盖的海草最厚处达4米，每栋房屋动辄要用数千斤海草，海草房的屋顶高耸，坡度很陡，屋脊的建造左右倾斜为50度角，房顶的坡度越大越便于快速排泄雨水，避免了海草的腐烂。屋脊做成卷棚式，浑圆厚实，为预防海风掀揭海草，还要用旧渔网罩起来。一栋海草房的好坏、使用时间的长短，主要取决于海草是否苫得严密。因为只要屋子不漏水，墙是很难倒的，可以一直住下去。为此，人们一般都请那些代代相传具有丰富经验的苫匠来帮助建造海草房。苫一间海草房要三四个人花上十几天才能搞好。

由于生长在大海中的海草含有大量的卤和胶质，用它苫成厚厚的房顶，除了有防虫蛀、防霉烂、不易燃烧的特点外，还具有冬暖夏凉、居住舒适等优点。因为海草耐腐烂，可保四五十年不漏，无须经常覆草，省工省时。因此，凡经过精工盖成的海草房，百年老屋照常居住者绝不罕见，海草房深得沿海居民的喜爱。用海草这种天然建筑材料，废弃后不但容易降解，而且不会对环境造成任何污染与破坏，这一点也是砖瓦等建筑材料所不能比拟的。[2]

3. 石屋

所谓“石屋”，是指民居建筑的墙宇都是用光洁坚硬的花岗岩筑成。块块方石垒墙而建，石间的缝隙，古时用沙灰粘连，现在用水泥、黄沙拌粘，十分牢固。不仅墙宇如此，而且房屋的门框、窗架，甚至连屋顶的盖屋板，都是使用长条石，整个石屋建筑几乎不用一根木头和其他建筑材料。石屋的窗为“石窗”，是石头雕成的花窗。石窗的制作，采用浮雕、圆雕等手法，并有多种图案，很有艺术鉴赏性。如雕刻龙凤的，象征吉祥；钱币，象征富裕；蝙蝠，表示祝福；鲤鱼，谐音有余等。

海岛石屋

石屋建筑在浙江嵊泗黄龙岛的峙岙村与普陀的东极岛尤为显著。究其原因，一是海岛就是石头生成的，岛上多石头，而宅基又在石塘内，就地取材，省力又省钱；二是海岛多大风，春、夏季又很潮湿，只得用坚固的石块筑墙，抗击台风，抵挡暴雨，并能防潮耐腐蚀。[3]

4. 住家船

住家船即水上的住家。水上居民疍民上无片瓦，下无寸土，常年漂泊在江海内河，以舟楫为宅，一条小木船就是他们的全部家当。疍民一家几代人挤在小船上，在风浪里颠簸，生活非常苦。船上有火舱、睡舱。养猪、养鸡等事也都在船上。疍民的木船底部吃水部分呈三角形，稳定性极好，在江海中随浪起伏，仿佛蛋壳一般，故有一种看法认为“疍”的名称本源于此，并与“蛋”字相通。小船大多长五六米，宽约三米，首尾尖翘，中间平阔。船首是撑篙、撒网的劳作场所；中部船舱，用竹篷遮蔽，分前后两舱，既是全家人的卧室，又可用作货舱；船尾作为厨房，也是日常便溺之处。疍民“以船为屋，以水为田”，生活十分艰难，一家人往往就只靠一条小船搬运、渡客或捕捉鱼虾为生，以低得可怜的收入来维持生活，还要受到陆上人的各种压迫和歧视，不能上岸居住，不能与陆上人通婚。女人上岸被诬为“水蛇上滩”，儿童不能上岸读书，男人上岸动辄遭陆上人殴打侮辱。疍民为了防止小孩掉进水里，便在他们身上系上一条绳子，胸前背后还绑着一块浮木块，或背系大葫芦。疍民长年累月以船为家，过着浮家泛宅、与潮汐共浮沉的生活。一些稍有积蓄的疍户为避免全家人在波涛中丧命，就在荒僻的岸沿滩地搭盖简陋的寮棚。

珠江河上摆渡的疍民，疍船为其居屋

（袁蓓摄，见《羊城晚报》，2000年3月19日）

住家船

过去疍民都居住在水面上，渔船密密层层，一只接连着一只，这些栉比的渔船，在水波上蔚成一个城镇。也有把渔船移上岸边，权当避风遮雨的住宅，它们排列在岸边上，枯黑破碎，一只接连着一只，漫成村庄。这种情景，现在已经很少了。但在用地紧张的城镇，这种水上住宅区仍不失为解决住房困难的权宜之计。[4]

5. 浮水屋

浮水屋即漂于水面的房屋。浮水屋的基础是用竹或木，紧缚成矩形，敷板于其上建屋，浮水屋随潮水涨落。浮水屋主要流行于水上作业人群中，例如一些海河港口就有这种临时建筑。近年水产养殖业兴起，这种建筑也在沿海一些虾场、网箱养鱼场时兴起来。如在阳江闸坡港，满眼尽是这类浮水屋，这些浮水屋漂浮于海面上，成为观光旅游的一景。

6. 船屋

船屋又称为“船形屋”，此屋一般就地取材，砍树劈竹，采藤割茅，以竹

船屋

木为架，覆草为盖，屋比较低矮，外形像船篷，内部间隔像船舱，因此被称为“船形屋”。船形屋这种住宅是居住在热带海岸附近的海南黎、苗族人民的传统住房，是黎族和苗族富有民族特色和地方特点的传统住宅类型。

黎族传统船形屋的特点是平面为纵长方形，整个屋子由前廊（敞开式）和居室两部分组成。整个屋顶拱起如船只形，屋以竹木构架，藤条捆扎，茅草盖顶，接到地面，屋内不隔间，对头开门，门上屋檐伸展，檐下为休息、置物场所。一般不设窗户，据说开窗户会有“恶鬼”进入屋内，作祟人畜，引起疾病。所以整个房间阴暗、通风采光差。船形房屋内十分简陋，可划分为厨房、卧房、客厅三个活动区。黎族船形屋的活动区是连成一体的，没有形成独立单元，不设浴室和厕所。“三脚灶”占据着显著的位置，其上方设烘物架。一般家具极少，每个家庭都设有简单的木制或竹制的睡床、桌子、木凳或藤凳。在屋内设床铺，划定家人睡觉的位置。靠墙上空做成搁架，贮放家具、农具、杂物等。墙壁和柱子上挂钩很多。船形屋有防风避雨、冬暖夏凉的优点。从现代建筑学观点来看，船形屋以较轻的建材和相对坚固的力学结构胜于其他形式的房屋，具有较好的防震能力，对海南这样一个湿热多雨、台风繁多的地方，船形屋无疑是一种巧妙的适应。目前，船形屋尚流行于白沙、昌江、东方、乐东、保亭和琼中等市县的部分地区。

苗族传统的船形屋与黎族船形屋有相同点，又有不同之处。苗族船形屋以竹子木枝构架，有支柱而无横梁，屋顶成拱形，上面用茅草覆盖并垂及屋子的左右两侧，形成半圆形的船篷状。地板不铺设竹片或木板，只把泥地铲平夯实。茅草每三五年翻新一次。房屋也没有一定的排列顺序，或间隔或相连，距离不等。室内结构一般隔成三间，中间是客厅和厨房，两边是卧室。炉灶大多数设在客厅内靠近后门处，灶上有一个小型烘物架，供烘烤腊肉、稻谷、玉米和其他东西。灶后墙上还设有灶神牌位。客厅左角上方处设有祖先神位。房间多不开窗，光线较暗，尤其是睡房内，白天都是伸手不见五指。苗族船形屋一般都开有两个门，前门大后门小，大门前的屋檐伸得较远，形成出入的走廊，既可挡风避雨，又可作为平时会客聊天和家庭活动的场所。船形屋两侧伸出来的屋檐，一端用竹子木条围起来作猪圈或养其他家禽，有的还在旁边搭起竹床作为休息的场所或堆放柴火，而另一端则附设一间小染房和舂米场所。[5]

7. 水棚

水棚是广东水乡一种独特的传统民居，傍水而建，后接堤岸或矶围，就地取材，用杉木、葵尾、蔗壳、稻草等构成，插入泥沙中。涨潮时水棚高出水面一尺，退潮时水棚远望如浮在水面，水棚所占空间很浅窄，三维长度不过数尺，犹如白鸽笼，简陋古朴。过去水棚是无立锥之地的农民及社会最底层疍民的居室。凡疍民分布之沿海，河湖之滨皆有此类建筑，包括珠江各支流，韩江、漠阳江沿岸，海南沿海各港，以及港澳地区等。新中国成立后许多疍民移居陆上，水棚一度大增。30多年前广州滨江路就有大片这种建筑，现在只剩个别，但在其他地区，水棚仍是疍民重要的居室。

参考文献：
[1]姜彬主编. 东海岛屿文化与民俗. 上海：上海文艺出版社，2005：361
[2]叶涛主编. 山东民俗. 兰州：甘肃人民出版社，2003：88
[3]金庭竹著. 舟山群岛·海岛民俗. 杭州：杭州出版社，2009：39
[4]司徒尚纪. 广东文化地理. 广州：广东人民出版社，2001：149-150
[5]邢植朝，詹贤武主编.海南民俗. 兰州：甘肃人民出版社，2004：64-65

图片来源：
[1]海草房 http://www.tuhigh.com/photo/p/1068564
[2]海岛石屋 http://www.showchina.org/zt/sys/00_5/03/200809/t222499.htm
[3]住家船 http://news.sina.com.cn/o/2009-11-23/040716650438s.shtml
[4]船屋（图见：李露露.清代黎族风俗的画卷——《琼州海黎图》.东南文化，2001（4）:13）

第七章

海洋娱乐风俗

1. 海滩放风筝

风筝也叫做“纸鹞”或“纸鸢”。“鹞”及“鸢”都是鹰类猛禽。风筝最早的造型是做成鹰的样子，风筝放飞时就像一只雄鹰在空中翱翔。

风筝历史悠久，据史料记载早在两千多年前的春秋战国时期，鲁国工匠鲁班就曾“制木鸢以窥宋城”，即用木料制成较大的风筝，上面可载人负物，风筝借助风的力量，放飞天空，用于军事侦察或投递求援信号。后来，风筝又成为中国宫廷贵族子弟的玩具。五代时，就有人在宫中做纸鸢，引线乘风为戏。又在鸢首置一竹笛，“使风一入竹，声如筝鸣”，所谓的“筝”，是中国古代的一种乐器，这就是风筝命名的由来。宋元以后，风筝逐渐普及到民间，明清时期更为流传，放风筝便成为人们的一种娱乐游戏。此后风筝在民间一直延续流传。

海滩上放风筝，一是场面开阔，可充分施展放风筝的竞技，并可容纳众多参赛者，造成“滩头众人牵戏，空中满眼鸢飞”的壮丽场面。二是海滩上空气新鲜，海风习习，便于放风筝上天，而且放得高，放得远。三是放风筝是放晦气，是一种去邪巫术。在海滩上放风筝即把晦气放向远方海面，以保佑沿海人平安，为此，断了线的风筝不能再拾回来，否则视为不吉利。由于这种种原因，海滩放风筝历来成为沿海人的娱乐爱好和滩上竞技之一。清明、立夏、中秋、重阳，则为海滩放风筝最热闹的日子。[1]

制作风筝的原料有竹子、纸或绢、颜色、丝线、糨糊等。民间扎制风筝的骨料一般选用加工均匀平滑的竹条，也有的地方采用高粱穗下的细长部分、苇秆作风筝骨料；用韧性较大的纸和绢作面料；用透明性极强的“品色”或国画颜色作为彩绘颜料。风筝扎制过程大体经过以下步骤：扎架，将选好的原竹经破竹料、削竹料、修竹条等步骤加工成风筝骨料，将加工好的竹条根据要扎制的风筝形象，经烘烤弯曲出不同部位的外形，然后将弯曲好的各部位竹条用细线捆扎连接到一起，并固定在支撑加固用的竹条或框架上。裱糊，用糨糊将纸或绢均匀平展地裱糊到骨架上。裱糊方法有两种，一种是把纸或绢包贴在竹条的四个面上，叫“包边儿”；一种是将纸或绢粘贴在竹条的两个面上，待干后将多余的纸用小刀去掉，这叫“裁边儿”。彩绘，待裱糊的纸绢干透后，再用颜料进行彩绘。也有的艺人先彩绘再将画好的风筝样子糊在骨架上。经过以上步骤的加工，一只光彩夺目生动可爱的风筝便做成了。

沿海风筝形状各异，无论是工艺造型，还是艺术特色，都充分表现了沿海人的艺术情趣和美好向往，富有浓郁的乡土生活气息。

沿海传统风筝根据扎制材料可分为纸糊风筝和绢糊风筝两种，近年又出现了塑料风筝。根据风筝的扎制结构和形制，大体可分为硬翅、软翅、拍子、串式、桶子等形式。

硬翅，其翅膀由上下两根硬条组成，并与躯干扎结在一起，然后糊上纸或绢，这种风筝吃风力大，飞得高。

软翅，其翅膀是真实飞禽形状的模拟，翅膀只有上膀条，没有下膀条，在上膀条上糊绢，下边随形剪成，这种风筝吃风力小，不擅拔高，但可御风跑远。

拍子，是两边不伸出翅膀的平面，如“瓦块”、“大炉鼎”，为使风筝上下部分重量平衡，往往在下部系条麻绳，这种风筝属低档产品。

串式，即将几个或几十个拍子或硬翅风筝等距离串在一起，成为一个整体的风筝。由于各扎件之间用线连接，各件具有一定的自由活动性，因此放飞时风筝整体会产生玲珑剔透蜿蜒游动的立体活动感。如“串蜈蚣”，每个单个风筝就是整个蜈蚣身上的一个骨节儿；“串雁”，是由若干个硬翅的大雁风筝组成，犹如雁群有序地在空中飞翔。[2]

桶子，是将要模拟扎制的事物形象扎制成可叠在一起的立体骨架，用色绸裱糊，平时可将风筝叠放，放飞时展开。

硬翅、软翅和拍子风筝形制较小，扎制比较简单。串式、桶子风筝一般形制较大且扎制工艺较高，是风筝中较复杂的两种。硬翅风筝，放飞简便，善于起高，是沿海地区民间普遍流行的一种风筝形式。

沿海传统风筝的题材内容以动物和人物为主。动物以与飞翔有关的动物和昆虫的形象居多，如鹰、燕、鹤、蝶、蝉、蜻蜓、蝙蝠等，也有部分其他动物如鱼、蟹、蜈蚣、螳螂等。人物题材的风筝以表现神话传说内容的居多，如

“天女散花”“嫦娥奔月”“麻姑献寿”“仙鹤童子”“八仙过海”“许仙游湖”“钟馗”等。除此之外，桃、荷花、宫灯、扇子、花瓶、寿字、喜字等也常被作为风筝题材加以表现。

放风筝缠线用的工具有线拐子、线桄子、绞车等。线的种类很多。一般是根据风筝的大小选择线的粗细与质地。过去放小型风筝一般用棉线绳，放较大的风筝则需要用麻线，近年则多采用尼龙线。放硬翅、软翅和拍子风筝，由于风筝形制较小容易被风吹得摇摆甚至翻滚，因此，人们大都在风筝的下部拴上几条纸剪成的纸条并捆成穗，用绳串成长串的“飘弋”，以使风筝在飞行时保持平衡。当风筝飞到一定高度时，海边的孩子们时常将一张纸从中间撕一条缝到纸的上部并撕一小洞，然后将纸挂在风筝的线上，于是纸便在风的吹动下沿着风筝线飞到了高空的风筝那里，孩子们称它是给风筝“送饭的”。也有的在风筝上装以用竹管或苇管自制的“哨子”、用竹条丝线做的“响弓”等，使风筝放起来发出响声。放风筝时，要顶着风向，循序渐进地放开引线，使风筝顺势飞向空中。蝴蝶、蜻蜓、雄鹰、仙鹤、蜈蚣、串燕等各种造型的风筝，犹如真的飞禽一般，在海边蓝天的映衬下，甚是好看。海边儿童嬉戏，蔚蓝晴空风筝游弋，别有一番情趣。[3]

2. 赛龙舟（又称龙舟竞赛）

赛龙舟是端午节的一项重要活动。

赛龙舟最早是祭水神或龙神的一种祭祀活动，传说很久以前，西岸没有河流，只有一条又小又脏的水沟。一天，有个打鱼人在水沟里网住了一条小蛇。这条小蛇十分奇特，尾部有九片闪耀的鳞片。当打鱼人把手触向小蛇的鳞片时，蛇流露出乞求的眼神，十分可怜。打鱼人顿生恻隐之心，抚了一下它的鳞片，就把它放回了水沟。谁知那九片鳞忽然落了，小蛇身子变长，化为一条小龙。原来，它是一条天上的神龙，因触犯了天条，受玉皇大帝处罚，变成这模样，它的尾巴上被加了九把锁——就是小蛇尾上的九片闪耀的鳞。玉皇曾言：“这锁要打开，除非得到人的阳气。”刚才打鱼人无意中竟打开了小龙身上的千年枷锁。小龙为了感谢打鱼人，在水沟里不停地翻动，并从口里不停地喷出水来，灌注在小水沟里。慢慢地，小水沟变成了大河（也就是现在的西岸河）。有了河水浇灌庄稼，西岸从此五谷丰登。为了纪念这条神龙，人们把沿河的村子称为龙头寨，上龙首等村。在神龙升天这一天，也就是端午节举行赛龙舟，以示庆贺。[4]

赛龙舟流传最广的起源是楚国人为纪念投江自尽的屈原，借龙舟驱散江中之鱼，期望阻止鱼吃掉屈原的身体，此龙舟竞渡之寓意。正如南朝梁吴均《续齐谐记》所载："楚大夫屈原遭谗不用，是日投汨罗江死，楚人哀之，乃以舟拯救。"

古越人对龙蛇图腾崇拜演变为今日珠江口赛龙舟
（王培忠　摄）

龙舟是一条长十四五米，状如蛟龙的长舟。其制作非常讲究，宽度仅能容纳两个人并排坐下，要充分考虑力学原理，使舟在划行时阻力要小。人坐在舟上又要保持龙舟重心平稳，不至于翻倒。赛龙舟时一般是20人组成一组参赛队伍，其中20人分两排坐在龙舟上，每人手拿一船桨用力向前划行；船头一名队员手拿彩旗司职指挥，船尾一名队员司职鼓手，用力擂鼓以激士气。

每逢举行赛龙舟的活动，就像一次盛大的节日来临。有些地方五六十只龙舟同时参赛，每只船头上都安装有各式各样的木雕龙头，木雕龙头色彩绚丽，形态各异，有金龙、黄龙、白龙、乌龙等。开赛号令一响，一只只龙舟犹如离弦之箭、出山之虎，奋勇争先，一往无前。每只船上锣鼓喧天，喊声阵阵，你追我赶，力争上游。河岸两侧人头攒动，万众欢腾。前来呐喊助威的观众，群情激昂，欢声震天。扣人心弦的赛龙舟，把端午节的节日气氛推向了高潮。

3. 龙船歌

龙船歌没有音乐伴奏，只用锣鼓铙钹来加强气氛。沿海人唱龙船歌是为了祈求龙船菩萨保佑风调雨顺，驱除灾祸，人寿年丰，国泰民安。旧时，沿海人每年于农历四月初八晚上开始，请神、抬龙船下水后，每天夜晚唱龙船歌，一人领唱，众人帮腔，此起彼落，一直唱到五月初五端午节，划龙船活动结束，唱龙船歌也随之结束。[5] 龙船歌自由奔放，高亢激昂，生活气氛浓郁，如一首《龙船歌》唱道：

龙船扒得快，嘿！
今年好世界，
游龙飞舞似彩带，
你快我又快，
我快你又快，
争饮农业丰收酒，
莲花杯哩！
夺金牌。

龙船扒得快，嘿！
今年好世界，
我快你又快，
你快我又快，
富裕大路放心走，
家乡建设哩！
巧安排。
龙船，龙船，
龙船扒得快，嘿！
今年好世界，
好世界，
好世界，
真是好世界。[6]

4. 龙舞

龙舞，又称舞龙，因舞者持传说中的龙作为道具而得名。

龙为江河海洋中的动物，中国人自古以来便相信龙是水的主宰，有无边的法力，舞龙是为了求得吉祥如意，龙舞是沿海人喜爱的一种游艺形式。

龙多在春节游舞各村各户拜年。舞龙的“龙”，通常都安置在当地的龙王庙中，舞龙之日，以旌旗、锣鼓、号角为前导，将龙从庙中请出来。等到舞龙完毕，就将龙送回庙内，明年再用。龙舞的种类很多，如百叶龙舞、火龙舞、竹龙舞、醉龙舞、金龙舞、人龙舞、花木龙舞、短尾龙舞等。

百叶龙舞

“百叶龙”，顾名思义是由“百叶”构成。而此叶却非一般的树叶、茶叶，乃是一瓣瓣荷花的粉红花瓣组成。

浙江流行舞“百叶龙”，百叶龙是一种构思、制作均极奇巧的龙。舞者手执荷花灯、荷叶灯、蝴蝶灯，翩翩起舞。人们只见朵朵盛开的荷花，在片片荷叶中飘移、舞动，似一只只美丽的蝴蝶在花丛中飞舞。一段优美抒情的舞蹈后，舞者齐聚场中，突然间，一条巨龙在人们的眼前腾跃而出。原来一朵特大

百叶龙

的茶花灯（或聚宝盆）的背面绘制的是一个辉煌壮丽的龙头，朵朵荷花紧紧相扣连组成龙身，片片花瓣变成龙身上的片片鳞甲，美丽的蝴蝶成了抖摆的龙尾，而荷叶则成了朵朵白云。舞百叶龙习俗的产生有个传说：

相传很久以前，苕溪（浙江省北部）岸边有个荷花村，村前有一个荷花池，池塘里长满了荷花。每到夏季，碧绿的荷叶铺满水面，无数朵出水荷花，袅袅婷婷，鲜艳无比。

荷花池边住着一对勤劳善良的年轻夫妇，男的叫百叶，女的叫荷花，夫妻俩男耕女织，相敬相爱。这一年，荷花怀了孕，过了十个月，孩子却没有生下来。又过了一年，还是没有生下来，直到九百九十九天，才生下了一个男孩。百叶见孩子生得端正健壮，心里好生喜欢。再仔细一瞧，倒是错愕不已：这孩子的胸口脊背上长着细细的龙鳞，金光闪闪，耀人眼目。数一数，有九百九十九片。旁边的接生婆一见，大吃一惊，嚷道："哎呀，了不得，你们家里生了个龙神！"

消息传遍村子，人人都来道贺。消息惊动了村里的老族长，他儿子在朝廷做官，老族长的身边留着个横行霸道的丑孙子。这祖孙俩一听到百叶家里生下龙种，立刻手持钢刀要来砍杀。乡亲得到消息，马上给百叶报信，大家细细商量，想出了个办法：将孩子放在脚盆里，悄悄把孩子藏到门前的荷花池中。

老族长和他的孙子带人冲进门来，但孩子已经不见了。族长老头儿见找不到龙种，便抓住百叶逼他交出来。老族长的孙子见荷花长得美丽，心生一计，举起钢刀杀死了百叶，把荷花抢到家里。老族长心想：龙种没有了爹娘，即使活着，也必定饿死。再说荷花会生龙种，将来龙种会生在自己家里，这天下就是我家的了。

荷花被抢到老族长家里，她想念丈夫和孩子，十分悲痛。族长老头儿逼着她去淘米，荷花拖着淘箩走到池边，轻轻漾动池水，忽然一阵凉风吹来，荷塘深处，花叶纷纷倒向两边，让出一条水路来，只见自己的儿子就坐在脚盆里，向她漂来。荷花又惊又喜，连忙将儿子抱到怀里，喂饱了奶水，仍然放回脚盆里。一阵凉风，脚盆又漂回到荷花丛中去。荷花知道儿子没有饿死，心里十分高兴。

自此，她一日三次到池中淘米，就给儿子喂上三次奶水。这样喂了九百九十九天，儿子渐渐长大，满身龙鳞闪亮金光。到了夜里，荷花池中光芒四射。村子里的老百姓知道龙种没有灭掉，暗暗高兴。老族长得知龙种竟在荷花池中，又生毒计。

一天傍晚，荷花到池边淘米，祖孙两个躲在杨树丛里察看动静，只见荷花池中碧波荡漾，花叶浮动，一阵凉风吹来，荷塘深处徐徐漂来一只脚盆，盆中坐着个满身金色的孩子，欢乐地举着双手向淘米的荷花扑过来。荷花满心欢喜，正要伸手去抱，杨树丛中闪出个人，举起明晃晃的钢刀直向孩子砍去。刹那间，只见孩子从脚盆里倏地跳起来，化成一条金色小龙，向池中跃去。可是迟了，那一刀砍着了小龙的尾巴。这时荷花丛中停着的一只美丽的大蝴蝶忽然向小龙飞过去，用自己的身子衔接在小龙的尾部上，蝴蝶一对美丽的翅膀就变成了小龙的尾巴。

小龙长吟一声，霎时间，狂风大作，乌云翻滚，满池荷花的花瓣也纷纷扬扬飞旋起来。霹雳闪电之中，小龙的身体渐渐变大，化成了数十丈长的巨龙，在荷花池上空翻腾飞跃。这时，一阵龙卷风卷了过来，小龙腾空而起，乘风直上，飞入云端。这阵龙卷风好不厉害，那个砍龙尾巴的孙子被卷到半空，抛得无影无踪。族长老头儿见孙子被风卷走，“扑通”一声，吓得跌进荷花池里淹死了。

荷花看见儿子化成一条蛟龙飞上天空，便大声呼喊，但蛟龙已经飞得无影无踪了。

自此以后，苕溪两岸每逢干旱，小龙就来散云播雨。

当地百姓为感谢小龙，就从这个池中采摘了荷花，用了九百九十九片花瓣，制作成一条花龙。因为不到一千叶，所以取名百叶龙。[7]每年春节，老百姓都要敲锣打鼓舞百叶龙。

火龙舞

舞火龙是吉祥如意、兴旺发达的象征。广东丰顺一带每年元宵节流行舞火龙（即烧火龙）。这个习俗是如何产生的呢？有个传说。很久以前，丰顺地方来了条火龙，这条火龙浑身喷火，兴妖作怪，从此，土地干裂，禾苗枯死，农民心焦如焚。这时，一对年轻夫妻挺身而出，带领大家凿山引水。然而，水通了，火龙又来了，它张开血口，喷出烈火，烧死了年轻夫妇，烤干了水的源头。年轻夫妇的儿子张共，为继承父志，到峨眉山求仙学法。3年后归来，与恶龙苦战三天三夜，用神火将恶龙烧死在洞里，他自己也力竭身亡。从此，风调雨顺，五谷丰登。当地人民为纪念张共，庆祝丰收，每年元宵之夜都要举行烧龙活动[8]。年复一年，形成风俗。

舞火龙，有一条不成文的规矩：大年大烧，小年小烧。所谓大烧，每村都要出一条龙。到当晚八时左右，用做指挥信号的铁铳响了，各村的火龙队成员，齐集在本村祠堂的大厅里待命。轮到自己村的火龙上场前，先由四五个赤

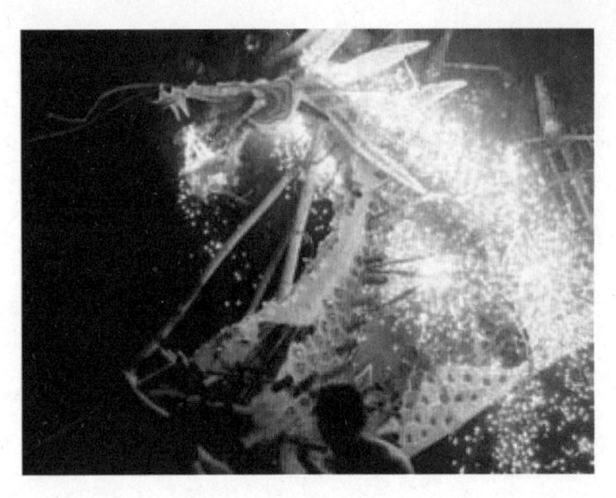

火龙

膊短裤青年敲打着小锣小鼓，从祠堂大厅里奔出村口，然后又折回到厅内，往返数次请龙。接着由三四十个赤膊短裤少年，每人手执一节篾缆，点着熊熊火炬为前导，挥舞着火把为火龙引路。

火龙出门，由40个壮汉手擎一竿七八米长的鞭炮和大锣鼓班走在前面。由一个赤膊大汉手擎装满烟花的龙珠引龙。起舞前，先燃响鞭炮，以引龙出海。30多个赤膊短裤的彪形大汉擎着纸扎成的，头高四五米、身长20多米，分为五节，色彩斑斓、全身扎满五颜六色的烟花、爆竹的巨龙，在硝烟翻滚的云雾中腾空而出。巨龙前后左右簇拥着“鳌龙”、“鲤鱼”等“水族世家”，它们都身装烟花，每一尾“鳌龙”或“鲤鱼”，都由赤膊短裤的汉子擎着，为火龙助威。凡是火龙经过的大街、小巷，每家每户门前都要燃放鞭炮迎送，以感谢火龙带来吉祥。当火龙队浩浩荡荡来到那早已聚满观众的广场绕场三周后，就点燃“火龙”。刹那间，随着一阵轰轰隆隆的爆响，从头至尾，火光四射，霹雳连声。巨大的龙身就在烟火和爆响的包围之中，上下翻飞，左右腾舞，煞是好看，一串串烟花，从火龙身上四周飞向夜空，犹如无数灿烂的夜明珠，编织成一幅幅绚丽多彩的彩练在长空飞舞，令人心旷神怡。此时，预先准备在场上的烟花，朝天射出串串烟花，五彩缤纷，璀璨夺目，从而把舞火龙推向高潮。辉映着滚滚硝烟，犹如茫茫的雾海上空有一条金色的巨龙在腾跃、击搏，气势磅礴，蔚为壮观。若是站在较远处高坡上观赏火龙，则更为奇观。整个活动持续10多分钟，待烟火熄灭，火龙也被烧掉了。而舞火龙者的胳膊上、胸脯上灼起一个个血泡，以血泡最多者为“吉利”。

竹龙舞

广东揭阳流行舞竹龙。编制竹龙，要取大绿竹八根，编龙首长一丈六尺，龙颈长三尺，龙腹六尺，龙尾一丈二尺，龙角一尺五，龙腹宽两尺见方，总重约八十多斤。龙角扎黑布、披红绸。龙首插金花。龙眼用小皮球或纱团制成。

龙舌用竹篾片加涂红色。用弹簧钩搭龙眼和龙舌，行动起来，眼、舌能活动。龙身上的鳞片用玻璃镜子、玻璃珠子纵横悬挂，涂上颜色。龙须长约三尺，用苎麻染成黑色，均匀披吊于两腮及下巴。龙做成后，陈放于用竹制成的支架座上，让村民祭拜。

舞竹龙风俗始自明代。据传，当时有一个姓柯（后人称柯公）的村民到南海县经商，购买了大量生牛皮，因遇连绵阴雨，牛皮无法晒干，将被霉坏。他便到南海圣王庙去祈祷晴天，晒干牛皮，许愿说获利之后，要报答圣王恩泽。碰巧翌日天气晴朗，牛皮晒干了。售完牛皮后，由于劳累，他抱着竹扁担、银袋，便昏昏地睡着了。柯公沉睡之间，觉得耳边风声呼呼，腾云驾雾，当风声停时，两眼睁开，已经回到家乡的琅山边。且竹扁担、银袋都还在手中。此时，他想起在南海圣王神前的许愿，认定是南海圣王施法相助，托竹扁担护送回乡，才有如此神速。因此，他便在村头设一南海圣王神牌，那根竹扁担也和神牌放在一起，供以三牲果品加以拜祭，并对其儿孙们讲述了这灵异之事。后辈人认为那根竹扁担是有神的寄托，便在广场燃起一堆火，有人扛着竹扁担绕着火堆走，有人还去抬出三山国王偶像，跟在扁担后边追。就这样一代一代地传了下来。后辈人又认为这根竹扁担是龙的化身，因此才能腾云驾雾，便用竹编扎成龙的样子，绘上各种颜色，加以神化，并择定每年农历的正月十四日和十五日为祭龙耍龙的日子。

每年正月十四日，天未黑，家家户户门口便悬挂起灯笼。祭拜龙的祠堂门口耸立着四条长约十米的留尾绿竹。夕阳西下，村里每个厅、祠堂门口都摆着迎神牌，设迎神床帐，礼品烛台。三炮响后，锣鼓齐鸣，耍龙的队伍出动时前面有灯笼、彩旗、锣鼓开路，继之是一对对的木制龙头、金瓜、斧头、关刀、“肃静”“回避”牌和四支龙凤扇。随之是红、黑二将（即张巡、许远）打头阵，有天后圣母、三山国王和南海圣王等十二尊偶像，坐在木轿上由人抬。随行耍龙壮汉几十名，整个队伍浩浩荡荡。每到一耍龙“圣地”，鞭炮齐鸣，村民们准备好各种易燃草料、火种，弄成一个直径约三丈的圆圈，游神的队伍抬着竹龙和三山国王，一声高喝，竹龙在前，三山国王在后，绕着火堆狂奔起来。传统耍竹龙有这样的规定：竹龙由三人抬，前两人用肩托住龙颈部位，一人扛着龙尾；三山国王由两人抬，各用竹梯一架，用绳固定，背于肩上，前长后短。在猛跑的这三圈内，三山国王如赶不上竹龙，竹龙便算赢，三山国王便算输。如果三山国王能在三圈内赶上竹龙，则须把竹钩穿进龙腹，用力挽住，竹龙前进不得，竹龙便算输了，三山国王胜了。跑时人声鼎沸，为双方助威。直到草料烧完，才转移到第二个点。全部“圣地”都耍完，竹龙才回到原地安放。

竹龙

竹龙

正月十五日晚上送龙是一个最重要的仪式。由于十四日晚耍龙后，竹龙的装饰有损坏，十五日早上，负责彩龙的人必须把竹龙重新装饰一新，再让村民祭拜。晚上送龙入海。送龙路线与十四日晚上游龙路线一样，但每个“圣火点”只能走三圈，因送龙入海规定在午夜前完成。送龙的队伍人数不限，但都必须虔诚，每人背上一把铁制的送龙剑，其中有四人背上背的是长五尺的木剑。各点游完后，竹龙自己各自顺时针转三个圈，再逆时针转三个圈，每转一圈点首一次，以示依依惜别。最后一次，送龙人拔出剑，朝天挥舞，同时共同发出“呵——”的声音后，由背木剑的四人抬着竹龙向琅山方向奔去，呵喝之声一直喊到终点，此时任何人都不准说话，否则便犯忌。送龙显得非常庄严和神秘，当村民听到“呵——”之声，便要家家关门闭户，人人躲进房里，如碰到送龙的人就运气不好。送龙的地点是琅山虎陷口（当时柯公回来停下的地方），送龙人把竹龙放在浅水的沙滩上，再用若干条每条约百余斤的石条穿过龙腹压住，将四把木剑插在龙腹下四个边角，作为龙脚。安放完毕，跪拜叩首，回到南海圣王庙，又向南海圣王叩首后，在事先准备好的竹箕里取出一条大蒜，回家煮了吃。吃完蒜后，才可同妻子和其他人说话。翌日，送龙人到南海圣王庙取回一份祭拜南海圣王的“法肉”，耍竹龙的全过程便结束了。竹龙被几条石条压着，经长时间的风吹雨打，竹龙的装饰都损坏了，只剩下一个躯壳。到四五月份，在雷雨交加、山洪暴发之际，压在竹龙上的石条被洪水冲走了，竹龙移动了，随着汹涌的江水，向大海的方向漂去。有时，竹龙在江上遇到障碍被阻住，竹龙头朝向了村庄，其村民们必须备办三牲果品去祭拜，并请南海圣王的化身（即神职人员），把竹龙的龙首拉向朝着海的方向。这样，人们认为才能免受灾难。

醉龙舞

过去，每逢农历四月初八，广东中山人有舞“醉龙”的习俗。醉龙的奇特之处，是它与常见的那种蜿蜒达数十米长的龙不同，它只有龙头和龙尾各一段。中间的一大截龙身，人们可从舞龙者的虚拟动作中去想象。为何中山人有舞醉龙习俗呢？相传很久以前，中山县境内发生了一次瘟疫。这场瘟疫势头很猛，连一位被当地的善男信女奉为活菩萨的老和尚也束手无策。这天，老和尚正在禅房里苦思冥想翻药书，突然听见背后哧哧作响，一回头，只见一条碗口粗的大蛇正用头部推开虚掩的门，钻了进来。老和尚大惊，慌忙从剑匣中抽出宝剑，一剑把蛇头砍了下来，怕蛇未死，他又顺手把蛇身砍为几截。

说也奇怪，那段砍下的蛇头，依然向老和尚爬去，吓得老和尚返身便跑。

歇了一会，回头一看，蛇头已经僵硬，不会动了。细看，蛇眼边却挂着一颗晶莹的泪珠，嘴巴紧闭着，含着一片不知名的树叶。老和尚虽然惊魂未定，但还是立刻召唤了八个村民，把蛇的尸身抬了出去，扔下大海。

突然，风浪大作，几乎所有的人都不敢相信自己的眼睛，只见几截蛇身在浪里上下翻腾，仿佛想重新连接起来，却怎么也连接不起，殷红的鲜血把大海都染红了。最后，蛇头和蛇尾突然冲天而上，在云霄里飞舞，终于从蛇头长出长鬣和分丫的龙角，又慢慢地长出龙身和龙爪，和变成龙尾的蛇尾部连接起来，缓缓地绕着村子飞了三圈，长啸一声腾空而去。

众人正惊愕间，水中几截蛇身慢慢地朝岸边漂来，村民们把它埋在土里，不久岸边便长出几株不知名的幼苗，那幼苗长得很快，不久就长成几株小树。这几株奇异的小树引起了人们的注意，老和尚细看，它的叶子不就是蛇嘴里衔着的那种树叶吗？他恍然大悟，莫不是那天大蛇闯进禅房，为的是告诉自己，用这种树叶可以救治患上瘟疫的病人？

老和尚从树上摘了一把树叶，用树叶煮了一锅汤，果然，喝下这种汤的病人都药到病除，很快就痊愈了。人们这时才明白：被老和尚砍成数截的大蛇，原来是天上受贬的神龙，它正是在做善事献身以后，才得到恢复龙身的。

村民们举杯互相祝贺，通宵达旦。第二天清早，喝得烂醉的两位大力士，一时兴起，跑进庙里，手捧龙船的龙头和龙尾，模仿当日龙头、龙尾在天上翻腾飞舞的姿态，狂舞起来。这一天正是农历四月初八，中山舞醉龙的习俗就是从那时开始的。后来，为了舞起来轻盈多变，有人专门雕刻了一些较小的木龙头、龙尾，并安上木柄，但舞龙人必须喝得烂醉，且边舞边痛饮米酒的习惯依旧没变。除了四月初八之外，每逢喜庆日子，也是舞醉龙的日子。

金龙舞

广东江门市郊紫莱流行舞金龙。紫莱乡的老人们说，在清代，紫莱乡人黄鸾标上京应考，在客寓中梦见有一条龙自天际飞腾而来，全身金鳞闪耀，盘旋飞舞，忽上忽下，忽远忽近，千姿百态。黄鸾标待龙飞近，突然附在龙身上，龙冲天而起，黄鸾标被惊醒，认为是吉兆。是年黄鸾标果然中了举人，归来绘成金龙之图，命乡人依照图制作、操练，在举人府挂匾时，演舞庆贺。以后紫莱乡逢有喜庆便舞金龙，一直流传至今。金龙身长70多米，分头、身、尾三部分。龙头巨大，做工精巧；龙尾特长，摆动有力；全身披满金鳞，舞动时金光耀目，气势磅礴。紫莱乡金龙舞艺精湛，套路众多，游行时有平行、玩沙、翻脊、走“之”字；盘龙时有平行、玩沙、螺形，阵法有棋盘、五星、梅花、

金龙舞

榄形、花篮、双飞蝶、跳龙门等。舞演时要配备几套人马，以便轮番替换。龙头12人，龙尾12人，龙身1~20节的每节3人，龙身21~30节的每节5人。龙珠8人，鲤鱼3人，还有扛头牌、大旗、横标人员和锣鼓手等，共约260人。出动时浩浩荡荡，气势磅礴。

人龙舞

人龙舞是广东湛江市郊东海岛一带的民间舞蹈，起源于明末清初，盛行于清代乾隆、嘉庆年间。过去，每逢农历中秋，当地人都要在街道或广场上表演人龙舞，每次表演都要持续三个晚上。

人龙舞是龙舞的一种，它的独特之处是龙全部由人组成，龙首、龙身、龙尾都有人接架组合，而不是用物构成，因而称“人龙”。龙身巨长，一般由五六十人组成，有的达数百人，气势雄伟壮观。表演者头扎黄、红两色头巾，身穿短衣，臂、脚都扎着绑带，显得壮实有力，但舞时轻巧灵活，动作粗犷而又威武逼真。人龙舞分“龙头”“龙身”“龙尾”三个部分，“龙头”是最重要的部分，演龙头者必须身高力大，基本功好，表演技巧熟练，其身上负三个孩童，分别饰龙舌、龙眼、龙角。饰龙眼孩童两手各持一灯笼或电筒，闪闪发光。“龙头”大汉两手握两个盾牌，威风凛凛。“龙身”是龙的主体部分，每个大人的肩上支撑着相继做俯仰动作的小孩。小孩身穿龙服，头戴龙缨、龙冠，分节架接而成。“龙尾”的大人也肩负一小孩，双脚叉开，以示龙尾。“龙”起舞时，由锣、鼓等敲击乐器有节奏地配合，龙头双眼闪光，龙身左盘右旋，一起一伏，如波逐浪，随着龙头缓缓前进，龙尾不时摆动，整体感强，威武雄壮，充分显示出龙的威猛精神，也体现出不可战胜的群体力量和聪明智慧，具有浓厚的乡土气息。[9]

广东湛江东海岛人龙舞

（赵勇进　摄）

近年来，当地艺人还对人龙舞的结构、舞步、舞姿、乐曲、节奏进行了改革加工，形成了“起龙、龙点头、龙穿云、龙卷浪”等表演程式，使其更臻完善。

花木龙舞

上海浦东新区的花木镇流行舞“花木龙”。花木龙是用花木扎制而成的，即以竹片做骨架，用白玉兰叶、松柏枝衬底，采用蓝色、白色、红色的翠兰装缀龙身，用蟹爪兰、月季花、紫薇花等制成龙珠、龙角、龙鳞、龙爪和龙牙，铁树叶为龙眉，剑兰作龙须，将刺柏树制成龙尾，整条花木龙长30余米，在每年的“花神会”上随队行进，因龙身沉重，故舞蹈动作简单，以供人观赏为主。[10]

短尾龙舞

短尾龙舞，也叫“断尾巴”龙灯，流传在浙江省宁波市宁海县的桃源街道堂墙、大房等村。舞短尾龙习俗的产生有一传说。传说附近的帽峰山住着一条龙，一次它托另一条龙捎带天帝封给它的“行雨令”，不料另一条龙贪心，将它的“行雨令”吞没，结果两龙打了起来，最后帽峰山龙夺回了“行雨令”，可被另一龙咬去了一截尾巴。堂墙、大房一带对帽峰山龙比较信仰，为表示对它的虔诚，便以它没尾巴的特有形象制作了“断尾巴”龙灯，在春节、元宵或求雨等重大民俗活动中表演。[11]

5. 游蛇灯和人蛇共游

在福建有崇蛇习俗。游蛇灯和人蛇共游的活动很早就流传下来了。

游蛇灯活动，一般都是在每年元宵后三天举行，游前民众用不同颜色的纸糊好蛇的形象，蛇嘴张大，双眼圆睁，身上鳞片闪闪。游行中村里所有成年男性手里都会提一个灯板（灯板上装三盏灯笼，灯笼里燃有蜡烛）。游蛇灯时，前有一蛇头先行，中间由各块灯板组成游蛇灯队伍，最后是蛇尾。队伍长达几里路，一路上烧香燃炮，锣鼓声、唢呐声、火铳声，场面十分壮观。如果有人要横过街道，则需从灯板下钻过，代表着对蛇神的敬重。

七月初七是人蛇共游的日子。在数百人的游行队伍中，走在队伍前面的是仪仗队，每个人手里都执斧钺刀戟模型。中间是乐队，吹吹打打，并由两个人在中间抬着蛇神塑像和神龛，神龛中置一大盆，装有活的大蛇，还有数人手里各自拿着一条蛇，有的执于手，有的缠于肩上。凡是人蛇游行所到之处，各家都要烧香燃鞭炮，以示对蛇神的恭迎。[12]

6. 斗鱼

斗鱼是沿海人的一种民间游艺，犹如斗鸡。斗鱼的鱼属于鱼类的攀鲈科，身体侧扁，长如中指，背鳍和臀鳍宽而长，腹鳍有如丝的彩带。遍体以褐色为主，上有垂直的红、蓝、青、白等色泽鲜艳的环节，节数不等，最多的为七节。斗鱼生活在池塘和山间的小溪流中。雄斗鱼生性好斗，且善斗。

清明节前后，除了专门经营金鱼、斗鱼的铺子出售斗鱼外，农民也把捕捉到的斗鱼盛在水桶、脚盆里，摆在街头叫卖。斗鱼以生活在山涧活水之中的为最佳，体形大、凶猛。养斗鱼除以孑孓为饲料外，要喂牛肉、猪肉、水蚊，还有喂臭虫的。据说喂臭虫的斗鱼色彩艳丽，体格健壮，善斗，耐斗。平时每个缸只能放养一条雄鱼，加盖置于阴暗处，还需在水里放上一两块“浮石”（铁渣），让斗鱼经常磨炼吻部。

雄斗鱼相斗，一般要选择体形相同、大小相等的两条鱼对垒。雄鱼相遇后，都要互相追逐，各自弯着身子张开鱼鳍，头对尾或顺时针，或逆时针不断变化方向，迂游对峙。经过剑拔弩张之后，自量不是对手者，就会夹着尾巴逃之夭夭。在一番较量之后，双方觉得势均力敌时，就有一方主动发起进攻。初战时，总是互相用吻冲击对方的尾鳍或身躯。这时若有一方自愧弗如，只要收鳍闭腮，退避三舍，“战争”也就打不起来了。若双方势均力敌，“战争”就会升级，吻对吻互相啃咬。酣战时，吻部咬住吻部左摆右扭，忽浮忽沉，直到双方都感觉到需要换气时，才各自松口。沿海人称此为一个回合。

大凡能斗几个回合、十几个回合的鱼便算得是上乘了。据说，也有斗了整整一个上午，达到一百余回合，直斗到鳍如烂扫帚，鳞皮脱裂，两败俱伤才罢休的。

一条名贵的斗鱼，就是按斗的回合数的多寡来论价的。能斗上百回合的，就会被主人当做英雄好汉供养起来，逢人必夸耀一番。

7. 飞镲

飞镲是流行于天津塘沽和汉沽一带沿海渔村集民间音乐和民间舞蹈为一体的民间艺术，它的形成与发展与当地渔民的生活密切相关。这一带的有船人家都备有一套锣鼓，每年第一次出海打鱼遇见鱼群时，各船都要展开旗子，焚香烧纸，敲锣打鼓以诱鱼入网，当地人们称之为“赶鱼”。当他们收船回港时，更是锣鼓喧天，龙腾虎跃，表示满载而归，传送打鱼丰收的喜悦之情。当有浓

飞镲

雾弥漫的时候，在码头上敲打锣鼓，可以为渔船指引归航的方向。除了渔业活动，飞镲还用于酬神。在除夕之夜家家户户到船头祈祷和初一、初二接财神等日子，都伴有锣鼓敲打活动。当地群众还崇拜“三霄娘娘”。过去“三霄娘娘”的庙会是农历四月十五日，正值渔民打鱼的黄金季节。为了不耽误生产，除四月十五日外，又定于农历十月十五日作为还愿日期，于是形成一年两次“飞镲”出会，用以酬神和娱神活动。

飞镲表演的基本动作有：扬镲、攘镲、右掏镲、淘镲、捞月、分镲、行进掏镲、大雁步攘镲、右收腿步斜分镲、进香行进步、打墩、双盖镲打墩、背花、单过脖、分镲掏腿、上步晃镲、左侧步晃镲、左侧步双晃镲、右云手斜分镲、折翅翻花、盖撩镲、插花盖顶、交插对打、掏腿对打、对镲、反扫堂、漫头等（以上左或右的表演动作均为对称）。飞镲伴随那震天动地的大鼓大钹之声和那铿锵有力的节奏，体现了沿海渔民粗犷和淳朴的性格，那起伏的金镲，飞舞的镲缨更显示了大海的气势磅礴。

飞镲的伴奏乐器是1面大鼓、2~4对大铙、12副镲。镲既是乐器，又是舞蹈的道具。镲一般可随鼓点击打，但舞镲表演时不必击鼓。

鼓手、击铙者和舞镲者的服饰一样，都是头扎彩色绸巾，额前系结，穿红色背心、彩裤，外罩彩衣，足穿彩鞋，舞镲者双手执镲（每人1副镲，共12人，即12副镲）。

由于塘沽、汉沽沿海渔民经常有出会活动，促使了飞镲队的形成。后随着沿海地区盐场的兴建，使飞镲由渔民带进了盐场，汉沽盐场四分场的飞镲队就是20世纪50年代以高家堡的人为基础组织起来的。从50年代末开始，艺人对飞镲进行了较大改革，如从动作上加大幅度，更多地追求舞台表演艺术的特点，追求动作的统一和编排技巧，不但注意结构层次、画面调度、陪衬对比、静止亮相等艺术性，更增加了“双人对打”和“4人对打”等段落，加入了飞镲的表现力及沿海人民新的精神面貌和气质。

8. 咸水歌

咸水歌是一种渔歌，又称白话渔歌、咸水叹、叹哥兄、叹姑妹、白话渔歌、疍歌。咸水歌有长句、短句两种格式，各有不同的音调和拉腔，而演唱形式有独唱、对唱。咸水歌是疍民口耳传唱的口头文化。疍民即水上居民，是水上族群。生活在海洋上的俗称“咸水疍”，生活在江河上的称“淡水疍”。一直以来，疍民爱唱歌。人们把他们所唱的歌称为“咸水歌”，意即生活在咸淡水区域的人所唱的歌。

历史上有“疍民儿孙不知书”之风气，疍民文化水平虽然很低，文盲充斥，但发自他们内心的劳动、生活情感，依然通过各种歌谣倾吐出来，也动人心魄，感人肺腑。故疍歌作为口头文学的一种形式，在疍民中世代相传，是他们的精神家园，也是一笔宝贵的海洋文化财富。这笔财富，遍及沿海各港湾。主要流行于广东、福建、浙江、海南、广西等沿海渔村，以及内陆的江河湖泊区域。各地的咸水歌虽然歌名叫法和音调有所不同，但它的曲式、调式甚至遣词造句都有许多惊人的相似。

汕尾疍家三位歌手

（李宁利 摄）

疍民为什么爱听也喜欢唱咸水歌呢？究其原因，咸水歌的产生与疍民早期的生活和生产方式分不开，主要有如下几点原因：

（1）水上生存环境恶劣，歌声可解千般愁。疍民在水上捕捞水产，生活非常艰辛。他们世世代代栖身于小木船上，开门见水，出海打鱼也要斩风劈浪，舟楫往来。他们风里生浪里长，四海为家，漂到哪里哪里就是家。疍民“出海三分命，上岸低头行”，流行沿海的一首疍歌《渔工泪》反映了他们的苦难：

正月桃花江，想起前情泪汪汪；
天下穷人都有苦，无人苦过俺渔工。
二月二月寒，世上渔工最艰难；
一日三餐无顿饱，一夜五更身湿通。
三月是清明，细雨纷纷泪零零；
祖上世代受压迫，渔霸欺俺太无情。

由于长期生活在水上，他们浮家泛宅，居无定所，有着一种漂泊的幽僻感和孤独感。要活下去就要与风雨搏斗、要与海浪搏斗，就要团结起来。于是，在广阔的水上生产生活，他们需要用高亢悠长、大声响腔的音调来传情达意，去传呼、召集、通传情况。一来壮壮胆子，二来呼唤对方得到照应，以驱散心里的寂寞，他们唱："唱起歌来心无忧，歌声能解千般愁；唱歌能解心中结，好比云开见日头。"从某种意义上说，咸水歌成为疍民的精神支柱和战胜困难的力量。疍民遇上不顺心的事，就会用唱歌来化解。只要听到咸水歌，只要唱起咸水歌，就会忘记了苦和累，心胸为之开阔轻松起来。同时，在传统的集体渔业劳动中，的确非常需要劳动号子之类的歌谣来协调动作，鼓舞精神。久而久之，便养成爱唱歌的习惯。

（2）娱乐设施缺乏，唱歌自娱自乐。疍民在水上劳动时，由于受到严峻自然条件和有限生产生活条件的制约，许多艺术形式极难与他们相适应，且娱乐设施也相当缺乏，唱歌便成了他们表达喜怒哀乐，传递信息，丰富精神生活的重要途径。歌声可以宣泄他们内心的苦闷，驱除身心的疲劳。况且，由于疍民终日面对着一望无垠的茫茫大海，缺乏与外来人群交流，这种相对封闭的特殊劳动场所，也易于他们摒弃内向、保守、害羞的心理障碍，勇于大胆表露发泄内心的真实情感，造就稳定、积极的歌唱心理。歌唱，以其人类天生的"本能性"，成为伴随疍民生产劳动整个过程的首选艺术种类。所以他们在出海打鱼时、摇船驳艇时、织网绞缆时，都免不了高歌几曲咸水歌消乏解闷、振奋精神、激励生产，而咸水歌则责无旁贷地成为记录他们水上劳动情景的无形的特写。如海南岛一首《追鱼调》：

渔工们哎，流水好，快放网哎，捕红鱼！

哟嗳，嗳哩唉，升旗满桅快回港哩嗳！

（3）特殊的表达爱情的风俗习惯。在新中国成立之前，疍民一直被视为"贱民"，受到社会歧视，不准与陆上居民通婚。所以疍民爱情婚姻的交往范围狭窄，选择渠道单一。加上疍民的生活环境的限制和特殊的风俗习惯的束缚，男女青年很难有机会走在一起。他们要表达自己的爱情，只能在船只的来往相遇间与自己爱慕的人互相用歌声来表达相互爱恋之情。于是，咸水歌成为疍民的一种特殊的交际手段。正如清陈昙《疍家墩》诗云：

龙户卢余是种人，水云深处且藏身。

盆花盆草风流甚，竞唱渔歌好缔亲。

他们把咸水歌作为相爱的"姻缘线"，把歌唱的优劣作为选择配偶的重要标准。情歌在咸水歌中占有很大的比重，而且青年人尤为善歌。清代屈大均的《广东新语·诗语》中记载："疍人亦喜唱歌，婚夕两舟相合，男歌胜则牵女衣过舟也。"可见咸水歌早在明末清初就很流行。1927年民俗学家钟敬文先生编纂《疍歌》一书，收录疍歌52首，记载疍民浮家生活的风俗。疍歌的内容很直率，疍歌的形式独特，每句末尾都有助词“啰”“哩”之类，声调柔长。如一首歌咏爱情的疍歌《竹叶生来叶叶尖》云：

巴豆开花白抛抛，啰，妹当共兄做一头，啰。

白白手腿分兄枕，啰，口来相斟舌相交，啰。

咸水妹

斟，意为吻。这是热辣辣的男女之爱，这种爱也是忠贞不渝的。这首疍歌又唱道：

头帆挂起尾正正，啰，中帆挂起船要行，啰。

大船细船去到了，啰，放掉俺妹无心情，啰。

疍民不论婚丧、喜庆、年节乃至社交，都要唱咸水歌，用咸水歌代替语言，表达思想感情，特别是婚丧，一家人或几家人，又唱又哭；喜如此，悲也如此。在日常生活、生产中，触景生情，兴致所至，脱口而唱。你起唱，他对唱，大家一起唱，越唱越起劲，唱个没完没了。男女老少，不管春夏秋冬，风吹日晒，都可以大展歌喉。这里没有人讥笑，只有一群群的听众在听歌和随唱，只要对歌一开始，就会忘乎所以。

咸水歌一般两个场合唱得最多：一种是碰上大台风的时候，大海茫茫，天昏地暗，风疾浪急，雨狂雷鸣，他们想找个背风的地方避一避，便拼命地划船逃命。他们为了知道大家各自所处的位置，便高声地对唱起来，前问后答，左唱右和，保持整个船队不落下一条渔船。而另一种情况，就是他们在“追女仔”和结婚典礼上，这时他们唱得十分欢快。这个事实完全印证了咸水歌源于民间、源于生活的说法。

现在不分陆上人家还是水上人家，都爱唱咸水歌。[13]

参考文献：
[1]姜彬主编. 东海岛屿文化与民俗. 上海：上海文艺出版社，2005：550
[2]尚洁主编. 天津民俗. 兰州：甘肃人民出版社，2004：313-314、388-389
[3]叶涛主编. 山东民俗. 兰州：甘肃人民出版社，2003：359-361
[4]http：//baike.baidu.com/view/48604.htm#2 赛龙舟
[5]刘志文，严三九主编. 广东民俗. 兰州：甘肃人民出版社，2004：289-291、333-335、354-355、361-365
[6]广州市番禺区政协文史资料委员会编.番禺文史资料. 番禺民间艺术集锦，2004（1）：300-301
[7]http：//baike.baidu.com/view/102578.htm#1 百叶龙故事
[8]http：//baike.baidu.com/view/102578.htm#1 舞火龙
[9]吉尔印象编著. 璀璨中华：中国非物质文化遗产完全档案（上册）. 北京：金城出版社，2009：154-155
[10]郑土有主编. 上海民俗. 兰州：甘肃人民出版社， 2002：372
[11]宁波市文化广电新闻出版局编. 甬上风物：宁波市非物质文化遗产田野调查. 宁波： 宁波出版社，2008：21-22
[12]桂绍海编著. 365个最可怕的风俗. 北京：中国经济出版社，2010：35
[13]吴竞龙著.水上情歌——中山咸水歌. 广州：广东教育出版社，2008：30-32、38

图片来源：
[1]百叶龙 http://image.baidu.com/i?ct=503316480&z=0&tn=baiduimagedetail&word=%B0%D9%D2%B6%C1%FA&in=31575&cl=2&lm=-1&pn=71&rn=1&di=18436084755&ln=1183&fr=bk&fmq=&ic=&s=&se=&sme=0&tab=&width=&height=&face=&is=&istype=2#pn71&-1
[2]火龙 http://image.baidu.com/i?ct=503316480&z=&tn=baiduimagedetail&word=%CE%E8%BB%F0%C1%FA&in=30104&cl=2&lm=-1&pn=104&rn=1&di=3361860090&ln=1486&fr=bk&fmq=&ic=0&s=0&se=1&sme=0&tab=&width=&height=&face=0&is=&istype=2#pn104&-1
[3]竹龙 http://image.baidu.com/i?ct=503316480&z=&tn=baiduimagedetail&word=%D6%F1%C1%FA&in=32709&cl=2&lm=-1&pn=4&rn=1&di=42326418495&ln=324&fr=bk&fmq=&ic=0&s=0&se=1&sme=0&tab=&width=&height=&face=0&is=&istype=2#pn4&-1
[4]竹龙 http://image.baidu.com/i?ct=503316480&z=&tn=baiduimagedetail&word=%D6%F1%C1%FA&in=12085&cl=2&lm=-1&pn=68&rn=1&di=18745984605&ln=324&fr=bk&fmq=&ic=0&s=0&se=1&sme=0&tab=&width=&height=&face=0&is=&istype=2#pn68&-1
[5]金龙舞 http://image.baidu.com/i?ct=503316480&z=&tn=baiduimagedetail&word=%BD%F0%C1%FA%CE%E8&in=4162&cl=2&lm=-1&pn=5&rn=1&di=11713540005&ln=1223&fr=bk&fmq=&ic=0&s=0&se=1&sme=0&tab=&width=&height=&face=0&is=&istype=2#pn5&-1&di11713540005&objURLhttp%3A%2F%2Fcppcc.people.com.cn%2Fmediafile%2F200912%2F30%2FF200912301652382565030696.jpg&fromURLhttp%3A%2F%2Fcppcc.people.com.cn%2Fgb%2F34958%2F10684039.html&W600&H412
[6]飞镲 http://www.mychery.org/forum/bin/ut/topic_show.cgi?id=893040&pg=2&age=0&bpg=51&del=&stamp=1291290597
[7]咸水妹（图见：黄时鉴，[美]沙进.十九世纪中国市井风情——三百六十行.上海：上海古籍出版社，1999：124）
[8]百叶龙 http://image.baidu.com/i?ct=503316480&z=0&tn=baiduimagedetail&word=%B0%D9%D2%B6%C1%FA&in=31575&cl=2&lm=-1&pn=71&rn=1&di=18436084755&ln=1183&fr=bk&fmq=&ic=&s=&se=&sme=0&tab=&width=&height=&face=&is=&istype=2#pn71&-1
[9]火龙 http://image.baidu.com/i?ct=503316480&z=&tn=baiduimagedetail&word=%CE%E8%BB%F0%C1%FA

&in=30104&cl=2&lm=-1&pn=104&rn=1&di=3361860090&ln=1486&fr=bk&fmq=&ic=0&s=0&se=1&sme=0&tab=&width=&height=&face=0&is=&istype=2#pn104&-1
[10]竹龙 http://image.baidu.com/i?ct=503316480&z=&tn=baiduimagedetail&word=%D6%F1%C1%FA&in=32709&cl=2&lm=-1&pn=4&rn=1&di=42326418495&ln=324&fr=bk&fmq=&ic=0&s=0&se=1&sme=0&tab=&width=&height=&face=0&is=&istype=2#pn4&-1
[11]竹龙 http://image.baidu.com/i?ct=503316480&z=&tn=baiduimagedetail&word=%D6%F1%C1%FA&in=12085&cl=2&lm=-1&pn=68&rn=1&di=18745984605&ln=324&fr=bk&fmq=&ic=0&s=0&se=1&sme=0&tab=&width=&height=&face=0&is=&istype=2#pn68&-1
[12]金龙舞 http://image.baidu.com/i?ct=503316480&z=&tn=baiduimagedetail&word=%BD%F0%C1%FA%CE%E8&in=4162&cl=2&lm=-1&pn=5&rn=1&di=11713540005&ln=1223&fr=bk&fmq=&ic=0&s=0&se=1&sme=0&tab=&width=&height=&face=0&is=&istype=2#pn5&-1&di11713540005&objURLhttp%3A%2F%2Fcppcc.people.com.cn%2Fmediafile%2F200912%2F30%2FF2009123016523825650306 96.jpg&fromURLhttp%3A%2F%2Fcppcc.people.com.cn%2Fgb%2F34958%2F10684039.html&W600&H412
[13]飞镲 http://www.mychery.org/forum/bin/ut/topic_show.cgi?id=893040&pg=2&age=0&bpg=51&del=&stamp=1291290597
[14]咸水妹 （图见：黄时鉴，[美]沙进.十九世纪中国市井风情——三百六十行.上海：上海古籍出版社，1999：124）

第八章
海洋节庆风俗

1. 渔船生日

渔船的生日即为渔船的诞辰，其计算方法各地有所差异。有的以竖船龙骨日为船生日，有的以新船船体完成日为船生日，更有的以新船下海日为船生日的。但不管是哪种计算方法，船的生日只有一个，一旦确定，就不会更改。

庆贺渔船诞辰的礼仪过程是：船头、船尾遍插彩旗，大桅上挂“寿”字大旗。早晨，用三杯净茶（净茶是指挑掉了茶梗、黄片、茶沫等杂质的茶叶）及四色糕点供祭船老爷神像，船老大要沐浴净身叩拜祝贺。中午，在船头供祭一桌福礼（福礼即祭祀所用的牲物礼品），有寿糕、寿饼、寿麦，还有一只大猪头和羊、鱼、肉等。要用特大蜡烛做寿烛，从上午涨潮时起点燃直至潮水涨到最高处。此时，全船人都要来为船老爷拜寿，船老大的亲朋好友也要参与，他们也要带寿礼，如酒、肉、鸡等。拜寿按次序进行，先是船老大，然后是本船船员，其次是亲朋好友。拜寿时的吉语，一般是“船老爷寿高，捕鱼人福好”、“船老爷福如东海，捕鱼人财随潮来”等企盼之词。等到潮水涨平，船上鸣放寿炮仗，船老大焚香燃纸，意谓送船老爷归位。待撤去神位后，寿礼基本结束。而后是全船人和亲朋好友聚餐碰杯，吃寿酒，为船老爷祝寿。有渔谚曰：“船老爷做寿，肚皮吃得滚圆。”意思是说，这一天是船老大做东，船员可以放开肚子吃个痛快。

船的诞辰还有小寿、中寿、大寿之分。沿海习俗是五年寿龄以下为小寿，五年为中寿，十年为大寿。因为在海上行驶的木帆渔船使用期有限，十年后一般要大修或报废，故而船龄十年为大寿。其中，寿礼的规模以大寿为最，中寿次之，小寿最简单。寿酒的规格，则以船体大小而定，大船供礼当然就多了，中船次之，小船就简单了。现在，渔民们仍然要为船的诞辰举行隆重的仪式，但一般不再在船上办酒席，而改在饭店里办，由船老大做东请船员。饭后还去卡拉OK厅唱歌、喝啤酒，为船老爷做寿。[1]

2. 渔灯节

农历正月十五日元宵节，也是沿海渔民的渔灯节。渔灯节是从传统的元宵节中分化出来的一个专属渔民的节日。

渔灯即渔船上的灯火。以前渔民的船小，遇到风浪就没法回来了，渔灯节送渔灯就是为了有个亮，照着回家。节日这天渔民早起即纷纷上渔船挂彩旗。节日夜晚，在住宅各处燃灯，到祖坟送灯，统谓之“家灯”；敲锣打鼓，上船送灯，则称为“船灯”。船上的前灶舱、太平舱、后铺舱、船头、船尾，处处都要放明亮的灯盏。主人手提灯笼，绕船数周，以求光照全船，满船生辉。附近有海神娘娘（传说中的海上保护神，北方称为海神娘娘，南方称为妈祖）庙的渔村，村民都到庙上烧香、烧纸、送灯、设供祭神，祈求鱼虾满舱，平安发财。[2]现在的渔灯节日还增添了在庙前搭台唱戏、锣鼓、秧歌、舞龙等各种群众自娱自乐的活动。

3. 龙抬头节

农历二月初二叫二月二或龙抬头节，这一天人们到江海水畔祭龙神，正如《中华全国风俗志·寿春岁时记》载：“二月初二，焚香水畔，以祭龙神。”此节正当惊蛰节前后（惊蛰的“惊”是“惊醒”，“蛰”是“蛰伏”，是说动物的冬眠），惊蛰的意思就是说，春天已经暖和起来了，冬眠蛰伏的动物随着那滚滚的春雷也苏醒过来，万物复苏，从此以后，雨水会逐渐增多起来，据说蛰伏的龙到了这一天，也被隆隆的春雷惊醒，便抬头而起登天，故而得名龙抬头。许慎的《说文解字》记载：“龙，鳞中之长，能幽能明，能细能巨，能长能短，春分登天，秋分而潜渊。”这大概就是“龙抬头节”习俗的最早记载。在我国古代神话中，龙是雨水之神。《管子·形势篇》就有这样的记载：“蛟龙，水虫之神者也。”尔后，又逐渐演变升格为能统领水域并掌管兴云布雨的“龙王”。

农业丰收，需要充足的阳光、肥沃的土地，也需要雨水的浇灌，因此祈求雨水成为龙抬头节的重要内容。

民间有许多关于龙抬头节的传说：

传说之一：东海小龙的传说。很久以前，连年大旱无雨。有个小伙子叫水生，他见天旱，便设法四处找水。一天，他听一位老伯讲了这样的话："天旱之事，玉帝早就知晓。曾命东海龙王的孙子前去播雨。可这小龙贪玩，一头窜到河里，把播雨的事给忘了。"水生问："如何制服它呢？"老伯说："必须弄到一根降龙木才行。"水生经过千辛万苦，终于在悬崖上找到了降龙木，制服了小龙。只见小龙抬头腾空而起，直冲九霄，霎时乌云翻滚，雷声大作，哗哗地下起了大雨。为了纪念这"龙抬头"的日子，人们规定每年农历二月初二为"龙抬头节"。

传说之二：金豆开花的传说。相传，武则天当了皇帝，玉帝便下令三年内不许向人间降雨。但司掌天河的龙王不忍百姓受灾挨饿，偷偷降了一场大雨。玉帝得知后，将司掌天河的龙王打下天宫，压在一座大山下面。山下还立了一块碑，上写道："龙王降雨犯天规，当受人间千秋罪。要想重登灵霄阁，除非金豆开花时。"人们为了拯救龙王，到处寻找开花的金豆。到了第二年二月初二这一天，人们正在翻晒金黄的玉米种子时，猛然想起，这玉米就像金豆，炒开了花，不就是金豆开花吗？于是家家户户爆玉米花，并在院里设案焚香，供上"开花的金豆"，专让龙王和玉帝看见。龙王知道这是百姓在救它，就大声向玉帝喊道："金豆开花了，放我出去！"玉帝一看人间家家户户院里金豆花开放，只好传谕，召龙王回到天庭，继续给人间兴云布雨。

传说之三：强娃和荧花的传说。相传，很久很久以前，黄河边上有一座龙斧山，山上有座龙王庙，山下住着一个勤劳勇敢的小伙子强娃。强娃在父母去世之后，和采药姑娘荧花结了婚。小两口男耕女织，过着幸福美满的生活。后来这一带连遭三年大旱，黄河的水断了流，深井成了干窟窿，田禾晒得能点火。穷人为了活命，有的外出谋条生路，有的沿门乞讨，有的求神乞雨。但脾气很犟、热爱故土的强娃偏要去掏离家不远山口上那干涸多年的黑龙潭。强娃和荧花吃了腊八粥就动手，一直掏到正月底，还是不见水。

到了二月初一，潭底出现了一层铁板一样的硬盖，用锄头挖着冒火星，怎么也掏不下去了。就在这时候，天上飞来了一个白石头蛋，落在两人脚下，一会儿白石头蛋又变成了一只白鸽子，刚要飞走却被强娃挡住了。白鸽子跌在地上又变成了一个笑嘻嘻的老伯公。老伯公告诉他们："好孩子，你们的行为感动了天，龙斧山还有希望，龙斧山，龙王庙，劈山斧，一砍顶你一千五……"说罢，化作一缕青烟而去。遵照老伯公的指点，强娃和荧花费尽了千辛万苦，登上了龙斧山，来到了龙王庙。进了庙门，两人二话没说，先给龙王磕了头，等回过头来一看，殿前铁架上确实放着一把足足有千斤重的大斧头。强娃高兴极了，取下斧头，扛在肩上。说也奇怪，山斧好像一把木斧那样轻。他们连夜赶回黑龙潭，天刚亮，强娃就举起了劈山斧，照准黑龙潭底的那块硬盖猛劈下去，周围群山轰然巨响，粗粗的一股清泉“咕隆”一下冒出地面。接着，一团薄雾像青纱一样笼罩了黑龙潭，一条巨大的青龙由潭口跃然冲出，长长地出了一口气。只听见霹雳一声震天响，青龙昂首挺胸，腾空而起，随着团团祥云直上云霄。霎时天昏地暗，乌云翻滚，雷声隆隆，不一会儿就下起了大雨。大家看到盼望已久的雨水终于降下来了，纷纷跑来感谢强娃和荧花。[3]

传说之四：龙母的故事。相传，很久很久以前，“东海东，龙王宫，宫里住条老母龙。”某年二月初二，住在龙宫的龙母，摆摆摇摇地爬到海滩上晒太阳。它有三个儿子，没有女儿，它一边晒太阳一边想，要是有个女儿，就心满意足了。正想着，忽然看到海滩上有个鲜红的鸟蛋，便一口吞进了肚里，谁知就怀了孕，到了第二年二月初二，果然就生了个女儿，这个女儿长得非常漂亮，很讨龙王喜欢。

公主慢慢长大了，水族里的阔公子们纷纷向她求婚，都被公主谢绝了。她立志要到人间去给人们造福，龙王知道后气得火冒三丈，发誓不认这个女儿，还不让龙母去看望她。龙母想女儿，想得要发疯。所以每年在二月初二这一天，龙母都要游出水面，抬头向西方，大哭一场。她的哭声变成了雷声，眼泪化成了大雨。[4]所以民间有这样的说法：二月二，龙抬头，春雨下得遍地流，霹雷一声惊天地，怎知龙母心忧愁。

以上这些传说反映了人们对龙的崇拜和祈求，在不同程度上反映了人们对风调雨顺、丰衣足食美好生活的期望。

沿海龙抬头节的饮食，颇多讲究。节日时，普遍把食品名称加上“龙”的头衔。龙抬头节早餐，多吃面条，曰吃龙须，取诸事吉顺之意；龙抬头日炒黄豆食之，谓炒龙蛋，说是可除病恶；龙抬头日食水饺，称吃龙耳；吃春饼叫吃龙鳞。龙抬头节，忌动用针线刀斧，否则不祥。二月二日夜，皆通宵燃灯。以上诸俗，表现了龙在沿海人心中的地位。[5]

4. 鳗鱼节

鳗鱼，又名白鳝、河鳗、鳗鲡、日本鳗，是蛋白质极高、营养极丰富的鱼种，被称为水中人参。鳗鱼少刺多肉，肉质细嫩，味道鲜美，不仅含丰富的蛋白质、脂肪酸和维生素，其矿物质钙、磷、铁、锌、硒等元素含量均高于陆上动物。食用鳗鱼不但能滋补健身、强筋壮骨、增长智力，而且能软化血管，降低血脂，预防心脑血管疾病的发生。日本每年七月有一个鳗鱼节，这天每户必食鳗鱼，鳗鱼消耗量较大。

鳗鱼

尽管鳗鱼具有极佳的口感、丰富的营养和突出的保健功能，但一直以来都没有获得中国民众的青睐，鳗鱼在国内的普及程度一直不高。究其原因，是因为中国鳗鱼行业忽略了国内市场，推广力度不够，导致国内百姓对鳗鱼的认识度比较低，从而直接造成了中国鳗鱼市场的不温不火。如何打开和培育国内鳗鱼市场，成为中国鳗鱼行业发展的一个重要课题。国内市场空间很大，目前国内还不习惯消费鳗鱼。要打国内市场一定要打品牌，要将鳗鱼行业联合起来统一推介。顺德是全国最大的鳗鱼养殖、加工和出口基地。目前，顺德区政府为提高顺德鳗鱼的知名度于2008年初申报中国鳗鱼之乡，已经获"中国鳗鱼之乡"称号。顺德每年将举办"鳗鱼节"，打响"顺德鳗鱼"品牌。鳗鱼美食文化节的举办是中国鳗鱼行业开拓国内市场的一大举措，通过多渠道、多形式的活动宣传顺德"中国鳗鱼之乡"的产业品牌，展示鳗鱼美食文化、推荐鳗鱼美食、介绍鳗鱼营养价值等，使鳗鱼美食走进国内千家万户，从而实现中国鳗鱼在海外和国内市场的全面繁荣，推动整个中国鳗鱼行业的健康发展。

江苏镇江市丹徒龙山村是我国鳗鱼生产加工基地。每年5月，这里都会举办一次独特的"龙山鳗鱼之旅"。在这里可以了解鳗鱼生长加工的过程，品尝各种方式烹制的鳗鱼，别有一番风味。[6]

5. 螃蟹节

绝大多数种类的螃蟹生活在海里或靠近海洋，也有一些螃蟹栖于淡水或住在陆地。螃蟹是非常美味的食物，中国有中秋节前后食用蟹的传统。吃蟹，还值得一提的是"蟹八件"。"蟹八件"是一种吃蟹的工具，据《考吃》记载：明代初创的食蟹工具有小方桌、腰圆锤、长柄斧、长柄叉、圆头剪、镊子、钎子、小匙八种，简称为"蟹八件"。"蟹八件"是针对吃蟹而专门设计制作的，因此，它们分别有垫、敲、劈、叉、剪、夹、剔、盛等多种功能。当蟹端上来时，先拿一只蟹放在小方桌上，用锤具将整只蟹的各个部位敲打一遍，

海蟹

然后再用圆头剪剪下蟹脚蟹螯，从脚吃起。而吃蟹脚蟹螯，必须用钎子。蟹脚虽然纤纤细小，但脚是活动的，活动的肉很好吃。如没有钎子，吃蟹脚只好用牙咬挤或是用牙嚼。用钎子吃蟹脚蟹螯，比用牙咬嚼吃蟹脚蟹螯文雅风趣得多，是诸多种吃蟹方法中，最矜持的一种。用上述工具吃一只蟹，要花一个小时。明清时期，苏、浙、沪一带很是风行用“蟹八件”吃蟹。[7]

江苏苏北宿迁市泗洪县，是人工养殖淡水蟹较多的地区，泗洪一直享誉“中国螃蟹之乡”美名。从1996年始，每年螃蟹成熟季节举办“螃蟹节”，推销螃蟹，研讨养蟹技术，品尝蟹肴。螃蟹节安排诸多丰富多彩的游艺活动，吸引外地游客、商家前来观光、采购、投资、创业。

6. 走沙滩节

沙滩是由于沙子淤积形成的沿水边陆地或水中高出水面的平地。沿海一带流传着这样的俗语：“三月三，螺子螺孙爬上滩。”在三月初三前后，地温、水温开始升高，浅海螺便不顾死活地爬上滩头，渔民便在这个季节相继去沙滩拾螺，也就有了“三月三，走沙滩”的习俗。随着滩头资源的逐渐枯竭，爬上滩的螺变少，但每年三月初三，沿海一带百姓依然习惯到沙滩走一趟，嬉一嬉，叫做“三月三，走沙滩”。“三月三，走沙滩”的风俗沿袭至今。如今的“三月三，走沙滩”，已经形成了以民间民俗文化活动为主体，以体育、渔业竞技项目以及所邀外地歌舞、杂技节目为陪衬的特点。三月三日

沙滩

那天，当地渔民和游客欢聚一起，听潮、观涛、捡螺、看表演，欢度一年一度的“走沙滩”节。

走沙滩节俗形成，还有个传说是为了纪念九条龙：

古时候，岩头洞里住着一只墨黑的竹箕大的乌龟精。乌龟精有妖法，三日两头兴风作浪发大水。百姓的稻田被冲掉，房屋被冲倒，人被淹死，害得人们没吃、没住，讨饭过日子。当时，有九条龙听到乌龟精残害百姓，决定寻个机会将其除掉。一日，乌龟精又发妖性，海上随即起了风浪，海水像小山一样漫过来，往村庄里灌进去。村里老老小小，叫天叫地，叫爹叫娘，一片哭声。哭声惊动了九条龙，九条龙晓得这是乌龟精在作怪，便呼的一声飞到了沙滩头，对乌龟精讲：“孽种！今日我们奉玉帝之命来打你，送你到阎王殿去！”讲完，九条龙一起上去围住乌龟精打起来。一打打了九九八十一日，双方力气都打完了。乌龟精瘫在沙滩上，动都不会动了。九条龙中的小龙看准机会，呼的一声，腾飞到乌龟精背脊上，把乌龟精按住。潮水退掉了，乌龟精一点一点地陷进了沙滩。九条龙呢，累在沙滩上，也不会动弹了。乌龟精越陷越深，最后陷到沙滩底下去了。按在上面的小龙变成了一条长长的沙堤。九条龙和乌龟精打斗这日，正好是农历三月初三。后来，百姓为了纪念九条龙，每年这一日，便带了供品，结队来到沙滩祭拜九条龙。这样一年一年传下来，便变成现在的“三月三，走沙滩”的风俗了。[8]

7. 沙雕节

沙雕，简单地说就是把沙堆积并凝固起来，然后雕琢成各种各样的造型。它通常通过堆、挖、雕、掏等手段塑成各种造型来供人观赏。1999年举办的首届中国舟山国际沙雕节开创了我国沙雕艺术和沙雕旅游活动的先河，自举办以来每届舟山国际沙雕节都被国家旅游局列为重点推介旅游活动，成为浙江省名品旅游节庆活动，并被列入全国节庆五十强。舟山人“点沙成金”，为中国旅游业创造了一个精品。

沙雕节的源头出于舟山海洋游戏民俗——“堆沙”和“水浇沙龙王”。堆沙是海边人们的童年游戏。夏天，海边的孩子常在潮水线上侧，用湿沙堆起一座沙城，沙城内还有湿沙拍打而成的戏台、宫殿、桥梁等，有的还用竹片雕刻出简单的图案。待潮水上涨时，戏要的孩子们站在沙城内向潮神呐喊、示威，直至沙城被潮水冲尽为止。水浇沙龙王则是用手捏着一把湿沙泥，从上而下徐徐淋下，在沙台上浇成一个海龙王模样，或浇成一个观音菩萨，坐镇在沙

沙雕

城内以遏制潮神的侵犯。此时，孩子们还要口念咒语，以添神威。

沙雕真正的魅力在于以纯粹自然的沙和水为材料，通过艺术创造，呈现迷人的视觉奇观。沙雕艺术体现自然景观、自然美与艺术美和谐统一，其体积的巨大是传统雕塑难以比拟的，具有强烈的视觉冲击力。

沙雕只能用沙和水为材料，雕塑过程中不允许使用任何化学黏合剂。作品完成以后经过表面喷洒特制的胶水加固，在正常情况下一般可以保持几个月。由于沙雕会在一定时间内自然消解，所以又被称为“速朽艺术”，因为无法长期保存，所以每个作品都是独一无二永不重复的，这也正是沙雕的魅力所在。[9]

8. 渔民节

每年四月二十日，是渔民的节日，渔民节起源于谷雨节。谷雨节在我国有着悠久的历史，早在春秋时期，人们就将此日的河水称为桃花水，认为以其洗浴可避凶免祸，洗浴之后，或跳舞，或射猎，或钓鱼，尽情欢庆万物更新。[10] 沿海谷雨节的起源，主要是因为沿海居民大多数靠捕鱼为生，而当时的生产力和生产方式很落后，且海上风波无常，渔民的安全没有保障，使得渔民迷信自然力，对“神”的依赖性很强，他们认为万物有神灵主管，福祸不以人的意志为转移，从而产生了海神（龙王、海神娘娘）的传说，并由此扩展到诸如渔船、网具等日常打鱼用具也各显神灵，为了祈求这些神灵庇佑他们的海上生涯一帆风顺，遂于每年出海的前一天（即谷雨节这天）向众神献祭，我国沿海一带渔民过的谷雨节到清朝道光年间（1821年）易名为渔民节。

渔民节作为渔民的传统节日，理所当然地成为渔民一项重要的民俗活动。每年谷雨时分，休息了一冬的渔民开始整网打鱼。谷雨这天，沿海的渔民祈求海神保佑，出海平安，鱼虾丰收，并举行盛大的仪式，进而形成渔家特有的狂欢节。在谷雨这天，家家香烟缭绕，鞭炮连天。这天沿海的渔民按传统隆重举行“祭海”活动，祈求海神保佑出海平安、鱼虾丰收，向海神娘娘敬酒，然后饮酒庆丰收。节日中，有划船、摇橹、拉船比赛，尽显渔村风采。入夜，观看海上灯会。

9. 休渔放生节

休渔的产生是因为近年近岸海洋渔业资源减少，国家为了保护海洋渔业资源，定于每年5~8月实行“封海”休渔，休渔期间禁止渔船下海作业和任何捕鱼活动。休渔可增强渔民对海洋资源的忧患意识，教育渔民自觉保护海洋资源，促进海洋渔业可持续发展，同时向广大渔民提出了“善待海洋就是善待人类自己”的理念。

“放生节”是一项保护环境、爱护鱼类资源的节日。放生活动在民间由来已久，但是作为一项固定的法定节日却是始于广东省。广东于2008年在中国率先设立“休渔放生节”，先后在广州、珠海、惠州、河源等地开展了多次增殖放流活动，当年共放生鱼苗两亿尾。此举在于期望通过放流海洋江河主要经济鱼类，促进水生生物增殖，改善和修复水域生态环境。

目前，很多沿海省份和地市都设立了“放鱼节”、“休渔放生节”，民众参与热情都很高。“休渔放生节”对于开展渔业资源和环境保护，对于弘扬中华文明、生态文明和人文精神，对于创造改革开放和社会主义建设良好氛围，对于建设和谐社会、实现社会经济可持续发展都有着重要的意义。[11]

10. 开渔节

休渔期结束称为“开渔”，允许渔民下海捕鱼，并随之诞生了一种节日庆典活动“开渔节”。“开渔节”举办时间为9~10月。届时，只见渔船云集港口，千帆竞发，浩浩荡荡。

开渔节的活动内容，有祭海、放海（放鱼苗入海）、开船等仪式，表达了政府和社会各界欢送渔民出海，并祝愿他们出海平安、满载而归的良好心愿。开渔节旨在引导广大渔民热爱海洋，保护和合理开发海洋资源。开渔节以“开渔”为号召，请来四方客人，举行带有“海”字文化特色的文艺活动，利用开渔节这一文艺舞台，演奏开发海洋、保护海洋、经贸洽谈、滨海旅游、学术交流等推动海洋经济发展的交响曲。开渔节与海上旅游活动相结合，引来成千上万游客观光，促进了当地旅游业的发展，带来可观的经济收入。

开渔节

沿海多个地区有此节日，比如象山开渔节、舟山开渔节、阳江开渔节等。较为著名的开渔节是象山开渔节，也称中国开渔节。

11. 鬼节

农历七月十五日，道教叫中元节，佛教称盂兰节，又称鬼节。相传佛祖释迦牟尼在世时，收了十位徒儿，其中一位名叫目连的修行者，在得道之前父母已死，目连很挂念死去的母亲，用天眼查看母亲在地府的生活情况。原来她已变成饿鬼，境况堪怜。目连很心痛，于是就运用法力，将一些饭菜拿给母亲吃，可惜饭菜一送到母亲口边，就立即化为火焰。目连将这个情况告诉释迦牟尼，佛祖教训他说，他的母亲在世时种下了罪孽，万劫不复，这孽障不是他一人能够化解的，必须集合众人的力量。于是目连联合众高僧，举行大型的祭拜仪式，以超度亡魂。[12]这个传说一直流传后世，每年到了农历七月十五日，人们都会宰鸡杀鸭，焚香烧纸钱，拜祭由地府出来的饿鬼，化解其怨气，不至于贻害人间，久而久之，就形成了鬼节。

传说由农历七月初一起，地府中的游魂野鬼就开始被释放出来，他们可以在人间游离一段时间，接受人们的祭祀，直至七月三十日，鬼门关闭，鬼节的节期亦就此结束。

鬼节放水灯

七月十五日民俗活动以祭祀鬼魂为中心，主要活动是祭祀祖先，超度亡魂。此外，民间对各种非正常死亡而产生的冤鬼、暴死鬼以及其他一些恶鬼亦很畏惧，为了防止他们作祟，因此对他们的祭祀也必不可少。

农历七月十五日的晚上，家家户户要在自己家门口焚香，把香插在地上，越多越好，象征着五谷丰登。沿海居民于鬼节这一天晚上放海灯，祭祀无主的野鬼和意外溺水而亡的人。鬼节放海灯是因为上元节是人间的元宵节，人们张灯结彩庆元宵。中元由上元而来。人们认为，中元节是鬼节，也应该张灯，为鬼庆祝节日。不过，人鬼有别，所以，中元张灯和上元张灯不一样。人为阳，鬼为阴；陆为阳，水为阴。水下神秘昏黑，使人想到传说中的幽冥地狱，鬼魂就在那里沉沦。所以，上元张灯是在陆地，中元张灯是在水里。

放海灯前，在宽敞的地方设大型香案，摆放祭品，焚香烧纸，请僧道两众筑台诵经作法，超度无主孤魂。和尚与道士一边诵经，一边将事先做好的小馒头向台下抛撒，大人小孩都向前争抢馒头，俗信吃了这样的馒头可以祛病消灾。入夜，用由纸扎的巨鬼开道，僧道两众先行，人们齐集海边放焰口（焰口，即佛教所谓地狱中的饿鬼。“放焰口”是请僧道作法事，念《焰口经》，祭祀祖先，超度亡灵及施食饿鬼），抛施舍。此时的施舍，是各家自愿做的小馍馍、米饭，用笸箩抬着，向海中抛撒。在

鬼节放水灯

放焰口的同时，人们将各种灯笼点燃，下面托一块木板，放进大海。灯笼随水漂荡，闪烁明灭。

渔民的家属特别重视放海灯。家中如有溺水而亡的亲人，木板则模仿遇难毁于海中的船只制成，船上写上死者姓名，放置糖果或死者生前爱吃的东西，有的甚至装上棉衣、鞋帽及死者生前喜爱的生活用品，点燃蜡烛，放入海中，一边放船，一边念祷："×××，给你送水灯啦，你有神灵，上灯船吧……"这天丧主除了为溺水而死的亲人送海灯之外，还要另外用纸扎一只大船放入海中，俗传这是为了收容无主孤魂。当急流将水灯吞没时，岸上一片欢呼，认为鬼魂得到超脱了。

由于七月跟死鬼和亡灵有着千丝万缕的瓜葛，所以人们的禁忌也不少。民间传说七月间阴曹地府开放鬼门，让阴间的鬼魂出来放风，夜晚在外行走极有与鬼相遇的危险，因而七月切忌迟归或夜出；农历七月间，要避免搬家，婚宴更是罕见；不能开市、讨债，免得落个发鬼财、做收账鬼之嫌；不得下河游泳或进行各种水上运动，以防被"水鬼"拉走；偶有小孩子生于七月十五日，做父母的一定会将小孩的生日改为七月十四日或十六日，以避"与鬼俱来"之嫌；或有长者亡于七月十五日，家人往往会大不高兴，说是长者不善做长，死了还要"与鬼同去"。总之，"七月半"在人们眼里是"草木皆鬼"的一个节日。[13]

12. 游神节日

每年农历正月二十一日、二十二日两天为游神节日。

一般而言，越迷信的人，对神明也会越加敬畏，但在潮汕地区，虽然人们对神明非常迷信，但有的地方的敬神方式在外人看来却是对神明的粗鲁不恭，先虐而后敬。这种游神方式人们称为"摔神"，最出名的是澄海的盐灶乡。盐灶乡游神日要将神庙里的神请出来缚在轿子里游行。游神时，队伍分为两部分，一部分为当年轮值抬神游行的壮汉，他们一边抬神一边还要护神。抬神者每人都要斋戒沐浴净身，穿一件新缝制的短裤，袒胸赤膊，周身涂上豆油，抬神游行时，用绳子把神像牢牢地捆缚在神轿里，在村中游行。

另一部分人则要扮演把神像拉下轿的角色，他们紧紧跟着抬神队伍，待抬神人游至指定的地点时，众人呵斥一声，便一齐猛冲上去，拼命把神像拖下来。因抬神的壮汉们赤身且身上涂有豆油，滑溜溜的不容易揪住，所以在抢神的过程中你争我夺，抱腰拽腿扭成一团，好不热闹。围观者人山人海，有的骑在墙头上，有的登上屋顶，喝彩助威。

最后神像被拉神的人拉了下来，那可怜的神像，弄得须脱脸破、脚断手折。这时，人们还不罢休，还要把神像再推下池塘里去浸泡，至此人们才尽兴而归。

抛神入池过后，村民们再择个吉日把神像从池塘里捞起来，重塑金身，送回神庙，供人朝拜，享受香火，等明年再来摔。

盐灶乡的“摔神俗”的形成和华侨有直接关系。传说以前盐灶乡“游神”也和其他地方一样恭恭敬敬，但有个习俗：轮到抬神轿者，不仅要出力抬神，还要出钱买供品。在乾隆年间，有一年轮到一个家境贫寒的青年渔民抬神轿，他拿不出钱买供品，心里很憋气，就在游神的前夜，跑到庙里把一尊神像抱到海滩上，对神像拳打脚踢一番，把怨气发到神像身上。出完气之后，他意识到无法在乡里待下去了，就漂洋去了泰国，多年后他发了财，衣锦还乡。当他向乡亲说起当年离开家乡的原因，乡亲们恍然大悟，觉得神明好歹不分，对神不恭者居然能发大财，乡亲们也想仿照他的做法，幻想能和他一样发财。从此，潮汕就有了“摔神俗”，连平日渔民最崇敬的天后妈祖也未能幸免。

当然，对神像不恭，摔神像只局限于游神日，平时潮汕人们还是和其他地方一样毕恭毕敬地供奉神像。这一民俗沿袭至今。[14]

13. 风筝节

风筝节在农历九月初九，即重阳节。相传南朝梁武帝时，侯景造反，兵困台城（现南京附近），台城与援军音讯断绝，武帝之子简文听了羊车儿献计，扎风筝传军书，第一次把风筝用到军事通信上。简文即位后，阳江籍古代女英雄、南越族首领冼夫人讨伐高州李迁仕叛乱，与朝廷将领陈霸先会师赣石（今江西省内），获悉风筝传书的故事，归而效之。自此，沿海开始了放风筝活动。

中秋节前几天便有人在山上找好位置，安营扎寨。到重阳日，山上山下，人山人海，卖生果、海鲜、熟食的小贩，或搭凉棚，或携篮出售，有如墟场。

风筝节放的风筝有龙类、板子类、软翅类、硬翅类、商标类、串类、软体类、立体类、鸟、鱼、虫、瓜果、物象、人体等形状，式样千姿百态，工艺精湛，制作精巧。

最大的“灵芝”风筝高达三米。“灵芝”风筝呈椭圆形，顶端扎制一朵白云，中间是一株灵芝草，下扎一只小鹿，小鹿作口噙灵芝草状，风筝的顶部还扎一根薄薄的藤片，涂上油，风筝迎风而上时便发出“汪汪”的响声，声

风筝

震十余里。“灵芝”风筝，取材于神话《白蛇传》中白素贞为救许仙而采摘灵芝草的故事。“灵芝”风筝在1990年国际风筝会上被评为世界风筝“十绝”之一。

除了“灵芝”风筝外，还有其他样式的好风筝，如“龙”风筝、“崖鹰”风筝、“宝鸭青莲”风筝、“八角”风筝、“双桃”风筝等。其中一些风筝在顶上架有藤弓，藤弓可以做150度角的摆动，技巧较高，弓发出的声音随着其摆动姿势的变化也各不相同。

风筝节这天，观众一边看风筝，一边在树下饮酒猜拳。有的人在帐篷里饮茶打牌，有的人在河中艇上弦歌饮宴，更有风流文士吟诗作对。山歌和唱，此起彼落。到了天黑，大家才尽兴而归。[15]

14. 龙凤日

正月二十五日，俗称龙凤日。渔民认为龙凤日是取“龙凤呈祥”之意，希冀新春伊始风调雨顺，一年里百事称心如意。

海上作业最在意的不是雨雪沙尘，而是风。渔民以龙凤日这一天的天气，特别是风向，预测全年海上气象。龙凤日这天，如无风天晴，则表示当年渔业丰收；若是刮四面风，风力不大不小，则视为大吉大利；以四面风刮的时间长短测各种鱼当年收成，如东南风时间长，表示黄花鱼丰收；西南风时间长，表示刀鱼丰收；若是刮单向风就迎风设祭，迎接财神；遇到这天刮大风，只烧半炷香，作为警示记在心里。事实上，渔民不但在龙凤日这天观测风，平时在海上作业也时时观测季节风的来去时间，掌握天气变化的规律，凭此来预测天气好坏。

在节日中，渔民要到龙王庙设祭，祈求风平浪静，特别祈求捕鱼的丰收。中午，渔民将渔网捆扎整齐，放在院子中央，朝渔网摆供烧香，祈望鱼上网，鱼满舱。有的渔户，用四只碗做香炉，每碗烧四炷香，象征四季发财。

15. 航海日

中国是世界航海文明的发祥地之一，郑和是世界航海先驱。郑和下西洋，比哥伦布发现美洲新大陆早87年，比达伽马绕过好望角早98年，比麦哲伦到达菲律宾早116年。伟大的航海家郑和率领当时世界上最庞大的船队七下西洋，历时28年，遍访30多个国家和地区，促进了与当地人民群众的友谊与贸易关系。

郑和航海图

7月11日是郑和下西洋首航的日期，这一天对中国航海事业具有重要的历史纪念意义，故国家决定把郑和首下西洋的7月11日定为中国的“航海日”。郑和航海所蕴涵的民族精神已成为世界文化遗产，设立“航海日”体现了对我国历史悠久的航海文化和民族精神的传承和发扬，对于进一步增强全社会的海洋意识，让更多的人关注航海、关注海洋，合理开发利用海洋资源都具有十分重要的现实意义。[16]

16. 海洋日

1997年7月，联合国教科文组织将7月18日定为“世界海洋日”。其目的是通过开展各种活动，向公众宣传海洋知识，提高人们的海洋意识，保护海洋资源与防止海洋环境污染，加强海洋国际合作。

2009年，联合国将“世界海洋日”的日期调整到6月8日。当天晚上，美国纽约帝国大厦点亮了蓝色景观灯，以示纪念，并倡议世界各国都能借此机会向人类赖以生存的海洋致敬，体味海洋自身所蕴涵的丰富价值，同时也审视全球性污染和鱼类资源过度消耗等问题给海洋环境和海洋生物带来的不利影响。

世界上很多海洋国家和地区都有自己的海洋日，如欧盟的海洋日为5月20日，日本则将7月份的第三个星期一确定为“海之日”。

2010年起，为使海洋意识和海洋保护理念更加深入人心，我国也正式加入到6月8日“世界海洋日”活动中，并将“全国海洋宣传日”（自2008年起，经国家批准，国家海洋局将7月18日设为“全国海洋宣传日”，在宣传日期间开展丰富多彩的海洋科普和海洋意识宣传教育活动）也调整到这一天，以期在全国范围内加强保护海洋、善待海洋意识的宣传，让更多的人自觉地关心和爱护海洋。每一届的“世界海洋日”都以感恩和保护海洋为宗旨，让世界各地的人们通过个人和社区行动共同参与进来，提高公众海洋责任感，遏制过度捕捞、污染和其他损害海洋环境的行为，保护属于自己的蓝色星球。[17]

17. 渔民也过各种陆上的节日

渔船是海上活动最主要的生产工具，渔民对渔船重视有加，各种喜庆活动包括过年、端午、中秋节等，凡在家中举行的仪式，也在船上重做一次。

渔村过年（春节），除夕下午，在住宅贴对联之后，再到渔船上贴，船头、船尾、大桅、舵楼上都要贴对联、横批和竖批。船上对联有专用的联语，如“船头无浪行千里，舵后生风送万程”，配横批“一网两船”；“大将军八面威风，二将军百灵相助”，配横批“招财进宝”；“九曲三弯随舵转，五湖四海任舟行”，配横批“海不扬波”；“下网正碰鱼群过，满载而归得顺风”，配横批“顺风相送”。另有横批曰“龙头生金角”、“虎口配银牙”、“满载而归”（贴在鱼舱）等。家境好的人家在船上贴了对联之后，还要在船上摆供祭船，燃放鞭炮。贴对联的同时，在船上升起大吊子，吊子用红布做成，镶白边牙子，作长方大旗状，旗面上有“风调雨顺”、“天后圣母”等字样，左下方注船名。入夜，到船上掌灯，烧香，跪拜磕头。

午夜（初一），家中男子，敲锣打鼓，去海边接喜神、财神，按事先在财神谱上查到的喜神与财神所在的方位，连连磕头，祷念祝词。同时摆供祭海神娘娘，供菜中一定要有鱼，鱼嘴衔红布，鱼头饰花。天亮以后上龙王庙。

正月十三日必乘船出海敬海神。祭神时，鞭炮要平放，并且要点燃一张黄裱纸（用来敬神或祭祀死者的黄纸）放入水中。

正月十五日元宵节，渔民在渔船上挂旗。夜晚，敲锣打鼓，上船送灯。渔村渔民过年必吃粽子。因“粽”与“挣”同音，希望新的一年多打鱼、多挣钱。

沿海各海港，船上和陆上风俗一样，如贴春联、祭神、放鞭炮、送灯等，从心理深处显见渔民还不能完全脱离陆地，因而保持陆上的风俗活动。

18. 洋节

沿海由于有大量外国人进驻，相应的一些国外的节日也被引入沿海。

20世纪80年代以来，随着改革开放的深入和与西方双向交流的广泛开展，西方节日中的圣诞节、情人节、母亲节、愚人节等，相继在沿海的年轻人中间时兴起来。

如圣诞之夜，宾馆饭店、餐厅酒吧、娱乐场所都成了圣诞欢庆的中心，处处爆满。情人节的情况也是如此，每年的2月14日，各大饭店宾馆以及娱乐场所都作了精心的布置，迎接年轻人（尤其是恋人）的狂欢之夜。入夜后，大街小巷上都是成双成对的年轻恋人。情人节的夜晚，最活跃的当属卖花的小姑娘们，她们手持鲜艳的玫瑰花，向过往的恋人们兜售，成功率几乎是百分之百，平时一元可以买一把的玫瑰，这天晚上至少要卖十元一枝，甚至几十元一枝，所以这天晚上最赚钱的是那些花店的老板。其他如母亲节、愚人节、父亲节等，在沿海的年轻人中间也有蔓延之势。[18]

参考文献：
[1]殷文伟，季超编著. 舟山群岛·渔船文化. 杭州：杭州出版社，2009：83-84
[2]山曼，单雯编著. 山东海洋民俗. 济南：济南出版社，2007：155-158、161、163
[3]高天星编著. 中国节日民俗文化. 郑州：中原农民出版社，2008：84-87
[4]刘乡英著. 民间节日. 郑州：海燕出版社，1997： 116-117
[5]韩雪峰主编. 辽宁民俗. 兰州：甘肃人民出版社，2004：193-194
[6]金煦主编. 江苏民俗. 兰州：甘肃人民出版社，2002：195
[7]http：//baike.baidu.com/view/48153.htm蟹八件
[8]王全吉，周航主编.浙江民俗故事. 杭州：浙江文艺出版社，2009：14-15
[9]金庭竹著. 舟山群岛·海岛民俗. 杭州：杭州出版社，2009：99
[10]杨志礼. 浓浓渔家情　谷雨祈丰收——记荣成市宁津镇东诸岛村渔民节.城建档案.2006（8）：21-22
[11]桂绍海编著. 365个最古怪的风俗. 北京：中国经济出版社，2010：52
[12]偃武编著. 不可不知的中华民俗常识. 郑州：中原出版传媒集团，2009：38-39
[13]刘孝听编著. 中国传统节日与文化. 长沙：湖南人民出版社，2010：101
[14]郑松辉. 文化传承视野中潮汕海洋文化习俗探微. 汕头大学学报（人文社会科学版），2009（6）：86-90
[15]刘志文，严三九主编. 广东民俗. 兰州：甘肃人民出版社，2004：164-360
[16]黄阜生主编. 庆典活动策划及致辞. 济南：黄河出版社，2006：292
[17]姜周熙. 海洋的节日：世界海洋日. 海洋世界. 2010（6）：12-15
[18]郑土有主编. 上海民俗.兰州：甘肃人民出版社，2002：247

图片来源：
[1]鳗鱼 http://www.3lian.com/down/pic/4/410/index_10.html
[2]海蟹 http://image.baidu.com/i?ct=503316480&z=&tn=baiduimagedetail&word=%B4%F3%BA%A3%D0%

B7&in=20035&cl=2&lm=-1&pn=53&rn=1&di=34486296495&ln=1942&fr=&fmq=&ic=0&s=0&se=1&sme=0&tab=&width=&height=&face=0&is=&istype=2#pn53&-1&di34486296495&objURLhttp%3A%2F%2Fnc.mofcom.gov.cn%2Ffiles%2Freg_pd_list%2F2009%2F01%2F18%2F1232221301467.jpg&fromURLhttp%3A%2F%2Fnc.mofcom.gov.cn%2Fweb%2Fzzpd%2Fnczt%2Fshow.jsp%3Fpdid%3D7193707&W664&H450

[3]沙滩 http://www.fj-sh.com/showphoto.aspx?photoid=2087&go=prev

[4]沙雕 http://www.aitupian.com/show/1/62/3715006kf757506d.html

[5]开渔节 http://www.gdwh.com.cn/whwnews/2010/0701/article_5732.html

[6]鬼节放水灯 http://image.baidu.com/i?ct=503316480&z=&tn=baiduimagedetail&word=%B9%ED%BD%DA%B7%C5%CB%AE%B5%C6&in=13064&cl=2&lm=-1&pn=0&rn=1&di=65287611960&ln=1820&fr=bk&fmq=&ic=0&s=0&se=1&sme=0&tab=&width=&height=&face=0&is=&istype=2#pn0&-1&di65287611960&objURLhttp%3A%2F%2Fa3.att.hudong.com%2F36%2F75%2F01300000280411125092751717026.jpg&fromURLhttp%3A%2F%2Ftupian.hudong.com%2Fs%2F%25E6%2594%25BE%25E6%25B0%25B4%2Fxgtupian%2F2%2F3&W440&H330

[7]鬼节放水灯 http://www.google.com.hk/imglanding?q=%E9%AC%BC%E8%8A%82+%E9%80%81%E6%B0%B4%E7%81%AF&um=1&hl=zh-CN&newwindow=1&safe=strict&sa=N&biw=839&bih=451&tbm=isch&tbnid=Gw0UjQCPnpYQlM:&imgrefurl=http://old.ethainan.com/Destination/Dest_About_show.asp%253FDest_ID%253D4564&imgurl=http://old.ethainan.com/UploadImages/editor/2009/8/200982132700439.jpg&w=500&h=349&ei=pending&zoom=1&iact=rc&page=2&tbnh=138&tbnw=234&start=6&ndsp=6&ved=1t:429,r:0,s:6

[8]风筝 http://www.xmic.org/article/showarticle.asp?articleid=1394

[9]郑和航海图 http://tupian.hudong.com/s/%E9%83%91%E5%92%8C/xgtupian/1/3

第九章
海洋婚嫁风俗

1. 陆居渔民婚嫁

婚嫁是人生的一件大事，是建立一个新家庭的开始，所以特别为人们所重视。由此而生化出来的婚姻礼仪习俗繁复异常，古代婚俗在礼仪上分为：纳采、问名、纳吉、纳征、请期、亲迎等阶段。纳采指男家请媒人去女家提亲，女家答应议婚后，男家备礼前去求婚。问名指男家请媒人问女方的名字和出生年月日。纳吉指男家卜得吉兆之后，备礼通知女家，决定缔结婚姻。纳征指男家向女家送聘礼，又叫纳币。请期指男家选定婚期，备礼告诉女家，求其同意。亲迎指新郎亲自去女家迎娶。旧时各地陆居渔民婚礼“大抵仿古者六礼而行”。现在，陆居渔民的婚嫁礼仪过程都进行了简化。但是转而又受海外风俗的影响，婚嫁礼仪虽与以前有所不同，但仍很讲究。

议婚

讨“八字”

旧时渔民多早婚，儿子年届十余岁，父母就要操心请媒求婚；而女方则等媒人上门求亲。男方请媒求婚，俗称讨“八字”，又称请“八字”。“八字”即算命先生以人出生的年、月、日、时为四柱，配合干支，合为“八字”，加以附会，用来推算命运的吉凶。男方请媒向女方求婚，女方出“八字”前，除听媒人之言外，对男方还要进行初步的了解。旧俗女方家择婿较重门第，要求男方比自家富一些，所谓“嫁囡高三分”。女方同意议婚，则写下女孩的“生辰八字”交给媒人，称出“八字”。

合“八字”与“相亲”

男方拿到“八字”后就请算命先生根据双方的生辰“八字”进行合婚，故称合“八字”。若是生肖冲克，五行冲克，如“龙虎犯冲”、“蛇要食鼠”、“白马怕青牛”……或男女相差6岁的“大六冲”等，就不能相配。有的家庭也有不请算命先生而去尼姑庵中求签以卜凶吉的，一般是求得签后，请庵中尼姑解释签文，如两命“相克”，则作罢。如经算命或求签后，证得不能结合，男方则还掉女方的“八字”，说明情况后，议婚中止。如经算命或求签后，认为双方“八字”相配，或求得吉签，男方认为满意的，则向女方酌赠礼品，并通报“八字”匹配圆满，请女方考虑。然后由女方的父母、姐妹和兄嫂，通过各种途径进一步了解男方家产及求婚青年的容貌和品行，谓之相亲。如果女方对男方在相亲后表示满意，则婚事进入下一步。

备婚

议定聘金

相亲成功后，双方讨价还价议定聘金，其中又分“定盘”与“财礼”两部分。“定盘”含有偿还女家养育费的意思，“财礼”则是专为女子添做嫁妆的费用。两亲家之间有关聘金多寡的争执，全由媒人在中间斡旋传话。媒人每次传话，皆要设酒菜招待，故俗有“做一回媒人吃十八只蹄膀”、“无媒不成婚”之说。

送聘礼时，媒人手捧用红布包裹的特制描金漆拜帖盒，内装聘金，聘金的数目按事先协商约定之数。另有首饰若干，或金或银，富豪之家则有珠宝玉器及钻石之类，数量与质量视家境而定。其他聘礼有鲤鱼、猪腿、水果、糕点、脂粉、香皂、茶叶等。聘礼在城乡或地区之间区别很大，一般农村注重鱼肉等“吃”的方面；城镇则注重“用”的方面。聘礼中还置放些染红彩的花生、胡桃、桂圆以及枣子等，以取“早生贵子”的口彩。

女方收下聘礼后，酌情退回一部分，称“回礼”，并出“谢帖”写明受聘礼的数额，与男家为定亲之据。其后男、女两家将收到的茶叶、糕点、香皂之类分送众亲友，意在告知儿子或女儿已定亲。一般来说女方聘礼收得多，说明称心满意，如收受过少，则表示不满意。如男、女两家贫富悬殊，女家将聘礼全部或大部分退回，表示女家无力办嫁妆。此种情况，一般由媒人事先通报男方，以免引起误解。

择日

旧时人们认为人的一切行为都要顺应天时，平时出门访友、动土、迁移等都要翻看《皇历》，查一查是“宜”还是“忌”，以趋吉避凶。结婚历来被认为是人生大事，更要郑重其事地选一个大吉大利的日子和时辰，因此一般都由男方请算命先生排出举办婚礼的所谓黄道吉日。男方将选定的结婚日期写在帖子上送给女方，称“道日帖子”。日期既定，男女双方各邀请亲友参加婚礼，俗称邀吃喜酒。

发嫁妆

吉期将近，男女双方各自准备结婚用品。男方家主要准备电器、家具等大件物品。女方家主要准备床上用品、首饰等小件物品。女方家将嫁妆发送往男方家，称发嫁妆。女方有多少嫁妆，媒人事先要摸清，使男方派出的迎妆人数与女方嫁妆多少大体相称。嫁妆的数量与质量视家境而定，富家大户箱柜桌具、木竹器皿、被垫等床上用品及四时应用之物很多；而贫苦人家大多将母亲出嫁时的嫁妆整修重漆一遍再充嫁妆。旧时，嫁妆中的棉被要找“全福太太”（原配夫妻和多子女的妇女）缝制，嫁妆上均贴上红纸或“喜”字。

现在，受海外风气的影响，嫁妆注重价值和派头，时兴金项链、宝石戒指、玉手镯、金钻耳环等，还有各类高档家电，如电视机、音响、计算机等。

迎娶

迎娶之日，女方在花轿到来之前，向祖宗牌位跪拜祭别，意指今日出嫁，今后就不再是本家人了。新娘由伴娘为其打扮，在装扮中，新娘的姐妹为她梳头，插装头饰，凤冠霞帔，新娘全身着红色衣饰。新娘装扮完毕，女方邀亲友入席，称“辞家宴”“女家酒”。

男方迎娶新娘，旧时均用花轿。鼓乐旗伞前导，吹打着至女家。抬轿的人要选择一是年轻力壮，二是已婚且原配妻子仍健在的人。富裕人家都用八抬大轿，贫者则以小轿迎亲。旧时，新娘坐花轿也是一种身价的象征，如不坐花轿会被认为身价不高。由于花轿制作费用不小，尤其是精致的花轿，而使用的次数不多，所以只有少数豪门巨富有自备的花轿，一般家庭需用时则向有花轿的人家或专门的租售店租借，旧时有专供出租的花轿。

临上轿，姑娘流泪痛哭，称哭嫁。俗有“哭发”之说，称越哭越发。姑娘先哭谢父母，再谢姐姐、上辈、哥嫂和媒人。姑娘的母亲亦哭，告诫女儿如何做个好媳妇。

花轿至男家，照例放爆竹、奏乐。花轿轿门正对大门停妥后，由新郎的姐妹掀开轿帘，携新娘步出花轿后，进入婆婆房中略坐，然后由媒人陪到正房交拜成亲，此时点花烛，新娘左立，新郎右立，拜天、拜地、拜祖、夫妻交拜。四拜后，由鼓乐和花烛前导，新郎新娘各持红帛一端，在八仙桌前绕行两圈，称“牵红”，然后新婚夫妇入洞房。新婚夫妇入洞房后，摆酒宴请来客。婚礼结束后，好事者闹新房取乐。

现在，受海外风气的影响，新娘不是由伴娘为之打扮，而是预先约请美容化妆师上门为之化妆。新娘穿婚纱（一般均为西洋式的白色拖地婚纱），新郎西装革履。迎亲不用花轿，而改用豪华小汽车。新娘新郎乘坐的小汽车，车身外面装饰彩带、鲜花、气球，远远望去便知是新娘的出嫁花车。新娘的花车后面跟着若干辆男女方亲友送迎的小汽车，形成长长的车队。[1]

回门

回门，是婚礼中的最后一项礼仪，是新郎和新娘到新娘娘家叩拜的一种活动。旧时，回门的时间不固定，根据婚后的时间计算，称为“回四”“回六”“回八”“回九”等。最初的回门时间是根据自己的意愿和新婚初夜情况而定。如新娘与新郎未发生性关系，则不能回门，有“毛女不许还家”之说，回门对娘家不利。

旧时，规定回门新娘和新郎不许在娘家碰面，既不能同去，也不能同归。回门的前一天，娘家要送一份礼接姑娘，以新娘嫂子的名义为新娘下一道请帖，老丈人亦要为新姑爷下第一道请帖。回门时，一般在早晨由新娘的娘家派人和轿（或车）等先将新娘接回。上轿（或车）前，新娘要向公婆叩拜辞行，新郎暂不同往。新郎去的时间一般是下午四五点钟，而且要在接到新娘家的三道请帖之后方可动身。通常在回门前一天送第一道帖，回门当天早晨送第二道帖，下午送第三道帖。新女婿当收到第三道帖时才开始携带礼物动身，这是因为回门是新娘婚嫁后第一次回娘家，必然与家里的父母、兄妹、亲友有许多体己话要说，彼此间都要互相询问分别几日后的情

喜结良缘

况，特别要询问在婆家的感受。新郎不在跟前，可以畅所欲言，无所顾忌，尽情享受与家人团聚的乐趣，而且逗留的时间可以长一些。但是，为了不让新郎家挑礼，新娘家必须要给新郎下三道请帖，以示恭敬。实质上，只有第三道帖才是告诉女婿，新娘已要返回，你可以动身前往了。这是一个约定俗成的形式，所以新郎对此十分理解，因那时回一次娘家很不容易，正如俗语所说："嫁出去的闺女，泼出去的水。"因此新郎要等第三道帖下后才慢慢动身，的确是为了照顾新娘思念家人的情绪，并非拖怠。而新娘娘家在下帖时一般不写时间，也是为不使新女婿因迟到而负愧受责。

新娘要在下午三四点钟就离开娘家，娘家兄弟一般用轿、车将其送回婆家，绝不允许在日落以后回家，依迷信说法，日落后到家会使婆婆瞎眼。

新郎来到新娘家后，一切由娘家雇请的茶房负责接递拜帖及安排指点，完成各种礼仪。新娘家从大门起，每道门都有两个平辈人作揖相迎。到客厅后，又有四位穿官服有功名的陪客相迎，让座献茶。接着，请姑爷入内宅。内宅正室堂屋挂一幅"家堂"，上书本家族历代祖先、已死父母的名讳和门代。新姑爷向家堂叩拜后便要拜见岳父、岳母和其他亲眷。然后，回客厅饮宴。入屋时，岳父亲自安座敬酒。新姑爷自然要谦让一番，把椅子摆偏些，以示不敢贸然正坐。岳父小坐一会儿，客气几句便退出，由陪客作陪。陪客除上述功名人士外，还有新娘的兄弟、姐夫等，他们招待新郎酒饭。

这桌酒席十分丰盛，虽有酒，新姑爷也不能饮，怕被灌醉，给新娘丢面子。此外，每样菜也只吃一口，米饭亦不得回碗再添，就连汤也只喝一口即起席，以显示自己的儒雅风度。然后，由茶房负责漱口擦脸。这时，岳父、岳母二请新姑爷进内宅，新姑爷致谢叩拜后便起身告辞。岳父母要对随从仆人及茶房等开赏，新姑爷也要给晚辈见面礼。

后来，回门习俗逐渐演化成新娘、新郎不同去可同归以及可以同去同归的形式。不同去可同归仍讲求旧礼，虽然两人都已在新娘娘家，但不得见面。走时，新娘早于新郎一二十分钟，两人乘坐的轿子在途中亦不得相遇，但必须同时到达新郎家。因此，两班轿夫必须商量妥当路线，计算好相遇到达的时间。同去同归则无严格的礼仪要求，此时主要是女家中午备酒宴，邀集老少几辈姑爷与新姑爷会见。此时，是各位姑爷家世、修饰、品貌的展示。因此，各辈姑奶奶极为重视，希望她们的丈夫能在人前出众。新婚夫妇午宴后稍事休息即归。

回门结束，整个婚礼亦就结束，夫妻便开始他们的正常家庭生活。此外，婚后的3个月中，娘家还可以接回新娘小住3次。第一个月住10天，第二个月住

9天，第三个月住8天，有“先十后九，不挣自有；先九后八，不挣自发”之说。回娘家的前一天，娘家要派人送4包礼物给婆家，以允许女儿回娘家。次日，便派车、轿去接。回婆家时，必须严格遵守在日落前到家，而且必须在娘家吃饱，不准回来后再吃婆家的晚饭的习俗。再以后，媳妇若要回娘家，须随婆家和娘家的意愿，商量进行。

现今回门讲究新婚夫妇结伴而去，结伴而归，没有太多的禁忌，一般到吃完晚饭后才回家。[2]

2. 渔民特殊婚礼

渔民特殊婚礼：“抱鸡入洞房，小姑代拜堂”

“抱鸡入洞房，小姑代拜堂”为渔民特殊婚礼。

渔民对婚期的日子非常看重，一旦选定，不能更改。但渔民以捕鱼为业，渔汛不等人，未到结婚日子又不能在家提前等候，何况船上的人员都有职责分工，缺一不可，所以在婚前一般仍坚持在海上生产，待到结婚日才匆匆赶回来。但是，事有凑巧，喜期之日，刚巧海上突遇风暴，新郎远在外海，不能及时赶回来，而喜期又不能变改。因此就出现了上述的特殊婚礼，由新郎的妹妹手抱大公鸡代兄与新娘拜堂，尔后抱鸡与新娘一同入洞房，共度那新婚之夜。

按照惯例，公鸡颈上要悬一条红布，以显示喜气，在新郎未到来之前，洞房内要用一只鸡笼养着它，并喂以饭食，直到新郎回家后，才可由新郎打开鸡笼将它放出。代人拜堂的大公鸡，作为新郎的替身，要选鸡冠鲜红、体魄强健，当年养大的新公鸡才吉利，千万不可用病鸡或体弱的小公鸡去替代。[3]

3. 惠安女奇特婚俗

惠安县位于福建省东南沿海中部，惠安女最让外人惊异的，除了她们的服饰外，还有她们的奇特婚俗。这里的男男女女，从小就订了婚，称“娃娃亲”。新娘婚礼后没有住入夫家的资格，直到生下第一个孩子，她才能名正言顺住进夫家。新婚后的3天内，新娘不能离开洞房，但3天后新娘就“长住娘家”。每年的除夕夜必须前往夫家，但初二早晨天不亮就要离开。至于其他的重大节日，例如端午、七夕、中秋等，还有农忙的时候，夫家往往会派人去请，但新娘可以拒绝。这实是古代“不落夫家”婚俗残余。

新娘住娘家的时间至少有两三年，最长达20年以上，5~8年的最多。长住娘家的媳妇俗称为“不欠债的”，住夫家的称“欠债的”。她们每年到夫家不多于10次，每次不超过3天，回夫家时多半要用块布遮着脸，到晚上熄灯后才能去掉，第二天天亮又得跑回娘家。这样算起来，夫妻待在一起的时间，一般每年不超过10天，因此夫妻之间彼此互不相识是当地司空见惯的事。怀孕生子时不能生在娘家，必须在夜间赶到夫家生产，因此常有生子于路上的情况。[4]

4. 疍民婚嫁

疍民世世代代生活在海河环境，以捕鱼为主要生产方式，受教育程度很低。在旧社会疍民是受陆上人歧视的，他们不与陆上居民通婚，他们的婚姻多在内部进行。疍民的婚嫁风俗是与其生产生活环境相适应的，他们的婚嫁风俗既古老又很少变化，世代传承，与陆上居民风俗迥异，是一个独特的风俗文化群落。

20世纪90年代汕尾疍民水上婚礼

（李宁利　提供）

汕尾疍家女出嫁盛装
（李宁利　提供）

疍民婚配一般遵从父母之命，媒妁之言。但疍民婚姻也不乏自由恋爱的浪漫色彩，男女青年常常通过对歌形式寻找意中人，如清代屈大均《广东新语·舟语·疍家艇》中载：“诸疍以艇为家，是曰疍家。其有男未聘，则置盆草于梢；女未受聘，则置盆花于梢，以致媒妁。婚时以蛮歌相迎，男歌胜则夺女过舟。”即指如有疍民男子欲娶，就在船尾处放置一盆草以示招亲；如有疍民姑娘待嫁，便在船尾处置一盆花以示招亲。这所指的“蛮歌”就是“咸水歌”。可见在清代，疍民就以唱歌作为青年男女择偶的一种手段。

疍民长期生活在水上，他们的生活习俗与岸上居民截然不同，其婚礼仪式也自始至终都在船上进行。

佳期来到，男女双方的亲朋好友早早地就撑了船前来助兴，邻近的岸上村民也挤到岸边来看热闹，男家用花艇，沿途打伞、撒米，男女双方将船靠到岸边，新郎的喜船披红结彩，新娘家的船也是喜气洋洋。待嫁新娘一身红装，红布盖头，躲在船舱里哭嫁，低声吟唱着祖上流传的《婚船哭》，表达对娘家的留恋。疍家还有“骂嫁”习俗，在哭嫁过程中，新娘与其母用很难听的恶语咒骂男方亲家，骂他们是“死尸”“短命”“绝代人”等，什么难听拣什么骂，疍民认为骂得越凶就越吉利。

良辰将近，新郎的喜船朝女方的船阵驶去，当司仪宣布“抱新娘合婚”之后，新郎喜船就靠上女家船，好让新郎过船抱新娘，这时女方亲友一齐撑船上前，用竹篙阻挡喜船，双方篙来篙去，乒乒乓乓，好不热闹。新郎则瞅准机会，跳上女家船，抱起新娘就走。女方亲朋阻挡不住，干脆将这对新人推下水去，来一个“如鱼得水”，这时男女亲朋也都纷纷随之下水，和新人一起嬉闹推搡，你拉我拽，不亦乐乎。正当闹到高潮，男女亲家将“龙珠”也叫“凤凰蛋”，就是染上红颜色的熟鸡蛋抛下，让大家争抢，这叫“群龙抢珠”。待“龙珠”全部抢毕，新郎赶紧抱着新娘登上喜船，更衣拜堂。新婚之夜新郎家大办酒席宴请亲朋，亲朋合家乘船赴宴，酒席就设在各家的船头。[5]

浙江新安江畔的疍民婚俗很特别，新婚当天，新娘吃罢“离娘饭”，就要嫁到夫家去。新娘到夫家有两种方式：第一种是让新娘坐在采莲盆上从水面漂过去；第二种就是著名的“抛新娘”，即让新娘坐在采莲盆中，由4名腰扎红绸的后生猛力托起，向新郎船头抛去。新郎船头也有四名同样打扮的后生，他们将采莲盆稳稳接住，丝毫不出差错。有时，还由女方家的一位长者直接把新娘“抛”过去，真是既精彩又惊险，令人拍手叫绝，叹为观止。新娘过船后，新郎船便拔篙向上游撑去，行至江心打3个圈，然后回到岸边。2条船紧紧靠在一起，这便是真正结亲了。

5. 相约独身（自梳女）

旧时，未婚少女束辫，已婚结髻。自梳女是珠江三角洲地区的独特群体，产生于清朝后期。女子自梳习俗始自顺德县。传说很久以前，顺德县容奇镇有一户胡姓人家，养了五个女儿，大女儿嫁给有钱人守墓清（嫁给已死的男人）；二女儿嫁给富商做妾，过门不到一年，不堪大婆、丈夫的打骂，以及家公的调戏，跳井自尽；三女儿嫁给一个穷石匠，丈夫采石跌断了腿，家无生计，被迫拖儿带女上街乞讨度日；四女儿嫁给穷耕仔，生活重担压得她不到30

冰玉堂——自梳女的居屋

岁便面黄髻白；五女儿长到26岁仍不愿相亲，她想到四个姐姐的悲惨命运将要落到自己的头上，思前想后，决定永生不嫁人，她禀明父母，父母无奈只得含泪答应。依族规，已嫁或终身不嫁的女子不得在娘家终世。于是父母卖掉一亩桑基（农田），在村头置了间小屋让女儿独居。从此，五姐自梳发髻，日间帮人采桑叶，晚上帮人做针线活，勤俭度日，从不肯接受家里或别人的接济。后来村中有几个姐妹也仿效她自梳不嫁，来到五姐的小屋共同生活，奉她为大姐。姐妹们替人帮工，做佣，辛勤劳动，互相照顾，生活虽清苦，但倒也自由。后来，顺德缫丝业发展，缫丝女工自食其力，经济可以独立，自梳的姐妹渐渐多了起来，形成了女子反抗封建婚姻的自梳习俗。[6]

自梳女实际上是一群单身女性，她们终身不婚，与自梳姐妹们住在一起。她们自梳不嫁是因为担心老公不好，会挨打挨骂；有的人觉得结了婚，还要带小孩，不自由，而且这些女性大多在珠江三角洲地区的纺织厂或者是南洋打工，有自己的积蓄，没有必要依靠男人。

未婚女子决定自梳后，就择吉日举行仪式。那一天，年轻的姑娘在亲友的众目睽睽之下，穿起新衫裙，在厅堂先祭祀家神和祖先，接着跪拜父母，然后，自己在神前对着镜子亲手将辫子盘起来，梳成发髻，表示终身不嫁。扎髻插花之后，再拜天地，鸣炮志庆，接着设宴款待亲友和姊妹们。

女子自梳独身，但又无法拒绝父母，自梳女也有嫁人的，但采取婚后不落夫家的做法，即夫妻关系有名无实。结婚仪式与正常婚姻一样，但新婚之夜绝不与新郎同床，出嫁之夜，穿着由自梳姐妹们特制的防卫衣服，并自带剪刀自卫，以防止新郎暴力同房。“不落家”妇女在夫家住满3天后，回门后就不返回夫家，但其在夫家仍是主妇名分。遇到夫家出现红白喜事，妇女必须回夫家参与。年老病重之际，则回夫家，死后的丧礼也按照主妇礼举行。自梳女如果“变节”结婚，就会遭到其他姐妹的排斥，亲姐妹也会不再来往。现在，很多自梳女因年迈而辞世，自梳女这个特殊群体的人数正在逐渐减少，但仍有个别自梳女健在，成为这种婚俗的活版本。

参考文献：
[1]郑土有主编. 上海民俗. 兰州：甘肃人民出版社，2002：252-259
[2]尚洁主编. 天津民俗. 兰州：甘肃人民出版社，2004：222-224
[3]姜彬主编. 东海岛屿文化与民俗. 上海：上海文艺出版社，2005：403-404
[4]桂绍海编著. 365个最古怪的风俗. 北京：中国经济出版社，2010：28、52-53、65-66
[5]李健民. 闽东疍民的习俗与文化. 宁德师专学报：哲学社会科学版. 2009（04）：19-28
[6]刘志文，严三九主编. 广东民俗. 兰州：甘肃人民出版社，2004：227-228

图片来源：
[1]喜结良缘 http://baike.baidu.com/albums/8146/4999947.html#0$faacb56471f416b4f6365424
[2]渔民特殊婚礼："抱鸡入洞房，小姑代拜堂" http://www.nipic.com/show/4/79/a2542d8862b4d175.html
[3]冰玉堂——自梳女的居屋 http://bebebear.m.oeeee.com/blog/archive/2007/9/5/287541.html

第十章

海洋生育风俗

1. 求子

生儿育女，是人生大事，也是家庭喜事。沿海与大陆一样，求子是个古老的习俗。沿海妇女若是久婚不孕，心理压力会很大，其本人及公婆、父母等都会十分着急，必须采取一些措施以达到怀孕的目的，于是便有了求子习俗。

但在沿海，未孕者要求子，已孕者也要求子。因为已孕者恐怕怀的不是男孩，所以也要去求子。但是，同为求子，尤其是“求男不求女”的生育观，沿海比大陆更烈（旧时，普遍重男轻女，认为生子是最值得庆贺的喜事。有了儿子，方可传宗接代；没有儿子便是断子绝孙。生了女儿，即使举行庆贺，也是从简），究其原因，一是沿海环境险恶，捕鱼人朝不保夕，需有男子来支撑门户；二是海洋渔业，产业特殊，女子不宜担任，况有世传的习惯“妇女不下海”，为维持生计，也需求个男孩；三是宗族观念，所谓“繁衍子嗣，光耀门庭”，所以，沿海人以生子为荣，从而也就出现了一些有趣的求子习俗。

送子观音

求子的方式有祈神送子。民间认为观音是大慈大悲救苦救难的菩萨，凡遇灾难，只要诵念其名号，菩萨就会应机变出种种化身前来拯救，尤其是在妇女中信奉观音菩萨的极多，沿海人信奉怀抱婴儿的送子观音，俗称送子娘娘，求子就是去海边的送子娘娘或送子观音庙去祭神祈祷，求神的恩赐，天降麟子。正月十五闹龙灯，沿海盛行钻龙门、摸龙须的习俗，也许海龙王高兴帮个忙，“麒麟送子”也有可能。在浙南温岭的石塘渔村，还有个习俗，即未孕妇女喜欢系婆仔鱼形的贴身肚兜，因婆仔鱼是怀孕的大肚子鱼，肚内多子，贴身在胸，模拟接触，祈鱼神“移子怀孕”，也许这些手法为大陆所未见。据传，浙江嵊泗东部海域有个小岛，岛上有个送子娘娘庙，昔时求子十分灵验，不仅上岛求子有求必应，而且必得男孩，为此，岛民呼之“求子岛”，以“求子”灵验而冠以岛名者，实为奇闻。[1]传说潮州的别峰古寺和陆丰的玄武山庙里面的观音甚为灵验，故每年前往那里祭拜的不孕妇女特别多。农历三月二十三日为妈祖生日，潮汕沿海不少地方此日乡民都要到妈祖宫（天后宫）祭拜，然后抬妈祖出游，这时，那些结了婚而未有子嗣的人最为踊跃，他们认为能为妈祖抬轿，就能得到妈祖赠福赐子，而那些无能力为妈祖抬轿效劳的，就站在路旁，等妈祖圣驾经过时，摸一摸妈祖轿，也算是沾了光，人们认为妈祖既是海神，同时又是赐子的神祇。

求子的方式还有游灯求子。潮汕各地正月，特别是元宵夜都有游灯活动，“灯”在潮语中与“丁”谐音，因此，关于“灯”，人们从中不知寄托了多少愿望，因为这是一家香火能否承继的问题。潮汕俗谚“有游灯，家里生千丁；无游灯，家里要绝种”，说的正是这个意思。

此外，求子的方式还有托梦卜子。民间托梦卜子流传一则有趣的传说。传说有两个村妇，结婚多年未得子，便上山圆梦求得子，结果两人同样梦见仙公给她们各写一个“无”字。其中一个识字的妇人，知今生无子，十分懊丧。而另一个不识字的妇女，不解其意，却从字形上理解为仙公为她画了一个秋瓜棚，棚下吊着4条秋瓜，示意她会有4个子女，非常高兴。识字的妇女大笑她误解仙意，乱加猜测。谁知后来果然各应其解，识字妇人终生无子女，不识字妇女则生了4个子女。[2]每年九月九日重阳节，是广东省汕头市澄海莲花山“仙翁”的生日，此日，除澄海外，还有

送子观音

饶平、潮安等邻近地方的善男信女，不辞辛劳虔诚地前往祭拜，晚上露宿于山顶，望能在梦里得到仙翁面授天机，成全所求之事。在这些善男信女当中，就有不少是婚后不孕而前往圆梦的。

2. 孕期习俗

沿海妇女怀孕为门庭之喜。按照旧俗，丈夫和公婆要去宫庙里供祭龙王一番，求龙王佑护产妇平安，早生“龙子”。

沿海孕妇在怀孕期间还有许多禁忌，饮食是一个主要方面，有些食物在怀孕期间要忌而不吃。如忌食某些鱼蟹，怕对生产和对产后的胎儿不吉利，这方面的例子很多，例如，孕妇是不吃海螃蟹和海虾蛄的，怕食之会使胎横难产。孕妇不能动刀切鱼，更不能切黄鱼头和食用切了头的黄鱼，说黄鱼是海龙王的将军，食之会得罪海龙王，生下的胎儿会生癞痢头或四肢不全。鳖肉也不能吃，吃了会使胎儿短项。章鱼更不能吃，所谓“九月九章鱼吃脚手”，章鱼全身无骨又懒又馋，吃了章鱼生下的孩子无骨气。至于海蛤巴鱼，皮肤疙疙瘩瘩，会使胎儿产下多疮疤。凡此种种，均为沿海孕妇所禁忌。

3. 催生

在沿海有催生习俗，妇女怀孕，娘家便做婴儿衣服，如襁褓内衣、小被子、棉衣裤等，待到产期将近，送往婿家，叫“催生”。也有娘家备喜蛋、桂圆及襁褓，于临产前派人送往婿家，并携笙一具，吹之而进，以表催生之意。也有用红漆筷10双，送往婿家，取快生快养之意。另外，妇女临产前，若逢端午，娘家送催生粽一担和用红绳束缚的襁褓、鞋子等物催生。

娘家送催生衣物等进婿家时，见孕妇站着，认为产期将临，若见孕妇坐着，认为产期尚早。同时，娘家须送去一定规格的黄糖和干面，给孕妇产后服用。

临产时，娘家还要送两碗“催生面”，又叫“解腰面”，到婿家给女儿、女婿吃。

分娩后，娘家煮鸡肉、鱼、蛋等食物送给产妇滋补。

4. 贺生

旧时习俗，孕妇产子时，廊檐暗角处都要贴“青龙纸”以避邪，若临盆产下的是男孩，婴儿之父要跑到海滩去向龙王报喜，并要去龙王宫用供品酬谢龙王，以示在龙王保护下，婴儿能顺利成长。接着，要为婴儿系红手绳，系红手绳是为了避海驱邪。沿海人还喜欢把海贝壳，即“海宝贝”壳串起来，作为项链或作为手镯佩戴在婴儿的项颈或左手上以避邪。不管生下的是男是女，女婿都要到岳父家去报喜，并要告诉亲友邻居。婴儿的父母还要热忱地用“龙须面”招待客人，俗称吃“喜面”。

5. 吃头口奶

婴儿生下后，要在当天涨潮时候，先向邻家讨奶喂，这叫做吃“开口奶”。开口奶是请其他人为婴儿喂奶，但有讲究，这喂奶之妇必须选儿女双全、福大命大的妇女，一般以选高产渔老大的妻子为多。生男要讨生女的奶，生女要讨生男的奶，而且必须是别姓的，意思是将来向别姓找匹配。吃了开口奶之后，产妇才将自己的奶给孩子吃。

婴儿生下后，也有开口奶的第一口奶并非奶，而是黄连汤，喝了汤后再喝奶，所谓“先苦后甜”。有的还把盐、醋、黄连、勾藤和糖分别让婴儿尝之，比喻人生的“咸酸苦辣甜”五味俱全，尝后再喂奶。有的开口奶是用穿连汤、制军、大黄汤等清凉解毒药，俗称“吃得苦，养得大”，实际上是为婴儿解除胎毒。更有甚者让婴儿先喝一口海水，再喂奶，俗呼“尝咸”，因为沿海的孩子长大后要一辈子与海水打交道，开口“尝咸”，将来就不怕被咸苦的海水淹死，所谓“先咸后甜”。总之，开口奶的方式多样，各有奇巧。

6. 供床公床婆

“床公床婆”为床神，有公、婆两位，称之“床公”、“床婆”，或称“床公、床母”。床神是住宅神中的重要神灵，旧时沿海各地床神信仰十分盛行，普遍存在崇拜床神的习俗，这是因为人的一生中至少有1/3的时间是在床上度过的，人们的生活起居离不开床，除了睡眠外，男女之欢，养儿育女，生病休养全离不开床，为了睡得安稳踏实，自然要祭祀床公床婆了。

床公床婆一般没有画像和塑像，也没有神庙，供祭时仅在床头摆上一只插着焚香的粗海碗，算是床神的神位了。

但床公床婆到底何许人也？沿海有各种各样的说法。其中一个说法，说床公床婆是周文王夫妇。旧时渔民生产风险很大，伤亡过重，比内地农民更需多子多福来支撑家庭，周文王活了九十七岁，生有九十九个儿子，后于燕山收养了雷震子，凑成百子之数。由于周文王人活百岁，生有百子，是“多子多福”的楷模，自然被渔民尊为床神；又因“姜太公八十遇文王”，姜太公是捕鱼人的先祖，这也是信奉周文王夫妇为床神的另一个原因。至于其他一些说法，如认为床神是龙母，这是因为沿海流行的《洞房经》中把龙母作为渔家子女的大媒人，并为新人置龙床、赠凤被，故而信仰之。也有认为床神为姜太公的。

床神

床神的级别很低，用不着大鱼大肉去祀祭，茶酒糕果足矣。沿海的习俗，祭床神时，置茶酒糕果于室，正如清代顾禄《清嘉录》载，每逢年终，都要在寝室供上茶酒糕果，以祀床神，即“以酒祀床母，以茶祀床公”，说是床母爱喝酒，床公爱喝茶，祭祀时要茶酒具备，称之“男茶女酒”。祀床神时，除了酒和茶外，还有糕点和水果，说是糕点充饥，水果解渴，糕点和水果这两样都不可以少。祭床神一方面是报答一年来辛辛苦苦地驮着主人，一方面是祈求明年让主人每天都睡安稳觉，少做噩梦，更别让狐魔子骚扰。还要在床头、床后焚香（但不能燃点蜡烛），祈终岁安寝。

床神

祭床神的时间，一年一度均在正月十六日夜进行，也就是正月十五日元宵节的第二天。其实，在沿海，并不是只有正月十六日这一天才可以祭床神，只是正月十六日这天比较传统和正式。当地人祭床神的频率还是很高的，不受时限，因其他原因祭床神的，如日常行为中安床、结婚、育儿、生病、丧葬等，都要“祭床神”。

旧时沿海有安床习俗，即在婚礼举行的前几天，要在洞房内安放新床，还要按男女双方的生辰八字、窗向、神位等来定婚床位置，忌讳与桌柜衣橱相对。安床要选择良辰吉日进行，安床后，当晚要祭拜床神。

结婚，新婚夫妻入洞房先要跪拜床神，然后才能安寝。希冀床神保佑，夫妻和睦，日子美满。续娶填房更要拜床公床母，希望默佑死去的前妻鬼魂不要来干扰新夫妇。

育儿，产妇生下孩子后，要在产房设置床公床婆的神位，并要供祭香和茶酒糕果，由产妇抱着婴儿向床神跪拜，祈祷在床神保护下母子平安，婴儿健康成长。如果初生儿夜间哭闹，长辈们便要请床公床婆安抚，在床头摆上几样菜肴，婴儿由母亲抱在手上对床公床婆行“拜礼”，母亲祈祷床公床婆道：“保佑我的小宝宝会吃会睡会大。”在沿海，婴儿出生后第三天，叫“洗床”，即这一天要祭床公床婆，并有用两只酒杯合拢蒸糯米的习俗，糯米的上端要安放一粒红枣，“枣”、“早”谐音，意谓婴儿“早日成长”，糯米与红枣放置锅里蒸熟后，供在床神前，然后分送邻居的小孩。到了婴儿满月那一天，还要由亲人手执床神香，引婴儿去海滩与大海结缘，结缘后，仍把床神香插在床头，此俗谓之“大海为床，蓝天作帐”，婴儿长大后下海不会呕吐，划桨不会晕浪，这是因为他从小就视大海为床，对海上的风风浪浪早就习以为常了。

生病，则棒打床，逐邪鬼出床。

丧葬，到海边去烧床单，叫床神引鬼魂入海。[3]

7. 办满月酒

在诞生礼中，最热闹、最隆重的还是满月，满月是在婴儿出生满一个月时举行的庆贺活动。满月当天一般都要举行敬神祀祖和宴请亲朋好友的活动，满月是新生儿进入人群的礼仪，也就是说从满月起，新生儿正式融入了社会人群，被社会所认可和接受，为此，其礼仪格外隆重。

满月的礼仪程式：一是产妇娘家人要来送礼贺喜。二是婴儿要剃头，俗称“满月头”，或谓“去胎发”、“铰头”，剃发时有的要将染红的鸡蛋在头上滚动，寓意红顶，希望长大后能当官。三是婴儿要穿戴外婆送来的新衣、新帽，谓之“满月衣”。送来的满月衣中必须要有绣着金龙的红肚兜，还有虎头鞋、猫儿帽，一个银项圈、一副银手镯和银脚镯，若是男孩，打扮起来活像一个“闹海的小哪吒”。还有把海贝壳串成项圈手镯的，意谓与海有联系

婴儿满月浴海

的海贝挂带在孩子身上能避邪。四是家中要祭神和设宴，宴请众宾客，俗呼“满月酒”。五是新生儿在家中祭神拜祖后，由舅父或父母抱之“走街访友”见众亲戚，谓之“兜喜神圈”。亲朋好友事先已知婴儿要来“望亲”，早备好五色彩线或“龙凤锁”等礼品相赠，挂在孩子的脖子上。此时，要唱祝岁曲，其中有一首是这样唱的：“新生婴儿额角圆，一生幸福多顺流。不恋金、不贪银，只望鱼蟹载满船！”唱后要在婴儿额上点红，俗呼“点睛”，即为大吉大利之兆。满月这天，大人要抱着婴儿去海边戏浪浴海，俗称“与海龙王攀亲”，其形式是把婴儿放在一个木盆里，任海浪漂泊，旁边有大人扶盆保护。此俗的含义，一是让孩子降生后就与大海相近相亲，长大后驾船驱浪习以为常。二是让海龙王看看孩子模样，熟悉后也算认了亲。等孩子长大后，若在海上与龙王相遇，要他多照应。在舟山的个别小岛还有一个习俗，即把婴儿的褴褛，放进一只瓶子里，俗呼“褓瓶”，婴儿的父母就用“褓瓶”代婴儿下海，让它随波逐浪或沉入海底，与海龙王去“攀亲”，其含义与上述相同。不过，进行上述仪礼的婴儿必定是男孩。

上述礼仪中沿海各地称呼不一，但其礼仪的方式和程序，无太多的差别。

参考文献：
[1]姜彬主编. 东海岛屿文化与民俗. 上海：上海文艺出版社，2005：387-393、497-498
[2]http：//baike.baidu.com/view/932435.htm托梦卜子
[3]林蔚文主编. 福建民俗. 兰州：甘肃人民出版社. 2003：301

图片来源：
[1]送子观音 http://image.baidu.com/i?ct=503316480&z=&tn=baiduimagedetail&word=%CB%CD%D7%D3%B9%DB%D2%F4&in=5040&cl=2&lm=-1&pn=3&rn=1&di=50337881148&ln=2000&fr=&fmq=&ic=0&s=0&se=1&sme=0&tab=&width=&height=&face=0&is=&istype=2#pn3&-1
[2]送子观音 http://image.baidu.com/i?ct=503316480&z=&tn=baiduimagedetail&word=%CB%CD%D7%D3%B9%DB%D2%F4&in=28191&cl=2&lm=-1&pn=6&rn=1&di=42570384123&ln=2000&fr=&fmq=&ic=0&s=0&se=1&sme=0&tab=&width=&height=&face=0&is=&istype=2#pn6&-1
[3]床神 http://image.baidu.com/i?ct=503316480&z=&tn=baiduimagedetail&word=%B4%B2%B9%AB%B4%B2

%C4%B8&in=5089&cl=2&lm=-1&pn=1&rn=1&di=17474387310&ln=2000&fr=&fmq=&ic=0&s=0&se=1&sme=0&tab=&width=&height=&face=0&is=&istype=2#pn1&-1
[4]床神 http://image.baidu.com/i?ct=503316480&z=&tn=baiduimagedetail&word=%B4%B2%B9%AB%B4%B2%C4%B8&in=1898&cl=2&lm=-1&pn=5&rn=1&di=28965931620&ln=2000&fr=&fmq=&ic=0&s=0&se=1&sme=0&tab=&width=&height=&face=0&is=&istype=2#pn5&-1
[5]婴儿满月浴海（图见：姜彬主编.东海岛屿文化与民俗.上海：上海文艺出版社,2005：390）

第十一章

涉海丧葬风俗

葬礼，是人在人生礼仪中的最后一个驿站，也是经历了大风大浪走向死亡的人生终点。虽说在活着的时候饱经风霜十分艰辛，日子过得很节俭，但死后总想找个好的归宿来安葬自己，所以渔民对葬礼的安排十分讲究。

1. 做寿坟

所谓“做寿坟”，即老年渔民年过花甲后，人虽活着，但要开始造坟。据传，做了寿坟后，寿者因为知道自己死后的归宿很好，就活得较为安心，心情舒畅自然能延年益寿。也有人说，做了寿坟后，海龙王或阎罗大王以为这人已经过世了，就不再去查生死簿，由此能延长寿命。然而，造寿坟者的年龄有限定，一般是寿者过了五十大寿后才开始造寿坟，年纪轻轻的不宜造坟。

做寿坟首先要请风水先生择一风水宝地，俗称“龙穴”，希望能使寿者长寿，子孙发达。寿坟动工时，选好大吉大利的黄道吉日，鸣放炮仗、祀祖宗、祭神灵、置办开工酒，像祝寿一样，搞得热热闹闹。

做寿坟有很多讲究，如寿坟方位一般是坐北朝南，用坚硬的花岗岩块石或长条砌成；在寿坟前，均要有花卉或松鹤等图案装饰的石雕墓碑，还有庭院、石桌、石凳、石人、石马、石狮子等，显得精致而庄重；当寿坟完工时，要在寿廓的四角放四枚康熙铜钱或绣龙铜板以镇邪，并要在寿坟上点香燃烛，用鱼肉等供品祀土地、祀祖宗、祀四方神灵、祀南极北斗，以确保寿者及家人的平安健康；还要举办寿坟酒，以招待前来送礼的亲朋好友，场面热闹而红火。[1]

2. 立喜寿习俗

涉及丧事，一般是令人悲痛的事情，然而福建省福清民间却把丧事称作白喜事（与婚事红喜事相对而言），且丧事有一独特的风俗，并一直沿袭至今。福清人有一个习俗，人还没有去世，就预买好棺材板或预制好棺材，这种风俗称“喜寿”。预买的棺材板一般称“寿板”。这个习俗由来还有一个民间传说。相传在明朝万历年间，在福清海口镇有一个人叫林有才，他七岁的时候就预买了寿板，所以有很多人因此而亵渎他，没想到这个林有才还挺有文采，他立即口述了一首诗：“海口林有才，七岁立棺材，阎王欲传我，九十方可来。”这话的内容每个人都觉得很狂妄，但是非常神奇的是，这个人后来真的很高寿。从此以后，很多人就开始效仿林有才预买寿板，他们希望自己也像林有才一样在预买了寿板以后再活上八九十年，这样一来，预买寿板自然就成了一桩喜事。在预买“寿板”时，其礼仪十分隆重，犹如做寿一样。在预买寿板时，已出嫁的女儿还要准备蛋和面等回家祝贺。

喜寿

预买的寿板一般都是摆放在家里，一旦这个预买的人去世后，即可立即使用。而有些人则将预买的寿板事先做成棺材放在家里。一般一些上了年纪的夫妇都可以预制棺材，这种棺材还有一个好听的名字，称“鸳鸯棺”。而平时由于这个棺材是空的，他们有时还会把它当成存货的仓库，例如放谷子、衣服或其他用品。[2]

3. 水面葬

水面葬是一种特殊的葬法，仅见于珠江三角洲河网地区。水面葬在东莞称“打水墩”，即将死者棺材平放在木桩支撑的水面上，任其风化。东莞市道滘镇直到民国初年仍流行这种葬法。由于这一带成陆较晚，至少清中叶已有此葬法。其他地区留存情况目前尚不清楚。水面葬所在河口区，无高地可依托，人多地少，土地珍贵，而珠江三角洲前缘滩涂一时未开发利用，当地居民打桩架木为葬，也不失为节省土地的一种办法。也有在洲滩边缘，离聚落较远或未垦辟的荒滩上安葬的，潮水一般浸不到葬具，故能长期保存。时间一长，“打水墩”滩地成了公共墓地，形成特殊的人文景观。新中国成立后，这种葬法已不复存在。[3]

4. 二次葬

二次葬为土葬之俗。在多数地区土葬实行一次葬，但在两广沿海地区实行二次葬。

由于海上环境险恶，突发性的风暴常有发生，所以在相当长的历史时期内，沿海人二次葬的现象较为普遍。当然，此葬式与沿海人的传统观念认为青年渔民年纪轻轻做寿坟会折寿等想法有关。

渔民出海突发性死亡，因为事发突然，事先没有造好坟墓，而人死后又要急于安葬，只能把棺材抬到坟山上，先用稻草把棺材包夹起来，以避风雨侵袭，俗称“草夹坟”。这是第一次。

日后，待家里经济宽裕后再为死者造坟墓，待坟墓造好后把稻草解散，重新举行葬礼，把死者的棺材放入墓穴，这是第二次。为此，沿海人称此葬式为“二次葬”。[4]

5. 埋假坟

海上丧生未见尸体的，如丧生者已婚，死者家属要手拖扫帚，到海边“拖魂”，烧香烧纸后，将死者的一件上衣搭在扫帚上，并念叨：“×××跟我来家呀！”连叫几声，拖扫帚回家进院，取下衣服向家门上甩三下，再如上述那样叫三声，以示死者阴魂已回家，然后便可举行“出假殡”仪式。“出假殡”，即丧家做一小棺材，内放一块砖头，砖头上刻上死者姓名，或用书写死者姓名的红纸包裹砖头，再放上死者的衣帽鞋袜等，出殡抬到坟地，然后“埋假坟”安葬，一切仪式从简。海上亡者如未婚，待其父母去世后带上这一“出假殡”一起出殡，俗谓：“带葬假坟”。[5]

6. 拾骨葬

中国人死后有“入土为安”的观念。坟墓是神圣不可侵犯的。但是，也有一种长期存在的特殊葬俗，即将已埋葬者的尸骨挖出来，重新处理的“拾骨葬”。

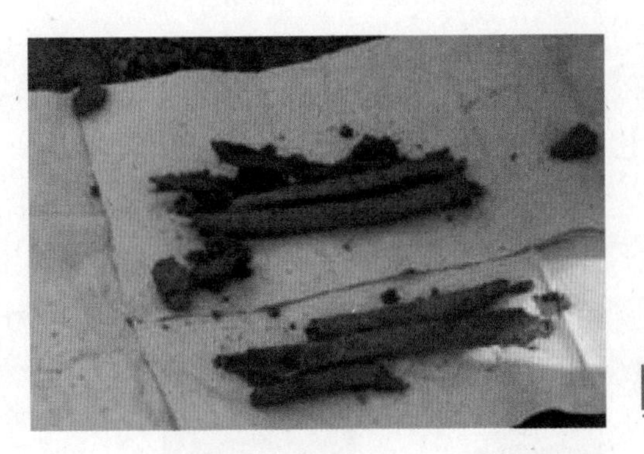

未腐烂的尸骨

旧时，沿海地区，如广东、海南，以及上海郊县的崇明岛及川沙、南汇、奉贤等，曾流行拾骨葬。死人埋葬三年后，由于年月久远或地势潮湿等原因，棺木已经腐朽，尸体已经腐烂，亲属即将坟穴扒开，拾取尚未腐烂的尸骨，装入坛中，重新落葬，叫做“拾骨葬”。沿海流行拾骨葬的原因是沿海常遇潮水侵害，潮水一来，田地被淹，就得搬走，搬走时，他们不忍心抛下亡人，于是便想起了一个法子，把祖先的遗骨从坟里挖出，装进坛中，重新埋在屋后，一遇紧急情况要搬家时，就将坛挖出，与家具杂什一起，放在车后带走。久而久之，便形成了这种当地特有的丧葬风俗。另外，也因为沿海土地涨坍无常，棺木常随土地坍入海中或被海水卷走，用坛装则可以随时转移，因此产生了其俗。一般在三周年忌日的日出之前，儿孙用白被单把现场团团围住，因为迷信认为鬼怕光，担心鬼魂见光后逃走，不能庇佑子孙晚辈。而后劈棺拣骨，按人体顺序装入骨坛内，最后在坛口放入头颅，盖以红纸，以石灰封牢，再埋于地下。

如尸体不烂，须碎尸入坛，这也是一种“拾骨葬”。传说这是西汉时萧何定下的规矩，开棺后不拾骨是要被斩头的。那么，要想将一具完好的尸体装进坛中，办法只有一个就是“碎尸”，用刀、斧把尸体剁成若干块，连同皮肉、骨头、内脏，一股脑儿装进坛中。坛实在装不下，就要改用大缸。但是需要“碎尸”情况并不多见，因为当地低洼阴湿，用的棺材又差，在绝大多数情况下，经过三年时间，尸体早成一堆白骨了。[6]

7. 招魂葬

旧时，由于人类认识能力的局限，很难对支配和影响自己日常生活的各种外界现象作出合理的解释，很难将自己同周围的自然界分开，而常常把自己与自然现象和外部力量视为一体，混为一谈。一方面，当看到某些自然现象和外部力量时，往往误认为自己也能唤起和创造出这些现象和力量；另一方面，又

招魂

常把仅为人所有的能力赋予自然界和外部物体，把自身的生命力也加到它们身上，这就形成了最原始的“万物有灵”的观念。“万物有灵”观念的进一步发展，就引申出灵魂和肉体分离的概念，即认为人有灵魂，并且人的灵魂可以脱离肉体，永恒存在。

招魂，意指将暂时脱离开人躯体的魂灵招回来。

沿海渔民出海捕鱼，如遇风浪失事，死者尸体无处打捞，亲属就拿一张纱网到海边的海水中捞物，捞到什么，什么就算是死者的魂，如捞到虾，虾就算是死者的灵魂；捞到鱼，鱼就算是死者的灵魂（若无所获，就以死者生前的衣服葬作衣冠冢），回去就将这虾或鱼和死者要穿的衣服一起，放入棺木中，进行大殓入葬，并请僧人念经超度。[7]

8. 衣冠葬

土葬（又称埋葬）是处理死人遗体的一种方法，人死后埋入土中，死者方得其所，家属方觉心安。土葬一般是把尸体先装在棺材里，然后再把棺材埋在地里。土葬之俗，长期因袭。沿海也不例外。

衣冠葬是一种特殊的土葬，棺材内无死者尸体，仅有死者穿戴过的衣冠，此坟墓称“衣冠冢”。沿海流行衣冠葬是因为渔民在海上遇难，往往连尸首都找不到。出于万物有灵的思想，人们认为某人穿用的衣服必然寄存有某人的灵魂，把某人穿用的衣冠安葬，意味着把死者的魂魄安葬了，足以安慰死者。[8]

9. 潮魂葬

潮魂是沿海人的一种特殊的葬礼，潮魂必须在潮水上涨时进行。这是因为只有潮水上涨时，失落在海上的游魂随潮而来，直至海滩，才能把死者的魂魄用法术就近招入稻草人中，这就是潮魂的俗名和习俗的由来，同时也是潮魂葬礼必须在大潮汛时举行的原因。

渔民淹死在海里，无法寻到尸体，家人为了悼念死去的亲人，在“尸骨无归”的情况下，希望把死者的魂魄召回来，用稻草人代以安葬也是一种精神寄托和安慰，可见这是渔业经济特有的产物。

潮魂的步骤，一般是在死者家里和海滩两处进行。

上午在死者家里搭起一个招魂和祈祷用的祈台，祈台上插香燃烛，供奉苹果、橘子、梨、油豆腐等供品。在祈台下施法术的是七个道士和一个和尚，一共八人。道士披道服，穿八卦衣，和尚穿袈裟，戴僧帽。道士与和尚从清晨开始，敲钟打鼓，念咒施法。道士以敲打为主，和尚以念经为主。俗语“七七敲、八八念”，意思为七个道士敲打法器，一个和尚加七个道士八人念经。这是潮魂的前奏曲，为的是向失落在遥远的天涯海角中的阴魂打招呼，引起龙王、海鬼以及死者魂灵的注意。上午在死者家中进行的僧道施法引魂活动，只是一个开端。

一旦潮水上涨，七道一僧施法场所就要从家中移向海滩，潮魂的习俗活动才进入正场。潮魂过程中有几个特别装置。一是帐，二是台，三是竹竿，四是鸡，五是稻草人，六是招魂幡和灯笼，七是米，八是篝火。

帐，即在海滩上搭建一个为招魂施行法术的幔天大帐，这帐篷一般用渔船上的篷帆制成，四周用毛竹做撑梁，设在靠近潮水线的海滩口。

台，帐篷内设置一个大醮台，醮台上有三张供桌，分为东、西、中三桌，两低一高，施法念经的道士与和尚围坐在中间的高桌两旁，东西两张低桌上供着祭品。祭品也与上午在家中引魂的供品相同。那张高桌上还竖放着一块死者的灵牌，牌上写死者的姓名和生辰八字。在高桌后面，放一把大椅子。大椅子上端坐一位穿戴整齐、有鼻有眼、有脚有手的稻草人。稻草人即死者的替身，穿戴着死者穿戴过的旧衣、旧帽、旧裤，俨然像个活人。

在帐篷外竖一根长竹竿，竿的顶端悬吊一只竹篮，篮内罩着一只大雄鸡。

至于招魂幡、灯笼和米均是在招魂进行中必备的法器和用具。

海滩上的四堆熊熊篝火则是为了让海上游魂明确方向和温暖惨淡寒冷的心灵而设置的。

随着潮水上涨，海滩上帐篷内和醮台上的施法活动也在抓紧进行。醮台上香烟缭绕，钟钹齐鸣，道士和和尚的念经声也越来越响，越传越远。

潮水越涨越高，夜也深沉了。海上的游魂快要登岸了。施法术的道士、和尚和死者家属的神经随着潮水上涨显得紧张起来。因为耗资巨大的潮魂仪式，成败得失在此一举。此时，一位道士一手拿写着死者生辰八字和姓名的招魂幡，一手摇动着摇魂铃，步出帐篷至海口开始招魂。招魂时，道士后边跟着死者亲属或帮工，手执火把，其中一位亲属手提一盏大灯笼，灯笼上写着死者的姓，道士边走边摇铃、边大声喊：“×××，海里冷冷，屋里来呵！”其余死者亲属或帮工，大声应道：“来喽！”“来喽！”凄惨的呼声在寂静的夜空中震荡。道士呼魂时都沿着潮水线走，越临近海水越好，因为这样更便于海上游魂登岸。直到潮水涨平、篝火渐熄，招魂的道士才把招魂幡连续地舞动说是已把阴魂招进幡中，然后回到帐篷内的供桌前，把招魂幡、香烛等放在一起，在稻草人前焚烧。焚烧招魂幡是让幡中阴魂飞腾，尽快进入稻草人中。此时，在喧闹的法器声中，七个道士中有一位领头的道士，步出帐篷，去牵动帐篷前那根竹竿上吊着鸡篮的绳索。道士牵动绳索，惊动了篮中的大雄鸡，鸡发出“索索索”的挣扎声。道士说，招魂篮中鸡的抖动，说明死者灵魂的一部分进入了鸡魂。如果鸡不抖动，说明死者阴魂全部进入稻草人中。鸡抖动时，死者的亲属要向鸡祈祷叩拜，尤其是死者的晚辈。帐篷内的和尚见法术生效，一边拍打“僧木”，一边焚烧符篆，同时撒米于稻草人周围。和尚撒米的动作很特殊，左手捏米，右手弹指，其实米不是撒，而是用手指弹。和尚说，弹米是为了把野魂弹走，让死者的真魂进入稻草人中。在和尚手中的米弹完后，把竹竿上的鸡篮放下来。仍旧是这个和尚，双手捧出篮里的大雄鸡，放在供桌上，让鸡随意啄吃供桌上的供品。因为此时的大雄鸡，有死者的一部分阴魂附身，让鸡吃供品也就是让远道而来的死者阴魂吃供品，让它吃个饱，死者阴魂就可以精神饱满地进入稻草人中。和尚看鸡吃得差不多了，然后抱着鸡，举起来，在稻草人头上顺旋三圈，倒旋三圈，这才把鸡放掉。和尚和道士作最后一次法术，大声念经、念咒语，用力敲打法器，祝贺死者的魂魄全部进入稻草人。

第二天，同陆地上死去的常人一样，把稻草人放入棺木抬到山上埋葬，其葬礼与普通人相同，至此潮魂的礼仪算是全部完成。

10. 海葬

海葬，是处理死人遗体的一种方法，是比较古老的葬法。

旧时海葬是将死者遗体投于海。这种把尸体抛入海水中喂鱼的葬式是对海神的祭祀，与传说故事中的河婆吃人，要求每年定期给河婆抛入童男童女以防河水泛滥成灾的情况类似。且沿海人也认为，水上出生的肉体，死后也得归于水，水上人家（疍民）人死后一般都采用葬身海底的做法。

从20世纪90年代中期开始，随着社会经济的发展和科技进步，人们的丧葬观念发生了巨大的改变，一种文明、健康、科学的葬法，逐渐被沿海广大群众

海葬

所接受，即将逝者的骨灰撒向大海。

水是人类生命之源，人们对水寄予无限美好的向往和遐想。在许多神话中，都把水和神、幸福、美好、不朽连在一起，所以在安葬死去的亲人时，人们又很自然地联想到将火化后的骨灰撒入大海的一种葬法。

周恩来总理说过，从保留遗体到火化，是一场革命，从保留骨灰到不保留骨灰，又是一场革命。撒掉骨灰，既不用兴建骨灰存放处，又不用占地埋葬，且不给家属和亲人增加负担，是最好的骨灰处理方法。周恩来总理等老一辈无产阶级革命家逝世后的骨灰即是用撒海方式，开辟中国骨灰撒海葬的先河。骨灰撒海是今后骨灰处理的发展方向。海葬过程中撒放的骨灰不会对海洋造成污染，因为，人体火化的温度在800℃~1200℃，在这样的高温下，有害病菌根本无法存活。而人体焚烧后产生的骨灰，属于无机物碳酸钙，并非有害物质，不会造成水质污染。

骨灰撒海葬的过程一般是海葬的家庭成员手持百合、康乃馨等鲜花，在海鸥的声声催促中，怀抱亲人的骨灰依次登上轮船。轮船缓缓驶向大海，船舱内，挂起了蓝色的“海葬仪式”横幅，舱内的每一根柱子都绑上了鲜花。在轮船的两侧也悬挂上了横幅，将整艘轮船装扮得格外庄严肃穆。伴着舒缓低沉的音乐声，海葬追思仪式开始。在动情的祭文声中，人们记忆深处那些故人的音容笑貌又浮现眼前，脸上的泪水禁不住纵情流淌。当布满鲜花的轮船缓缓驶入指定海域时，骨灰撒海仪式正式开始。海葬家庭手捧鲜花，怀抱已故亲人的骨灰从船舱内依次走上了甲板。船开始慢慢减速。伴着玫瑰、康乃馨、菊花的花瓣，在亲人的祝福与不舍中，逝者的骨灰轻轻飘落碧海，在

海葬

海面上留下了一道五彩斑斓的鲜花之路。逝者的骨灰伴着花瓣依次随风卷入碧波，渐渐消失在亲人的视野中。[9]海水盛载着死者的灵魂和亲人的哀思顺水而去。

在我国沿海的一些城市，如上海、广州等地，近年来采用骨灰撒入大海葬法的越来越多，这种葬法是近几年殡葬改革的产物。

11. 自梳女葬俗

守墓清

自梳女的晚年十分凄惨，没有子女为她们养老送终，如果没有拼命存点血汗钱与其他姐妹共同买一间房子作“姑婆屋”的话，真是临死时连停尸的地方都没有。按俗例，自梳女不能死在娘家或其他亲戚家，只能抬到村外。死后也只有自梳姐妹前往吊祭扫墓。

为了让自己死后不至于暴尸荒野，一些自梳女被迫“守墓清”。“守墓清”是守节之意，又叫“买门口”。“买门口”有两种方式：“当尸首”和“墓白清”。

“当尸首”就是自梳女找一个死而未葬的男性出嫁。并要为这个名义上的丈夫披麻戴孝，守灵送葬，以后，若公婆稍有不满，可将自梳女赶出家门不再认作媳妇。

“墓白清”也叫“嫁神主牌”，即找一个早夭的男性死者出嫁，不论是童子还是成年，只要死者家长同意，自梳女就可以出钱买下那一家的媳妇之位，这样，将来便可以老死夫家。买媳妇之位要花上一大笔钱，且以后在经济上还必须经常贡纳婆家。买成后，要举行“拍门”入门仪式。所谓“拍门”，就是当自梳女来婆家认作媳妇时，婆家先把门关上，自梳女要不停“拍门”，婆婆在屋内提出各种问题，如“我家清苦，你能守吗？”，“以后不反悔吗？”等，自梳女必须作出回答，并且要回答得大方、得体，这样，才能讨婆婆欢心，婆婆也才会给她开门，正式接纳这个新媳妇。自梳女“守墓清”买了门口，便可算作男家族中人，她们疲惫的身心才能有个安息之所。

浸猪笼

猪笼是为方便运送猪而制的，用竹篾扎成，呈圆柱形，作网状，网口颇大，一端开口。浸猪笼作为旧时的一种刑罚，就是把人放进猪笼，然后丢进河里活活淹死。

自梳女的行为要受族规约束，不能随便接近男子，更不得与男子有私情。凡被指为做出伤风败俗事的自梳女，就被称为“穿底姑婆”。村中出了穿底姑婆，族长和祠堂司理就抬着猪笼到该女子的父母家，要她的父母交出女儿。然后，将该女子五花大绑，装入猪笼，抬到祠堂前，敲响铜锣，聚集族人，当众宣布“罪状”后，抬着猪笼到河边，绑上大石块，丢入水中淹死，称之为“浸猪笼”。如果父母不忍心女儿惨死而将其藏起来的话，这些父母就被认为违反族规，死后不得葬在族中人的山地，神主牌不得放进祠堂，子侄不得为其“买水”（葬俗的一种仪式）和尽孝。被浸猪笼的“自梳女”尸体不得进村，不得用棺木盛殓，不得土葬，父母、兄弟姐妹及族人都不得送葬，否则，开除出族。只能由“姑婆屋”的姐妹在村口外用一块床板盛放尸体，一张草席撕成两半，一半盖尸，一半遮挡太阳。姐妹们抬着尸体绕村行三周，表示感谢天、地、父母养育之恩，然后将尸体抬到河边丢下水去。因此，自梳女中流传着一首歌谣：“勤力女，无棺材，死后无人抬；一只床板半张席，姐妹帮手丢落海！”[10]

浸猪笼

参考文献：

[1]金庭竹著. 舟山群岛·海岛民俗. 杭州：杭州出版社，2009：83-84

[2]桂绍海编著. 365个最可怕的风俗. 北京：中国经济出版社，2010：30-31、66-67

[3]司徒尚纪. 广东文化地理. 广州：广东人民出版社，2001：240

[4]姜彬主编. 东海岛屿文化与民俗. 上海：上海文艺出版社，2005：409-415

[5]叶涛主编. 山东民俗. 兰州：甘肃人民出版社，2003：288

[6]郑土有主编. 上海民俗. 兰州：甘肃人民出版社，2002：279

[7]金煦主编. 江苏民俗. 兰州：甘肃人民出版社，2002： 257

[8]蔡利民，高福民主编. 苏州传统礼仪节令上. 苏州：古吴轩出版社， 2006：78

[9]生命如花大海为家　无尽思念碧波送别. 连云港日报， 2006-04-03

[10]刘志文，严三九主编. 广东民俗. 兰州：甘肃人民出版社，2004： 229-230

图片来源：

[1]喜寿 http://www.nipic.com/show/4/83/246244badc9fd22f.html

[2]未腐烂的尸骨 http://www.gongyequan.com/viewthread.php?tid=1228685

[3]招魂 http://tieba.baidu.com.cn/f?ct=335675392&tn=baidupostbrowser&sc=11680665596&z=103282

5520&fr=image_tieba
[4]海葬 http://image.baidu.com/i?ct=503316480&z=0&tn=baiduimagedetail&word=%BA%A3%D4%E1&in=18827&cl=2&lm=-1&pn=23&rn=1&di=23529408645&ln=2000&fr=&fmq=&ic=&s=0&se=&sme=0&tab=&width=&height=&face=&is=&istype=2#pn23&-1
[5]海葬 http://image.baidu.com/i?ct=503316480&z=0&tn=baiduimagedetail&word=%BA%A3%D4%E1&in=21560&cl=2&lm=-1&pn=69&rn=1&di=5266905840&ln=2000&fr=&fmq=&ic=&s=0&se=&sme=0&tab=&width=&height=&face=&is=&istype=2#pn69&-1
[6]浸猪笼 http://tieba.baidu.com/f/tupian/pic/1b260955607c26edb745aec3?kw=%BA%FA%B6%A8%D0%C0&fr=image_tieba#id=1b260955607c26edb745aec3

声明：本书部分图片选自网络，版权归原创者所有，如有侵权请及时与我社联系，我社将按相关标准支付版权使用费。